RECHERCHES MINIÈRES

GUIDE PRATIQUE

DE PROSPECTION

ET

DE RECONNAISSANCE DES GISEMENTS

A L'USAGE

DES INGÉNIEURS

ET

DES PROPRIÉTAIRES DE MINES

SUIVI DE

NOTIONS ABRÉGÉES

SUR L'EMPLOI DANS L'INDUSTRIE

DES MINÉRAUX LES PLUS USUELS

PAR

Félix COLOMER

INGÉNIEUR CIVIL DES MINES

DEUXIÈME ÉDITION AUGMENTÉE D'UN SUPPLÉMENT

PARIS

H. DUNOD et E. PINAT, ÉDITEURS

49, Quai des Grands-Augustins, 49

1907

RECHERCHES MINIÈRES

RECHERCHES MINIÈRES

GUIDE PRATIQUE

DE PROSPECTION

ET

DE RECONNAISSANCE DES GISEMENTS

A L'USAGE

DES INGÉNIEURS

ET

DES PROPRIÉTAIRES DE MINES

SUIVI DE

NOTIONS ABRÉGÉES

SUR L'EMPLOI DANS L'INDUSTRIE

DES MINÉRAUX LES PLUS USUELS

PAR

Félix COLOMER

INGÉNIEUR CIVIL DES MINES

DEUXIÈME ÉDITION AUGMENTÉE D'UN SUPPLÉMENT

PARIS

H. DUNOD et E. PINAT, ÉDITEURS

49, Quai des Grands-Augustins, 49

—

1907

INTRODUCTION

Il existe en Angleterre et en Amérique des guides pratiques de prospection. L'utilité de semblables ouvrages est d'autant plus grande dans ces pays que l'ingénieur chargé d'expertiser une mine ne se rend pas toujours sur les lieux dans le but de reconnaître la mine. Il préférera souvent mettre entre les mains d'un subalterne inexpérimenté un questionnaire prêt à remplir, et contenant les éléments nécessaires à la rédaction d'un rapport.

En France, ces ouvrages ne s'imposent pas aussi directement, car nos ingénieurs tiendront toujours à honneur de voir par eux-mêmes la situation de la mine qu'ils doivent étudier. En cela ils ont parfaitement raison; un simple coup d'œil en dira plus long que le dossier le plus complet et le mieux bourré de renseignements inutiles souvent, ou parfois mal vus.

Toutefois, pour un jeune ingénieur, il est bon d'emporter, lors de ses premières expertises, un questionnaire tout préparé. En débutant, en effet, un ingénieur s'expose à ne pas approfondir, à ne pas voir même des points fort intéressants.

Comme introduction à notre ouvrage, nous indiquerons sommairement quel est le canevas le plus utile pour des études de prospection, canevas quelque peu semblable à celui du livre anglais rédigé par l'ingénieur des mines Charleton, le *Report book for mining engineers*.

En tête du questionnaire on inscrira le nom des concessions, leur étendue, leur emplacement géographique. On procédera à l'historique des mines voisines ou à celui de la mine qu'on doit reprendre. On notera ensuite la situation du gîte, surtout au point de vue du transport. On examinera la valeur des titres de propriété, puis on passera à l'examen minéralogique et chimique du minerai.

Dans des tableaux aisés à remplir on inscrira l'épaisseur, l'inclinaison, la nature des filons ou des couches. On notera ensuite la longueur des puits, des galeries, des travaux existants. Tout ce qui est nécessaire comme approvisionnement sera catalogué, de sorte que l'ingénieur ne puisse oublier quoi que ce soit.

On fera l'estimation du tonnage. On préparera des tableaux pour les essais d'or ou d'argent, pour certaines opérations métallurgiques nécessaires avec quelques minerais.

Sur un papier quadrillé adjoint au questionnaire, on dressera le plan de la mine, une série de tableaux étant préparés pour l'inscription des opérations topographiques.

D'autres tableaux permettront enfin de totaliser les dépenses de première installation de la mine.

Mais après avoir rempli le plus consciencieusement possible un tel questionnaire, l'ingénieur s'apercevra bien souvent qu'il faut procéder à des recherches complémentaires pour mieux connaître la mine.

Tel est alors le but de notre ouvrage, comme son titre l'indique, c'est de parler des *recherches minières* et des moyens mis en œuvre pour effectuer ces recherches.

Nous avons développé, d'une façon particulière, la question du sondage, qui devient d'une grosse importance, quand on cherche à déterminer l'exploitabilité de couches existant à grande profondeur. Nous avons examiné très longuement les travaux de recherche à la surface.

Il fallait aussi donner quelques indications géologiques ou minéralogiques sur les gisements, mais nous passons rapidement sur ce sujet qui est examiné d'une manière plus complète dans les traités spéciaux de géologie et de minéralogie. De même nous ne fournissons que des indications rapides sur l'étude économique des gisements. Pour chaque substance minérale, l'étude devient différente en effet et il est assez difficile de donner des renseignements généraux, s'appliquant en particulier au charbon, au fer, au cuivre, au zinc, à l'or.

Nous osons espérer que notre ouvrage pourra répondre à un besoin. Il est inutile d'insister sur l'influence que les recherches bien conduites auront pour faciliter la constitution d'une société d'exploitation minière. Plus d'une affaire a parfois sombré faute d'avoir été suffi-samment étudiée avant sa création.

C'est pourquoi nous avons voulu donner aux capita-listes et aux ingénieurs, après quelques premiers con-seils sur la prospection d'un gîte, les indications les plus nécessaires pour les travaux de recherche, soit par puits et galeries, soit par sondages.

Félix COLOMER.

Paris, août 1901.

RECHERCHES MINIÈRES

PREMIÈRE PARTIE

ÉTUDE DE LA SURFACE

CHAPITRE PREMIER

ÉTUDE GÉOLOGIQUE DES TERRAINS

Notions sur les sédiments. — Gîtes caractéristiques de quelques sédiments. — Notions sur les roches. — Gîtes accompagnant certaines
roches. — Lois géologiques.

Le propriétaire qui croit posséder dans son terrain une
richesse minérale, de même que le prospecteur de mines
qui fouille en pays lointain les contrées nouvelles et inconnues, doivent se pénétrer avant tout de cette idée que la
géologie leur sera d'un premier secours pour les recherches
qu'ils entreprennent au sein de la terre. Ils n'auront certes
pas à approfondir les causes probables des phénomènes géologiques ni à étudier les théories générales de la formation
du globe terrestre. Mais ils devront connaître la géologie
dans ses principes les plus sommaires.

Chacun sait combien l'aspect d'un pays change avec la
nature de son substratum géologique. La végétation n'est
pas la même en pays de calcaire ou en pays de sable. Les
paysages tertiaires sont très différents des paysages crétacés
ou jurassiques, et les régions granitiques sont aisément

reconnaissables à leur aridité. Certains **terrains** auront un aspect caractéristique : telles les fameuses *terres noires* de la Russie. Quelques argiles sont aussi colorées fortement par du fer ou par du manganèse. Enfin un plissement particulier des contreforts montagneux, un aspect spécial des roches font bien souvent soupçonner à un prospecteur exercé l'existence d'une région minière. Cet aspect est caractérisé par l'existence de sédiments ou de roches d'une certaine nature.

La connaissance des terrains sédimentaires et des roches ignées s'impose par conséquent à tous les chercheurs ou propriétaires de mines.

Notions sur les sédiments. — Certaines substances minérales ont apparu à des époques bien déterminées et plusieurs couches géologiques sont nettement caractérisées par la venue de tel ou tel métal. De même quelques minerais sont contemporains de l'époque granitique, tout au moins sous une certaine forme. Les éruptions tertiaires les auront parfois ramenés ultérieurement à la surface, mais avec un aspect différent.

L'étude géologique de la région guidera le prospecteur dans ses recherches et lui indiquera déjà quelles espèces il peut espérer trouver, à l'exclusion parfois de certaines autres qu'il aurait voulu rencontrer. Et, lorsqu'il ramassera un minerai roulé, il saura qu'il doit remonter bien loin pour trouver l'affleurement, s'il ne voit dans le voisinage aucun des sédiments ni des roches qui ont pour habitude, dans un grand nombre de pays, d'accompagner le minerai trouvé.

Nous ferons donc connaître sommairement les époques géologiques avec leur classification, classification qui est aujourd'hui sensiblement la même dans les divers pays. Nous dirons ensuite quelles espèces minérales on doit rechercher, suivant la nature des terrains de l'histoire géologique.

ÉTAGES GÉOLOGIQUES	SOUS-ÉTAGES	FOSSILES CARACTÉRISTIQUES
Étage quaternaire		Mammouth. Instruments en os. Silex taillés sur une face. Rhinoceros Mercki (pierres polies).
Étage tertiaire	Néogène — Pliocène.	Mastodon Arvernensis. Hipparium. Taproides.
	Néogène — Miocène.	Mastodon. Dinotherium Anthracotherium. Helix Ramondi. Potamides Lamarcki. Cerithium plicatum.
	Eogène — Oligocène.	Lymnœa pyramidalis. Planorbis cornu. Paleotherium. Anoplotherium. Xiphodon. Pholadomya ludensis. Cyclostoma munia. Cerithium tricarinatum. Fusus polygonus. Cerithium mutabile.
	Eogène — Eocène.	Cerithium lapidum. Milliolites. Cerithium giganteum. Nummulites planulata. Turritella edita. Coryphodon. Physa gigantea. Ostrea bellovacina.
Étage crétacé	Danien. . . . . Sénonien.	Trigonia gibbosa. Ostrea expansa. Belemnites mucronata et sub-sella. Belemnites quadrata. Micraster cor anguinum (sénonien).

ÉTAGES GÉOLOGIQUES	SOUS-ÉTAGES	FOSSILES CARACTÉRISTIQUES
Étage crétacé (*suite*)	Sénonien (*suite*)......	Ammonites peramplus. Inoceramus labiatus. Acanthoceras Rothomagensis. Acanthoceras Mantelli.
	Turonien..........	Radiolites ventricosa (*turonien*). Pecten asper. Schlönbachia inflata. Acanthoceras mamillaris.
	Cénomanien........	Scaphites æqualis(*cénomanien*)
	Albien.............	
	Aptien.............	Holcostephanus Astieri.
	Barrénien..........	Ammonites Gratianum.
	Néocomien.........	Belemnites Emerici (*néocomien*).
Étage jurassique	Portlandien........	Cyclas. Ammonites gigas.
	Kimmeridgien.......	Exogyra virgula. Terebratula subsella. Perisphincter Achilles. Glypticus hieroglypticus.
	Séquanien.........	Diceras arietinum (*séquanien*). Belemnites hastatus.
	Oxfordien..........	Cardioceras Lamberti (*oxfordien*).
	Callovien..........	Reineckia anceps. Macrocephalites macrocephalus.
	Bathonien..........	Terebratula lagunalis. Waldhemia digona. Rynchonella decorata.
	Bajocien...........	Stephanoceras Humphriesi. Ammonites Murchisonæ (*bajocien*). Belemnites tripartitus.
	Toarcien...........	Litocéras bifrons (*toarcien*).
	Liasien............	Amaltheus spinatus. Gryphœa cymbium (*liasien*).
	Sinémurien........	Waldhemia numismalis. Gryphœa arcuata (*sinémurien*).
	Hettangien.........	Arietites Bucklandi ou raricostatus.

ÉTAGES GÉOLOGIQUES	SOUS-ÉTAGES	FOSSILES CARACTÉRISTIQUES
Étage jurassique (*suite*)	Hettangien (*suite*).... Rhétien.............	Schlothlemia angulata. Psiloceras planorbis. Avicula contorta (*rhétien*).
Étage triasique	Marnes irisées.......	Quelques fossiles marins. *Les dépôts de gypse et de sel caractérisent surtout le sédiment, comme il sera dit plus loin.*
	Muschelkalk........	Terebratula vulgaris. Ceratites nodosus. Encrines.
	Grès bigarré........	Peu de fossiles. Empreintes de reptiles dits labyrintho- dontes, de moules, de gas- tropodes, tels que Gervillia socialis.
Étage permien	Thuringien ou Zechs- tein.............	Calamites. Peu de fossiles.
	Saxonien ou nouveau grès rouge.	Productus horridus. Ulmania.
	Autunien ou schistes bitumineux.......	Walchia.
Étage houiller	Stéphanien ou houil- ler supérieur......	Lepidodendron. Calamodendron. Cordaites.
	Westphalien ou houil- ler inférieur.	Alethopteris. Sigillaria. Pecopteris. Sphenopteris.
	Anthracifère ou di- nantien..........	Productus très nombreux. Spirifer.

ÉTAGES GÉOLOGIQUES	SOUS-ÉTAGES	FOSSILES CARACTÉRISTIQUES
Étage dévonien	Famennien...........	Cardium palmatum. Rynchonelles.
	Frasnien............	Orthis striatula.
	Givétien	Spirifer Verneuilli. Goniatites.
	Eifelien............	Stringocephalus Burtini. Uncites gryphus.
	Coblencien..........	Productus. Calceola sandalina. Leptena.
	Gedinnien.	Spirifer.
Étage silurien	Gothlandien.........	Orthoceras. Graptolithes. Cardiola interrupta.
	Ordovicien..........	Trinucleus (*trilobites*). Calymene. (*id.*) Orthis. Olenus.
	Cambrien...........	Paradoxides
Étage précambrien		Foraminifères et tous orga-nismes fort simples de constitution

Les fossiles caractéristiques qui viennent d'être indiqués et qui définissent les divers terrains géologiques, sont surtout connus en France ou en Europe. Bien qu'existant dans des terrains analogues, ils ne portent pas toujours les mêmes noms en Amérique, où l'étude de la stratification des terrains est poussée aussi loin que chez nous, mais avec des idées qui se trouvent souvent opposées aux nôtres. Dans les pays neufs, les fossiles ne sont pas toujours assimilables ; quelquefois ils n'existent pas. Toutefois, par comparaison avec les tableaux précédents, le prospecteur pourra définir une espèce et soupçonner ainsi l'âge des gisements qu'il étudie.

Son coup d'œil lui sera surtout d'une grande utilité, s'il a vu de nombreuses formations géologiques et s'il s'est habitué à les reconnaître.

A ce point de vue les terrains les plus utiles à parcourir seront les couches anciennes avec leurs fossiles, spécialement les schistes siluriens.

Il faudra en même temps apprendre à caractériser les grès, les calcaires, les argiles de ces sédiments, non pas tels qu'ils existent comme échantillons dans les laboratoires de minéralogie, mais tels qu'ils se présentent en général dans la nature.

La chose sera surtout importante pour les oxydes, les sulfures, les chlorures, les carbonates des divers métaux.

Il est rare en effet qu'on trouve les cristallisations parfaites qui sont décrites par les traités techniques et dont quelques spécimens existent dans des collections de géologie. Ces spécimens sont bons comme première étude. Ils ne suffisent plus, quand on est sur le terrain.

Gîtes caractéristiques de certains sédiments. — L'âge du terrain étant déterminé, on peut en conclure l'espèce de minerai à rechercher ou à trouver, car toutes les formations précitées ne renferment pas des substances minérales. Certains terrains sont caractérisés par des gîtes particuliers.

Le tableau suivant indique à titre d'exemple l'intercalation sédimentaire de quelques-uns de ces gisements.

SUBDIVISIONS GÉOLOGIQUES		SÉDIMENTS	FILONS
Étage moderne..........		Tourbes de la Somme. Alluvions aurifères.	Soufre volcanique.
Étage quaternaire.......		Alluvions d'or, d'argent et de platine. Alluvions stannifères de Banka. Tourbe.	Soufre des pouzzolanes.
Étage tertiaire	Pliocène.....	Lignite de l'Isère. Minerai de fer en grains.	Minerai de fer.
	Miocène. ...	Asphalte de Seyssel. Bitume en Alsace. Lignite de Manosque. Cuivre du Boléo.	Antimoine et mercure en Toscane. Cuivre en Algérie.
	Eocène......	Sel gemme des Carpathes. Phosphates. Lignites du Soissonnais. Soufre de Sicile. Formations charbonneuses en Savoie. Manganèse du Caucase.	Galène dans les Basses-Alpes.
Étage crétacé	Danien..... Sénonien. .. Turonien... Cénomanien.	Lignite de la Charente. Minerai de fer de Bilbao.	Fer oligiste de l'île d'Elbe. Cuivre en Toscane. Minerai de fer en Toscane. Cuivre en Algérie.
	Albien...... Aptien......	Minerais de fer. Phosphates.	
	Barrénien... Néocomien..	Lignite de l'Ariège. Minerai de fer oolithique du Berri.	

SUBDIVISIONS GÉOLOGIQUES		SÉDIMENTS	FILONS
	Portlandien.	Lignite de Purbeck.	Pyrite et fer hydroxydé dans le Gard.
	Kimmeridgien......	Calcaire lithographique.	
	Séquanien .	Minerai de fer.	Sulfures complexes dans les Hautes-Alpes.
	Oxfordien ..	Pierres lithographiques.	Galène dans le Gard.
	Callovien...	Bitume dans l'Isère.	
Étage	Bathonien ..	Minerai de fer.	Calamine des Malines.
jurassique	Bajocien....	Lignite.	
	Toarcien....	Minerai de fer de l'Est de la France.	Cuivre gris et pyriteux dans les Cévennes.
	Liasien.....	Rognons de cobalt oxydé.	Cuivre, plomb et argent dans les Alpes.
	Sinémurien..	Rognons de manganèse oxydé.	
	Hettangien..	Minerai de fer du Rancié.	
	Rhétien.....	Minerai de fer dans les Deux-Sèvres.	
Étage triasique	Marnes irisées......	Houille sèche de Norroy dans les Vosges.	Cuivre dans le Gard.
		Charbon de Richmond en Amérique.	Pyrite dans le Gard.
		Lignite.	Galène argentifère dans l'Ardèche.
		Charbon dans l'Inde	Mercure d'Idria.
		Minerais de fer dans le Gard et dans l'Ardèche.	
		Sel gemme et bitume en Alsace.	Manganèse dans la Lozère.
		Sel gemme.	Cuivre gris et sulfuré.

SUBDIVISIONS GÉOLOGIQUES		SÉDIMENTS	FILONS
Étage triasique (*suite*)	Muschelkalk	Bitume. Amas de zinc et plomb de la Haute-Silésie. Marbres de Carrare. Cuivre carbonaté de Chessy.	Fer spathique et hématite.
	Grès bigarré.	Fer oxydé rouge. Manganèse oxydé.	
Étage permien	Thuringien .		Hématite brune. Plomb phosphaté.
	Saxonien ...	Sel gemme. Grès cuivreux de Perm. Schistes cuivreux du Mansfeld et du Harz.	
	Autunien ...	Rien.	
Étage houiller	Stéphanien.. Westphalien	Houille.	Pyrite cuivreuse de Huelva et Rio-Tinto.
	Anthracifère	Schistes bitumineux Pyrites dans les schistes. Anthracite. Fer en Angleterre.	Zinc de Moresnet. Plomb en Angleterre.
Étage dévonien.........		Cuivre du Rammelsberg. Graphite. Fer en Autriche.	Plomb argentifère de Poullaouen et Huelgoat. Manganèse dens les Pyrénées.
Étage silurien.	Sothlandien .	Fer de Krivoï-Rog. Calamines de la Vieille-Montagne et de Stolberg. Manganèse en Grèce.	Antimoine en Vendée. Galène du Harz, de Przibram. Bismuth.

SUBDIVISIONS GÉOLOGIQUES		SÉDIMENTS	FILONS
Étage silurien	Ordovicien..	Ardoises d'Angers et des Ardennes.	Mercure d'Almaden.
	Cambrien...	Fer en Bretagne. Manganèse en rognons. Cuivre en Norwège.	Zinc du Laurium. Cuivre natif du Lac supérieur. Phosphorites.
Micaschistes.............		Antimoine. Plomb argentifère de Vialas. Fer oxydulé de Suède. Fer spathique. Manganèse. Cuivre pyriteux. Zinc. Chrome en rognons.	Fer spathique à Allevard. Fer oxydulé en Algérie. Plomb argentifère de Pontgibaud. Mercure, cobalt et nickel des Challanches (Isère).
Gneiss.................		Fer oxydulé de Dannemora. Graphite.	Étain oxydé. Galène en Saxe. Pyrite de Chessy et de Saint-Bel. Filons de cuivre, plomb et argent.
Granites..............			Étain oxydé de la Villeder. Quartz aurifères. Manganèse de la Romanèche. Fer oligiste. Magnétite. Cuivre et étain du Cornouailles.

Le tableau qui précède peut être complété par les idées
de D.-C. Davies sur la distribution des métaux [1].

D'après lui, l'étain serait contemporain de l'époque granitique, c'est-à-dire antérieur au cambrien.

Le cuivre se trouverait dans le cambrien inférieur.

L'or se placerait à un niveau plus élevé, mais toujours
dans le cambrien.

L'argent n'aurait pas d'horizon propre et apparaîtrait tantôt
avec le cuivre, tantôt avec l'or.

Le plomb serait surtout abondant dans les assises infé-
rieures du dévonien. Un second horizon se trouverait à la
base du calcaire carbonifère.

Le zinc se concentrerait dans la partie moyenne du calcaire carbonifère (Belgique et nord du Pays de Galles). On
le retrouverait ensuite dans le Muschelkalk (Silésie).

A ces idées de Davies on peut encore ajouter les observations suivantes.

L'existence du terrain carbonifère fera présumer celle de
la houille. On rencontre parfois, il est vrai, rien que des
schistes noirs là où on aurait espéré reconnaître des
affleurements de couche de houille. Le lignite et la tourbe
se trouvent dans les terrains jurassiques ou dans des sédiments plus récents encore. Néanmoins, il n'y a pas toujours
une démarcation nette entre la houille et le lignite; certains
combustibles d'Autriche qui sont appelés *Glanzkohl* res-
semblent, à s'y méprendre, à la houille et possédent à peu
de chose près le même pouvoir calorifique.

La manifestation du terrain permien peut faire soupçonner
la présence du cuivre. Sur différents points du globe on trouve
le cuivre spécialement à cette époque géologique.

Le fer existe en grande quantité dans les terrains supra-
liasiques. L'indication sera bonne pour la recherche des

1. D.-C. Davies, *Metalliferous minerals and mining.*

gisements. C'est un horizon géologique assez constant à travers le monde.

Le sel gemme et le gypse apparaissent le plus souvent dans le trias.

Dans le trias également, on trouvera des gîtes de plomb, dont la formation est contemporaine de celle de la chaîne des Pyrénées.

La pyrite de fer sera au contact du lias et du trias ; puis une nouvelle venue se manifestera à la base de la formation crétacée.

En somme, un étage géologique peut caractériser jusqu'à un certain point la venue d'un métal. Il n'y a pourtant rien d'exclusif, et parfois, au milieu d'autres terrains, on trouvera par hasard la substance qu'on veut exploiter. Ceci est vrai surtout pour les couches. Dans le cas des filons il est bien rare qu'on ait à s'occuper d'étages géologiques nombreux. La prospection n'en est que plus facilitée. Il est même à remarquer que les filons se trouveront surtout au milieu des schistes. Les régions schisteuses sont celles qui sont les meilleures à prospecter.

Notions sur les roches. — Un autre élément capable de faciliter les recherches de surface est l'étude des roches, car certains filons métallifères accompagnent les mêmes porphyres ou les mêmes granites sur divers points du globe.

Ces porphyres et ces granites sont venus, en général, à des époques bien déterminées, qui peuvent guider pour la détermination de l'âge des gîtes.

Pour le continent boréal notamment on distingue plusieurs séries d'éruptions qui sont bien connues de tous les géologues. Les plus anciennes sont les chaînes *huroniennes* qui ont apparu entre les dépôts des terrains archéen et cambrien. Puis viennent les chaînes *calédoniennes*, dont la venue date surtout de la fin de l'époque silurienne. Enfin la grande éruption *hercynienne* qui s'étend en Europe depuis la Bretagne jusqu'à la Bohême, correspond aux formations houillères.

Ces éruptions ont amené à la surface, aux époques cambrienne, silurienne ou dévonienne, des granites, des syénites, des diorites, des porphyrites et quelques diabases. A l'époque houillère on a des porphyres quartzifères, des trapps et des mélaphyres analogues aux basaltes modernes.

Associés à ces éruptions, de quelque âge qu'elles soient, se trouvent en général les gîtes métallifères. Les granulites sont celles qui renferment le plus de manifestations métalliques. Une venue de granulite pourra guider pour retrouver en pays éloigné un minéral qui se trouve accompagner la même roche dans des gisements bien connus d'Europe. Il en sera de même pour un minerai voisin d'une porphyrite.

L'époque secondaire ou jurassique a été une longue période de calme. On peut donc être certain de ne pas trouver des gîtes métallifères éruptifs à travers la suite ininterrompue des sédiments de cette époque.

En revanche de nouvelles éruptions sont survenues à l'époque tertiaire mais sans bouleverser autant l'écorce terrestre, ni sans donner naissance à un nombre aussi grand de filons.

Les roches, résultat de ces diverses éruptions, ont été divisées depuis longtemps en roches primaires et en roches tertiaires, et c'est d'après cette subdivision que l'énumération en sera donnée ci-après.

I. — ROCHES ANCIENNES

1. — STRUCTURE GRANITOÏDE

a) *Granite*, dont les éléments constituants sont : le quartz, l'orthose, le mica noir, l'oligoclase;

b) *Granulite*, dont les éléments constituants sont : le quartz, l'orthose, l'oligoclase, le mica blanc, le mica noir;

c) *Kersanton*, dont les éléments sont les mêmes que ceux de la granulite, sauf l'orthose ;

d) *Syénite*, dont les éléments sont : le quartz, l'orthose, l'oligoclase et la hornblende ;

e) *Diorite*, dont les éléments sont les mêmes que ceux de la syénite, à l'exception du quartz ;

f) *Diabase*, dont les éléments sont les mêmes que ceux de la diorite, sauf que le pyroxène remplace l'amphibole.

A côté de ces types généraux qu'on rencontre le **plus** souvent, il y a une série de roches particulières granitiques dont la liste est la suivante et qui diffèrent des précédentes par quelques caractères seulement.

Protogine, ou granite à mica vert ;

Pegmatite, à grands cristaux de quartz **et de** feldspath ;

Euphotide, avec diallage et labrador ;

Hypérite, avec hypersthène et labrador ;

Minette, ou granite sans quartz, avec feldspath et mica ;

Hyalotourmalithe, avec quartz et tourmaline ;

Hyalomicte, avec quartz et mica.

2. — STRUCTURE GNEISSIQUE

Gneiss, ou granite avec quartz stratifié ;

Micaschiste, alternances de mica et de quartz ;

Amphibolite, mélange d'amphibole et de quartz ;

Leptinite, variété de granulite contenant du grenat et de la tourmaline ;

Talcschiste, schiste chloriteux.

3. — STRUCTURE PORPHYROIDE

Porphyre quartzifère, mélange de quartz et de feldspath ;

Porphyre feldspathique, où le quartz est absent ;

Porphyrite, où le labrador remplace l'orthose. Cette roche contient souvent du pyroxène ;

Mélaphyre, le péridot n'y est pas visible et la roche est amygdaloïde en général.

II. — Roches tertiaires

A l'époque tertiaire, il n'y a presque pas eu de venues granitiques. L'orthose se trouverait d'ailleurs dans ces granites à un état spécial qu'on appelle sanidine.

Les principaux spécimens sont de la famille des porphyres et s'appellent :

> *Ryolithe*, c'est un porphyre quartzifère ;
> *Trachyte*, c'est aussi un porphyre quartzifère ;
> *Andésite*, sorte de porphyrite ;
> *Basalte*, espèce de mélaphyre contenant seulement du péridot.

A côté de ces roches qui sont les plus fréquentes, on peut citer encore les suivantes :

> *Phonolithe*, mélange de sanidine et de néphéline ;
> *Néphélinite*, association de néphéline et de pyroxène ;
> *Leucitophyre*, ou roche contenant surtout de la leucite ;
> Enfin, viennent les *ophites* et les *serpentines*.

Telles sont les roches principales qu'on apprendra à connaître soit par leur aspect extérieur, soit par l'examen au microscope de plaques minces taillées dans ces roches.

Gîtes accompagnant certaines roches. — Quand la nature de la roche aura été bien déterminée, on sera parfois fixé sur la nature des minerais qu'on peut espérer trouver dans le voisinage à l'exclusion de plusieurs autres.

C'est ainsi que les gîtes d'étain sont presque toujours en relation avec la venue des granulites. Les gisements d'or se trouvent assez souvent dans les mêmes terrains. La magnétite est de venue très ancienne, tandis que l'oligiste et le fer spathique sont d'âge plus récent. Les porphyres sont voisins de minerais complexes de cuivre, de plomb et de zinc.

Mais, s'il y a plus ou moins certitude à trouver un gîte à côté de la manifestation d'une roche analogue qui accompagne ce gîte dans un autre pays, il ne faut pas le chercher que là. On sait aujourd'hui que l'étain existe en Toscane et en Bolivie dans des roches tertiaires, que l'or n'est pas apparu seulement aux époques primaire et tertiaire, comme on le croyait autrefois. On peut donc trouver des gîtes métalliques sur d'autres points que ceux indiqués par l'âge géologique de la sédimentation ou par la manifestation éruptive des roches. On peut aussi ne rien trouver dans les terrains où se sont manifestées ailleurs les venues métallifères. L'étude géologique ne donne ainsi que de très bonnes indications premières, mais jamais des renseignements absolument complets. Rien n'est certain en matière de mine.

Lois géologiques. — Plus on étudie des gîtes minéraux nouveaux et plus les anciennes théories géologiques se transforment. C'est ainsi qu'aujourd'hui on ne peut plus accepter comme infaillible l'ancienne idée d'Elie de Beaumont, d'après laquelle un groupe de filons parallèles devait appartenir à la formation d'un système de montagnes et posséder la même direction que ce système. Dans le voisinage immédiat de la chaîne de montagne, cela peut être parfois vrai. Mais, quand on s'éloigne de l'axe de plissement, des éléments locaux sont intervenus pour modifier la formation et la direction des cassures minéralisées. On pourra trouver accidentellement une direction analogue à celle de la chaîne, surtout s'il s'agit d'une faille de plissement, mais il ne faudra pas uniquement prospecter avec cette idée et les failles d'affaissement sont souvent indépendantes de la cause qui a donné naissance au soulèvement montagneux.

Il en résulte qu'on rencontrera près d'une formation her-

cynienne des filons qui appartiendront à une **autre manifes-**
tation éruptive. Ce n'est pas à dire, toutefois, que la géologie puisse parfois induire en erreur les chercheurs de
mines ou leur donner des renseignements inexacts.

Il existe notamment deux lois qui présentent une certaine
importance pour guider les recherches. Ce sont la loi de
continuité et la loi de *parallélisme des gîtes*.

Il est bien évident qu'un gîte métallifère ou un amas
quelconque d'une substance utile ne seront pas localisés en
un seul point. Par définition, un filon, une couche sont
indéfinis. Ils ne sont arrêtés que par des failles, des étran-
glements. Le prospecteur, en cherchant à étudier ces accidents géologiques, pourra trouver le prolongement d'un
gîte connu. C'est ce qu'on a fait pour nos bassins houillers
en France, pour celui du Pas-de-Calais, pour celui de Saint-
Eloy. C'est ce qu'on cherche à faire pour celui de Brassac,
et même pour celui de Saint-Etienne. On pourrait étudier
de même la prolongation d'un gîte métallifère.

Quant au parallélisme des gîtes, il s'observe non seulement dans le cas de la sédimentation, une couche de houille
ou de minerai de fer succédant naturellement à la précédente, mais encore pour les gîtes filoniens, où les cassures
doivent se produire parallèlement dans un terrain de même
résistance. On peut donc, au toit et au mur d'un gisement
connu, chercher avec une quasi certitude des gisements
analogues, à condition, toutefois, de ne pas quitter une formation géologique déterminée et toujours semblable.

M. de Lapparent, l'éminent géologue, l'a dit : « Pour déci-
der de l'opportunité d'une recherche, pour la bien conduire
une fois qu'elle est engagée, pour savoir l'abandonner à
temps, si elle doit demeurer infructueuse, c'est à la géologie
que le mineur doit faire appel. »

Ainsi se justifient les notions rapides de géologie que nous
venons de donner et qui sont, nous le répétons, des **plus**
nécessaires à un prospecteur.

CHAPITRE II

ÉTUDE MINÉRALOGIQUE ET CHIMIQUE DES MINERAIS

Couleur des minerais. — Caractères spéciaux de certains minerais. — Classification cristallographique. — Dureté des minerais. — Magnétisme des minerais. — Essais au chalumeau. — Essais mécaniques des minerais. — Essais chimiques. — Prises d'essai.

Couleur des minerais. — Certains minerais peuvent se diversifier rien que par la couleur. A l'inspection du tableau suivant on voit que plusieurs déterminations seront faciles de prime abord sur le terrain et qu'une première classification pourra être faite entre les diverses substances.

Blanchâtre	*Blanc mat*
Antimoine oxydé.	Amphibole trémolite.
Borax.	Anhydrite.
Célestine.	Argent corné.
Cérusite.	Argent natif.
Natron.	Argile plastique.

Blanc laiteux	*Blanc jaunâtre*
Opale.	Dolomie.
	Gypse.
Blanc métallique	Magnétite.
	Pyrite martiale.
Mispickel.	Smithsonite.

Blanc limpide

Apatite.
Aragonite.
Diamant.
Mica.
Quartz.
Sel gemme.
Spath fluor.

Blanc mat

Cérusite.
Cryolite.
Feldspaths.
Kaolin.
Néphéline.
Nitre.
Talc.

Blanc nacré

Acide borique.
Antimoine oxydé.
Diallage.
Dolomie.
Wollastonite.

Bleu

Azurite.
Disthène.
Jades néphrites.
Lapis lazuli.
Saphir.
Smaltine.
Vivianite.

Jaune métallique

Chalcopyrite.
Pyrite martiale.

Jaune rouge

Or natif.
Réalgar.

Noir brillant

Anthracite.
Houille.

Noir mat

Chromite.
Hornblende.
Hypersthène.
Lignite.
Tourmaline.

Noir métallique

Acerdèse.
Cuivre noir.
Fer oligiste.
Fer titané.
Graphite.
Magnétite.
Platine natif.
Wolfram.

Brun

Acerdèse.
Blende.
Cassitérite.
Hématite.
Pyromorphite.
Sidérose.
Sphène.
Staurotide.

Gris

Calamine.
Cérusite.
Labradorite.
Sel gemme.

Gris métallique

Bournonite.
Cobaltine.
Cuivre gris.
Galène.
Pyrolusite.
Smaltine.

Jaunâtre

Argent corné.
Blende.
Sidérose.

Jaune

Grenat.
Orpiment.
Soufre.
Succin.
Topaze.
Zircon.

Verdâtre

Ozokérite.
Topaze.
Vivianite.

Vert

Apatite.
Chlorite.
Diallage.
Emeraude.
Garniérite.
Malachite.
Serpentine.

Violet

Améthyste.
Apatite.

Rose

Rhodonite.
Sel gemme.

Rouge

Argent rouge.
Cinabre.
Cuivre.
Cuprite.
Grenat.
Rubis.
Rutile.

A côté de cette couleur qui est la couleur propre du minerai, il faut placer un autre caractère basé aussi sur la couleur, mais sur la couleur qui est obtenue, quand on raie le minerai ou quand on le frotte sur un morceau de porcelaine; c'est ce qu'on appelle la coloration due aux *traits de lime*. Cette coloration n'est pas toujours semblable à celle qui vient d'être indiquée.

Les différentes espèces minérales se caractérisent alors comme l'indique le tableau suivant.

Blanc

Argent.
Bismuth.
Blende quelquefois.
Calamine.
Pyromorphite.

Bleu

Azurite.
Malachite.

Jaune

Calomel.
Limonite.
Or.

Noir verdâtre

Pyrite de cuivre.

Noirâtre

Argyrose (aspect métallique).
Cobalt terreux.
Stannine.

Brun

Blende (brun rougeâtre).
Cassitérite (brunâtre).
Fer chromé.
Franklinite.
Hématite (brun jaune).
Pyrite de fer (brun noirâtre).

Vert

Malachite.

Noir

Cuivre noir.
Magnétite.
Pyrolutite.
Stéphanite (noir métallique).

Gris noirâtre

Chalcosine (gris de plomb noi-
    râtre).
Chloanthite (aspect métal-
    lique).
Pyrite arsénicale.
Pyrite magnétique.
Stibine.

Gris

Cuivre gris (gris d'acier).
Galène (gris de plomb).
Kérargyrite (gris brillant).
Molybdénite.
Platine.

Rouge

Argent rouge.
Cinabre.
Cuivre.
Cuivre oxydulé (rouge brun).
Fer spéculaire (rouge cerise
    foncé).
Nickéline (rouge pâle).

Caractères spéciaux de certains minerais. — Quelques caractères spéciaux permettront, en outre, de reconnaître très rapidement certains minerais.

C'est ainsi que la fluorine, la topaze, le carbonate de plomb, le quartz, la calcite peuvent s'électriser plus ou moins sous l'effet du frottement. La calamine s'électrise, quand on la chauffe. Quelques minerais, quand on les frotte, dégagent une odeur particulière, notamment l'odeur d'ail pour les composés de l'arsenic. La fluorine est phosphorescente. Enfin plusieurs minerais ont une saveur caractéristique. Ceux qui sont très argileux comme la bauxite happent fortement à la langue.

Classification cristallographique. — A la classification précédente par couleur pourra s'ajouter la classification résultant d'un examen cristallographique rapide. Le tableau suivant est de quelque utilité à ce point de vue.

Système cubique	*Système quadratique*	*Système rhomboédrique*
Argent natif.	Braunite.	Antimoine.
Argyrose.	Cassitérite.	Argent rouge.
Blende.	Chalcopyrite.	Arsenic natif.
Cobaltine.	Rutile.	Bismuth natif.
Cuivre natif.	Zircon.	Calcite.
Fluorine.		Cinabre.
Galène.	*Système hexagonal*	Corindon.
Grenat.		Dolomie.
Magnétite.	Apatite.	Nickéline.
Or natif.	Émeraude.	Oligiste.
Philippsite.	Mimétèse.	Quartz.
Pyrite.	Molybdénite.	Sidérose.
Sel gemme.		
Smaltine.		

Système orthorhombique	*Système clinorhombique*	*Substances amorphes*
Acerdèse.	Gypse.	Bauxite.
Anglésite.	Malachite.	Garniérite.
Barytine.	Mica.	Limonite.
Calamine.	Sphène.	Pechblende.
Célestine.	Wolfram.	Serpentine.
Cérusite.		Turquoise.
Marcasite.	*Système triclinique*	
Mispickel.		
Pyrolusite.	Cryolite.	
Stibine.	Rhodonite	
Soufre.		
Topaze.		

En s'habituant à ces reconnaissances minéralogiques rapides d'un minerai, on peut arriver à caractériser d'une manière à peu près certaine la nature de plus d'une substance.

Dureté des minerais. — Un autre essai minéralogique rapide consiste à examiner la dureté d'un échantillon de minerai. L'échelle suivante de dureté est assez caractéristique. On y rapportera les différentes espèces de minéraux examinées.

1° *Talc*, rayé par l'ongle ;

2° *Gypse*, rayé par l'ongle avec difficulté ; ne peut rayer un sou de cuivre ;

3° *Calcite*, raye un sou de cuivre et est rayée par lui ;

4° *Fluorine*, ne peut être rayée par un sou de cuivre ; ne peut rayer le verre ;

5° *Apatite*, raye le verre avec peine en laissant des poussières ;

6° *Orthoclase*, rayé avec difficulté par un canif ;

7° *Quartz*, ne peut être rayé par un canif ;

8° *Topaze*, ne peut être rayée par le cristal ;

9° *Saphir*,   —   —   —

10° *Diamant*,   —   —   —

Magnétisme des minerais. — Pour certains minerais qui sont magnétiques, l'emploi du barreau aimanté deviendra un moyen d'analyse, de même que la boussole indique au prospecteur la présence de substances diamagnétiques. On peut ainsi diversifier des espèces qui au premier abord paraissent semblables. La magnétite est avant tout le minerai diamagnétique. D'autres substances qui ne contiennent pas de fer seront encore attirables à l'aimant. On les distinguera, s'il y a doute, d'autres qui sembleraient similaires et qui ne sont pas diamagnétiques.

Les propriétés magnétiques des minerais aident aussi

à reconnaître les gisements. M. de Thalen a construit un magnétomètre pour rechercher les mines de fer. Avec cet appareil il dessine sur le terrain une série de courbes magnétiques (*fig* 1) qui indiqueront le point où peut passer la couche en profondeur. M. Nordenström en Norwège a imaginé un autre magnétomètre (*fig.* 2) dont les observations se font avec une aiguille de déclinaison et non plus d'inclinaison.

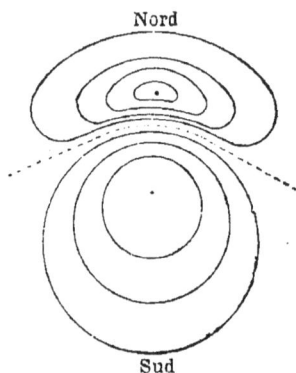

FIG. 1 — Courbes magnétiques destinées à faciliter la reconnaissance d'un gisement.

S'il ne s'agit plus de prospection, mais de détermination de la nature des substances, on peut réduire en poudre les minerais et séparer les parties magné-

FIG. 2. — Magnétomètre de Nordenström.

tiques de celles qui ne le sont pas, de manière à faire une

analyse sommaire de corps qui paraîtraient complexes Nous ne ferons que citer le séparateur magnétique Wetherill; avec cet appareil on simplifiera et évitera pour quelques substances les essais chimiques dont nous parlerons plus loin.

Essais au chalumeau. — Un essai minéralogique n'est jamais complet ni absolument certain, si l'on n'a pas fait usage du chalumeau. En général la détermination d'une substance par ce moyen est surtout qualitative. Certaines personnes prétendent pourtant avoir acquis une telle expérience des essais au chalumeau qu'elles arriveraient à déterminer quantitativement la nature d'un échantillon [1].

Tout le monde n'aura pas cette compétence. Tout le monde ne saura pas non plus souffler dans un chalumeau, et c'est le plus souvent ce qu'il faut commencer par apprendre. On y arrive en se remplissant bien la bouche d'air à l'avance et en lâchant peu à peu cet air, tout en respirant par le nez. Si l'on ne souffle pas d'une manière continue, la flamme tourne tantôt à droite, tantôt à gauche et n'attaque pas constamment la substance.

Pour un essai au chalumeau il est bon d'emporter avec soi les objets suivants, ce qui est d'ailleurs facile :

1° Un chalumeau ;

2° Une petite lampe à alcool en cuivre, dont le bouchon puisse se visser ;

3° Un fil de platine pour l'essai au borax ;

4° Une pince à pointes de platine ;

5° Une pince en bois pour tenir les tubes de verre ;

6° Quelques tubes de verre fermés à l'une des extrémités ;

1. Consulter pour les essais quantitatifs au chalumeau l'ouvrage suivant :
Fletcher, *Essais pratiques au chalumeau*, traduit de l'anglais par M. Morineau, ingénieur civil des Mines.

7° Quelques tubes de verre ouverts à leurs deux extrémités ;

8° Un petit mortier ;

9° Une petite capsule de porcelaine ;

10° Quelques morceaux de charbon de bois ;

11° Un peu de borax ;

12° Un peu de carbonate de soude.

Les essais sont au nombre de six. Ils se font, soit directement dans la flamme, soit dans un tube de verre ouvert aux
deux extrémités, soit dans un tube fermé à une extrémité,
soit sur le charbon avec ou sans carbonate de soude, soit en
formant une perle de borax ou de sel de phosphore.

Les essais à la flamme sont basés sur la coloration qu'y
donne un petit fragment de matière maintenu avec une pince
de platine.

Le sodium colore la flamme en jaune, et la coloration est souvent assez vive pour masquer toutes les autres colorations.

Le potassium colore la flamme en violet.

Le calcium donne une coloration jaune rougeâtre.

Le strontium colore la flamme en rouge carmin.

Le cuivre se distingue à sa couleur verte.

Le plomb donne du bleu verdâtre.

L'antimoine également.

L'arsenic donne aussi du bleu, mais la coloration est plus
livide.

Le baryum colore la flamme en vert pâle.

L'acide borique donne du vert émeraude.

Pour les substances susnommées, la coloration est bien
caractéristique. Toutefois, il peut encore y avoir hésitation. Il y aura surtout hésitation pour d'autres matières
qui n'auront que peu ou point coloré la flamme. On chauffe
alors une petite quantité de minerai dans un tube ouvert
à ses deux extrémités, en inclinant légèrement le tube afin
d'y provoquer un dépôt par condensation ou de percevoir
l'odeur qui s'en dégage.

Le soufre et les sulfures dégagent l'odeur forte de l'acide sulfureux.

Le sélénium et les séléniures sentent le raifort.

L'arsenic et les arséniures sont caractérisés par l'odeur d'ail.

Les trois substances qui déposent par condensation un anneau dans le tube sont l'arsenic, le tellure et l'antimoine, dont les sublimés ont une couleur blanche.

En chauffant la substance dans un tube fermé par l'une de ses extrémités, on obtient un sublimé plus caractéristique. Avec l'arsenic il se forme du sulfure d'arsenic jaune orangé.

Avec le cinabre, après mélange avec une certaine quantité de chaux éteinte, on opère une légère réduction et l'on obtient des vapeurs de mercure qui se condensent en gouttelettes sur les parois du tube.

Les réactions qui précèdent se rapportent à un nombre assez limité de substances. On élargit le cercle des investigations en opérant une réduction sur le charbon avec ou sans carbonate de soude. Les effets obtenus sont assez variables suivant les substances et par conséquent bien caractéristiques.

Avec les sels de soufre, d'arsenic ou d'antimoine, on obtient un dégagement de fumées, dont l'odeur est semblable à celle perçue dans le tube ouvert à ses deux extrémités.

Avec le chlorure de sodium il y a décrépitation et éclatements partiels.

Avec le salpêtre il y a déflagration et inflammation vive du charbon. On réalise en petit la réaction explosive de la poudre de mine.

Les sels alcalins ou alcalino-terreux fondent aisément et donnent naissance à une perle liquide. Si le résidu est blanc brillant, c'est qu'on est en présence de magnésie, d'alumine ou d'oxyde de zinc. Pour distinguer on ajoute une goutte de nitrate de cobalt et on chauffe. Si la couleur

obtenue est bleue, c'est de l'alumine. Si elle est rose clair,
c'est de la magnésie. Si elle est verte, c'est de l'oxyde de
zinc.

Le cuivre, le fer, le chrome, le manganèse, le nickel et le
cobalt donnent un résidu coloré, mais la couleur sera plus
facile à distinguer par la transparence de la perle de borax.

L'étain, le zinc et le plomb donnent des incrustations en
auréole. Si l'incrustation est jaune à chaud et blanche à
froid, on est en présence d'étain ou de zinc. Si elle est jaune
dans les deux cas, c'est du plomb.

Enfin, la plupart des métaux donneront sur le charbon un
globule métallique. Le barreau aimanté aidera à reconnaître le fer et le nickel. L'or et le cuivre s'attaquent facilement aux acides. Le plomb, l'argent et l'étain sont mal-
léables. Le bismuth et l'antimoine sont cassants.

On peut parfois, en attaquant une substance sur le charbon, ajouter du carbonate de soude. On obtient des sels
composés qu'on soumet aux recherches chimiques ordinaires par voie humide.

Mais la réaction la plus caractéristique est la formation
d'une petite perle de borax dans la boucle d'un fil de platine.
En employant très peu de matière, on a des couleurs nettement tranchées qui renseignent bien un expérimentateur
exercé. On laisse refroidir la perle et les colorations les plus
caractéristiques sont celles du tableau suivant :

MÉTAUX	FLAMME OXYDANTE	FLAMME RÉDUCTRICE
Fer.	Jaune.	Vert bouteille.
Cuivre.	Bleu verdâtre.	Rouge opaque.
Etain.	Email blanc.	Incolore.
Manganèse.	Violet améthyste.	Incolore.
Chrome.	Gris jaunâtre.	Vert émeraude.
Cobalt.	Bleu.	Bleu.
Nickel.	Brun rougeâtre.	Gris.

A chaud les couleurs ne sont pas toujours les mêmes et il y aura les différences signalées ci-après :

COULEUR de la PERLE DE BORAX	A CHAUD	A FROID
Antimoine.	Jaune clair	Incolore
Argent.	Jaune clair	Jaune irisé
Bismuth.	Jaunâtre	Jaune clair
Chrome.	Jaune verdâtre	Gris jaunâtre
Cuivre.	Vert *(feu oxydant)*	Bleu verdâtre *(feu oxydant)*
Id.	Vert sale *(feu réducteur)*	Rouge opaque *(feu réducteur)*
Fer.	Rouille	Jaune clair
Nickel.	Jaune gris	Gris
Plomb.	Jaune clair	Incolore
Tungstène	Jaune clair *(feu oxydant)*	Incolore *(feu oxydant)*
Id.	Incolore *(feu réducteur)*	Jaune gris *(feu réducteur)*
Zinc.	Jaune	Incolore

La perle de sel de phosphore donne en général les mêmes résultats que la perle de borax. C'est tout au moins le cas pour l'antimoine, l'argent, le bismuth, le cobalt, le cuivre, le fer, le manganèse, le nickel et le plomb. Il n'y a guère de différences bien marquées que pour le chrome et le tungstène.

Avec le chrome on obtient :

1° Au feu oxydant une perle violet sale à chaud et vert émeraude à froid ;

2° Au feu réducteur une perle analogue à la perle de borax.

Avec le tungstène on aura :

1° Au feu oxydant une perle incolore à chaud et à froid ;

2° Au feu réducteur une perle gris bleu à chaud et bleu clair à froid.

En diversifiant les essais qui viennent d'être indiqués,

en employant d'abord l'un puis l'autre, on sera toujours certain d'arriver à connaître qualitativement les minerais. Il ne sera pas toujours aussi aisé de déterminer leur valeur quantitative et d'avoir par conséquent une idée approximative de leur nature marchande.

Essais mécaniques des minerais. — Pour certains minerais, notamment pour ceux d'or, un simple enrichissement par lavage sera le meilleur mode d'essai. D'autres substances pourront aussi être soumises à une concentration sommaire, sorte de réduction de la préparation mécanique dans une usine en pleine marche.

Pour les alluvions aurifères et pour certains minerais broyés où l'or ne se trouve pas à l'état combiné, il existe un moyen rapide et assez exact que connaissent bien tous les prospecteurs pour la détermination de la teneur. C'est le lavage à la *batée*. Chaque pays producteur d'alluvions possède sa batée. Le mode de travail, ou plutôt le *coup de main*, varie avec les appareils.

Nous décrirons plus spécialement le lavage à la batée tel qu'il est pratiqué dans l'Amérique du Sud.

La batée est en bois; elle mesure $0^m,60$ de diamètre; elle a la forme d'un cône très aplati de $0^m,10$ à $0^m,45$ d'épaisseur dont l'angle au sommet est de 150 à 160 degrés, et elle présente une légère cavité plus accentuée au centre, afin que les matières riches puissent se déposer. On charge la batée d'une forte épaisseur de sables aurifères et l'on vient faire le lavage sur les bords d'un ruisseau, le ruisseau ayant été préalablement barré, si son débit n'est pas suffisant pour donner une épaisseur de $0^m,50$ d'eau au moins. Il importe avant tout de ne pas laver avec des eaux bourbeuses. Des eaux trop courantes gênent l'essai. Il ne faut pas non plus une eau trop profonde, car, à certains moments, l'on doit poser la batée dans le courant, mais sans l'immerger complètement.

Cela se fait surtout au début de l'opération, alors qu'on débourbe les sables en les pétrissant avec les mains, en cassant les boules argileuses qui leur sont mélangées. Les immersions sont d'ailleurs souvent répétées et, après chacune d'elles, on incline la batée pour faire emporter par le courant les matières boueuses. L'opération est longue ; elle est aussi délicate et doit être faite sans mouvements brusques, car on pourrait perdre des parties de sables riches.

Après ce premier débourbage il faut continuer d'une autre manière l'expulsion des matières terreuses, tout en opérant un classement mécanique. On secoue alors la batée, en même temps qu'on la fait tourner d'une fraction de tour. On enlève ainsi les fragments les plus gros des sables, non toutefois sans les examiner de temps en temps.

Quand il ne reste plus de matières terreuses, ni de gros fragments, on soumet les sables fins à un nouveau mode de classement qui est un enrichissement. Le laveur fait tourner et secoue la batée en l'immergeant de temps à autre et en ayant soin que l'eau vienne toujours par la partie supérieure, qu'elle n'entre jamais du côté du bord inférieur, où existe souvent une petite gouttière pour l'évacuation des matières. Le mouvement qu'il faut imprimer alors à la batée est assez difficile à réaliser pour celui qui n'en a pas l'expérience. Il se compose d'une rotation des matières autour de la batée, puis d'un cheminement dans une direction rectiligne, quand ces matières arrivent suivant l'axe de la batée. A ce moment les parties lourdes gagnent le centre, tandis que les parties légères s'échappent. On opère le mouvement par une secousse brusque de la main.

On lave ainsi jusqu'à ce qu'il ne reste plus que des matières noirâtres contenant en général beaucoup d'oxyde magnétique de fer. L'or reste associé à quelques autres métaux lourds : étain, titane, platine. Alors commence une opération qui est aussi fort délicate. On enlève la batée hors du ruisseau, et on y ajoute peu à peu de l'eau. L'habileté du laveur consiste à faire descendre l'eau en spirale. Les sables les plus légers viennent vers le bord inférieur, tandis que l'or reste en arrière près du centre. On enlève brusquement les sables avec la paume de la main, non sans les avoir examinés au préalable. La même opération ayant été répétée un certain nombre de fois, il ne reste plus que les grains d'or mêlés à quelques sables noirs.

Cette opération de lavage, quand elle est bien faite, quand on sait bien éviter les pertes d'or, donnera une idée assez exacte de la richesse des alluvions aurifères. Le résultat trouvé est pourtant toujours supérieur au rendement sur lequel il faudra compter dans un traitement industriel ultérieur.

En lieu et place de la batée les prospecteurs de l'Amérique du Nord emploient le *pan*. C'est une bassine en fer battu d'une forme circulaire et évasée, présentant un fond plat, et mesurant $0^m,30$ à $0^m,40$ comme plus grand diamètre avec $0^m,08$ à $0^m,10$ de hauteur.

Le travail se fait comme pour la batée dans la partie tranquille et peu profonde d'un cours d'eau. On remplit l'appareil aux deux tiers avec du sable aurifère. On débourbe à la main, on écrase les rognons d'argile et on enlève les grosses pierres après les avoir examinées. Puis on prend le pan à deux mains, on l'incline légèrement et on lui imprime en même temps un mouvement giratoire. Ainsi partent les matières fines. Pour activer l'expulsion de ces matières, on immerge successivement le pan, en lui imprimant des secousses afin de classer les sables par ordre de densité. L'eau pénètre ainsi dans le pan, puis s'en échappe en entraînant avec elle les stériles. Au bout d'un certain temps il ne reste plus qu'un mélange d'or, de sables noirs et de pyrites.

On laisse sécher, puis on souffle sur la masse pour enle-

ver les sables et les pyrites. Il est bon de compléter l'essai
par l'amalgamation. Cette amalgamation se fait dans le
pan. On ajoute 10 grammes de mercure. On triture avec un
morceau de bois pour activer le contact du mercure et de l'or.

Le travail du pan est moins précis que celui de la batée.
Beaucoup de particules légères, où se trouvait l'or sans qu'il
fût visible à l'œil nu, sont entraînées par le courant d'eau,
ce qui diminue d'autant le chiffre de la teneur.

Mieux que le pan, mieux aussi que la batée, l'appareil
suivant donnera des résultats exacts pour l'essai des alluvions aurifères.

L'appareil est un *sluice*. On le forme avec un canal de 2 à
3 mètres en bois auquel on donne une pente de 3 à 5 0/0. On
le dalle avec des galets plats qu'on pose de champ avec une
légère inclinaison vers la tête du canal. Puis on divise le canal en quatre compartiments, par exemple, au moyen de
tasseaux en bois. On fait passer un courant d'eau. On peut
aussi amalgamer. La quantité de sable passée est plus
considérable qu'avec la batée et l'on obtiendra un chiffre
moyen de rendement plus rapproché de la vérité.

Un mode analogue d'enrichissement par lavage qui s'applique d'ailleurs à tous les minerais autres que les alluvions
aurifères, consiste à employer un plan incliné. Sous l'action
d'un léger courant d'eau, les matières se classent sur le
plan incliné, les gangues les plus légères étant emportées
par l'eau et les parties minéralisées se déposant sur la table.
Pour les retenir d'une manière plus certaine, on peut fixer
des *riffles* ou ressauts transversaux, ou bien recouvrir le
plan incliné avec des feuilles en caoutchouc. On mettra
aussi des peaux dont les poils arrêteront aisément les
grains les plus lourds de minerai.

On peut enfin réaliser une sorte de préparation mécanique.
On emploiera pour cela un petit concasseur et un petit
bac à piston mus tous deux à la main.

Le concasseur est une réduction du concasseur Blake à mâchoires. En tournant avec un volant, on déplace la mâchoire mobile et l'on peut broyer des échantillons minéralogiques trop gros pour être soumis à l'opération du lavage. Après broyage ils sont réunis par fragments de même grosseur, puis viennent dans un bac laveur.

Le bac est à deux compartiments. D'un côté se trouve le piston qui est muni de caoutchouc, afin d'être plus étanche. D'autre part est le compartiment, où sera chargé le minerai à laver. Des toiles métalliques à trous de diverse grosseur recevront les substances.

On obtient avec ces petits appareils un classement assez parfait qui permet d'avoir des renseignements suffisamment exacts sur des minerais tels que ceux de cuivre et de zinc ou sur des charbons de toutes catégories. L'essai au point de vue de la teneur se fait ensuite soit au chalumeau, soit par une analyse chimique rapide.

Essais chimiques. — Les analyses chimiques, à moins qu'elles ne soient fort simples, sont rarement aisées à opérer pendant une prospection. Toutefois, si les réactions n'exigent pas un matériel trop considérable, elles pourront être exécutées sur le terrain. Nous indiquerons d'abord les réactifs les plus nécessaires à emporter dans ce but, puis les opérations essentielles pour la reconnaissance des divers minerais ou des diverses gangues.

Les réactifs liquides qui seront placés dans des flacons bouchés à l'émeri avec des bouchons à tige plongeante, sont les suivants :

    1° L'acide sulfurique;

    2° L'acide nitrique ;

    3° L'acide chlorhydrique;

    4° L'ammoniaque.

Les réactifs salins qu'on emporte à l'état solide sont :

    1° Le carbonate de soude;

2° Le sulfure de sodium;

3° L'oxalate d'ammoniaque;

4° Le phosphate d'ammoniaque;

5° Le prussiate de potasse;

6° Le chlorure de baryum;

7° Le nitrate d'argent;

8° Le cyanure de potassium.

On constitue ainsi un laboratoire ambulant qu'on complète avec un petit mortier, une capsule en porcelaine, quelques tubes en verre pour essai. Parmi les accessoires des essais au chalumeau figure déjà une lampe à alcool. Cette lampe servira également aux recherches qualitatives ou quantitatives par voie humide.

S'il s'agit de minerais d'or, le matériel à emporter sera plus considérable à cause de la coupellation. On ne prendra que le strict minimum et l'on réunira les pièces suivantes, dont le prix d'achat ne dépasse d'ailleurs pas 350 francs [1] :

Une balance avec poids;

Un petit fourneau à moufle démontable;

Deux moufles de 15 sur 30 centimètres;

Deux douzaines de creusets;

Une douzaine de creusets plus grands,

Un tamis;

Un moule;

Une mesure;

Une paire de pinces à creuset;

Une brosse pour le bouton;

Une paire de pinces à échantillonner;

Une paire de pinces à coupelles;

Un moule à coupelles;

Deux kilogrammes de cendre d'os;

Cinq kilogrammes de flux préparé;

Deux kilogrammes de plomb granulé;

---

1. Ces renseignements sont empruntés à l'*Etude industrielle des gîtes métallifères*, par M. George Moreau, ingénieur civil des Mines.

Un demi-kilogramme de borax vitrifié;
Un casier à coupelles.

Nous ne décrirons pas les réactions bien connues pour essais d'or. Nous renverrons plutôt aux ouvrages spéciaux qu'il est toujours bon de consulter attentivement afin de ne pas s'exposer à des erreurs d'analyse.

Avec le matériel qui vient d'être indiqué on fera sur le terrain des essais plutôt qualitatifs que quantitatifs, si bien que cette trousse chimique sera plus nécessaire encore au prospecteur qu'à l'ingénieur chargé de présider aux recherches minières. Toutefois, lors de ces recherches, un essai rapide pourra être nécessaire parfois, surtout si l'on veut analyser un filon après chaque mètre d'avancement dans une galerie. Cet essai sera toujours le même pour une substance donnée et on comparera avec avantage les résultats obtenus.

Pour l'or notamment, étant donnés les nombreux changements de teneur dans les minerais, il est bon de faire de fréquentes analyses. Or, la coupellation nécessite au minimum le matériel qui vient d'être indiqué; parfois, on évitera d'emporter ce matériel en employant la réaction suivante qui est fort simple.

Le minerai finement pulvérisé est attaqué par l'eau régale soit dans une capsule en porcelaine, soit dans un ballon en verre. Quand l'attaque est terminée, on filtre. Il ne doit rester que la gangue sous forme de précipité, si le chauffage a été suffisamment prolongé. On additionne la solution avec du carbonate de soude et il y a précipitation de tous les métaux, sauf l'or et le platine. On laisse déposer le précipité, puis on décante. Dans la liqueur on peut précipiter l'or par l'acide oxalique. Mais il faut opérer sur de petites quantités et verser l'acide goutte à goutte. Le précipité brun d'or ne sera pas filtré, car il est extrêmement tenu. Il sera lavé par décantation.

La précision de cette analyse n'est pas parfaite. Son avantage est d'être assez rapide et très pratique sur le terrain. Combinée avec une analyse étalon, elle donnera des résultats suffisamment exacts et pouvant tout au moins se comparer les uns avec les autres.

Pour la houille on peut aussi faire sur place une analyse sommaire et déterminer rapidement les proportions de carbone, de matières volatiles ou de cendres.

On fait d'abord une calcination en vase clos : on prend en général 5 grammes de combustible bien pulvérisé ; cela suffit. La calcination s'opère par la méthode du double creuset, le creuset intérieur étant en platine. Le résidu de la calcination se compose du carbone et des cendres. Par différence avec le poids initial on détermine la quantité de matières volatiles.

Puis on incinère le résidu pour avoir la proportion des cendres. On brûle à une atmosphère oxydante, de manière à opérer la combustion complète du carbone. Le poids du résidu donne la proportion des cendres.

C'est en somme l'abrégé de l'analyse ultérieure du chimiste. Celui-ci aura, en outre, à déterminer les quantités de soufre, de phosphore, la nature des cendres, le pouvoir calorifique, le pouvoir cokéfiant, la nature enfin des gaz qui composent les matières volatiles.

Pour les autres métaux les réactions caractéristiques qu'il faudra demander à notre laboratoire ambulant seront en général les suivantes, la plupart d'entre elles étant aisées à obtenir avec les réactifs qui ont été précédemment indiqués. Ces réactions seront plutôt qualitatives.

> *Calcium*, précipité blanc d'oxalate de chaux avec
> l'ammoniaque et l'oxalate d'ammoniaque ;
> *Magnésium*, précipité blanc cristallin de phos-
> phate ammoniaco-magnésien avec l'ammo-
> niaque et le phosphate d'ammoniaque ;

Baryum, précipité blanc insoluble dans tous les
  acides avec l'acide sulfurique ;

Zinc, précipité blanc de sulfure de zinc avec le
  sulfure de sodium ;

Plomb, précipité blanc avec l'acide sulfurique ou
  noir avec le sulfure de sodium ;

Étain, réduction de la cassitérite avec 1/4 ou 1/5
  de poussière de charbon et coulée après une
  demi-heure de réduction ; ou bien formation
  d'un bouton d'étain en chauffant une partie
  de minerai avec six parties de cyanure de
  potassium ;

Antimoine, précipité orange avec le sulfure de
  sodium ;

Manganèse, précipité rose saumon avec le sulfure de sodium ;

Fer, précipité bleu avec le prussiate ;

Cuivre, précipité brun rouge avec le prussiate
  ou coloration bleu céleste avec l'ammoniaque ;

Mercure, formation d'un globule avec la chaux.
  C'est la répétition en plus grand de l'essai au
  chalumeau que nous avons indiqué ;

Argent, précipité blanc caillebroté avec l'acide
  chlorhydrique et noircissant à la lumière
  solaire.

Après avoir déterminé approximativement les bases ou
oxydes métalliques, on peut rechercher de quelle nature
sont les sels.

Les carbonates font effervescence avec les acides et
dégagent de l'acide carbonique.

Les sulfures, en présence de l'acide chlorhydrique, sentent
l'acide sulfhydrique.

Les sulfates avec le chlorure de baryum donnent le précipité insoluble de sulfate de baryte.

Les nitrates, chauffés avec l'acide sulfurique, dégagent des
vapeurs nitreuses à odeur caractéristique.

Les silicates solubles donnent avec l'acide chlorhydrique
un précipité gélatineux de silice hydratée.

Les chlorures solubles fournissent avec le nitrate d'argent

un précipité blanc caillebotté qui noircit à la lumière du jour.

La plupart de ces réactions réussissent avec des minerais qui ne sont pas trop complexes.

L'attaque des substances se fait préalablement avec les réactifs suivants.

L'acide chlorhydrique attaque l'hématite, le fer spathique, la pyrolusite en chauffant peu, la cobaltine, la garniérite, la cérusite à faible température également.

L'acide azotique avec évaporation à sec attaque les silicates, la calamine, la scheelite. Par simple dissolution on a raison de la nouméite, du cinabre, de la polymorphite, de la sylvanite, de l'or natif.

L'eau régale est employée pour la blende, la chalcopyrite, la bournonite. Pour les cuivres gris, la galène, les minerais terreux de fer, la pyrite nickélifère, on chauffe d'abord dans l'acide azotique, puis on ajoute de l'acide chlorhydrique.

Enfin la malachite doit être attaquée par l'ammoniaque.

Prises d'essai. — Toutes les réactions qui viennent d'être indiquées ne donnent, en général, qu'une première approximation sur la teneur exacte en métal. Or cette teneur doit être des mieux déterminée, quand on fait des travaux de recherche pour reconnaître l'exploitabilité d'un filon. C'est alors la tâche et le devoir d'un bon chimiste installé dans un laboratoire bien outillé de définir cette teneur sur des échantillons qui lui sont fournis par un prospecteur ou par un ingénieur venu pour expertiser la mine.

La préparation de ces échantillons est souvent très délicate et les prises d'essai doivent en être faites très sérieusement.

L'échantillonnage de la mine s'opère en prélevant du minerai dans les galeries à des distances assez rapprochées et variables suivant la régularité ou l'irrégularité du gisement. Il faut découper le minerai sur toute la hauteur du filon, aussi bien dans les parties riches que dans les parties pauvres. On entaillera par exemple sur 4 à 5 mètres de longueur, sur 1ᵐ,50 à 2 mètres de profondeur. On constitue par le mélange un échantillon moyen qui sera soumis à l'analyse, les parties riches ne devant jamais être essayées seules. Même en opérant de la sorte, avec la plus grande prudence, l'échantillon moyen obtenu est souvent supérieur à la richesse commerciale du gisement. La teneur industrielle qu'on trouve, quand l'affaire a été constituée, est inférieure à la teneur de l'échantillon moyen.

À mesure qu'ils sont prélevés, les échantillons sont déposés dans des sacs qu'on plombe soigneusement après avoir mis une étiquette indiquant la provenance. L'ingénieur chargé d'une expertise doit apporter le plus grand soin à ce qu'on ne change pas ses sacs pour les remplacer par d'autres contenant du minerai plus riche. Lui seul doit apposer un cachet qui lui est personnel. Il fera remplir et fermer les sacs par des hommes à lui. Enfin, avant de prélever un échantillon, il fera déblayer le chantier, il rafraîchira même le front de taille en tirant quelques coups de mine, de manière à être bien sûr que son appréciation ne peut pas être faussée par une préparation préalable de la mine qu'auraient faite les propriétaires désireux de vendre leur affaire à des conditions avantageuses.

Avant de livrer la matière au chimiste, et bien que le chimiste fasse aussi pour son analyse une prise d'essai, on procède à une prise d'essai.

Sur une aire plane on étend le minerai broyé en grains de même grosseur autant que possible. On forme un rectangle à peu près régulier qu'on divise ensuite par des lignes transversales et longitudinales en plusieurs carrés (*fig.* 3).

Plan

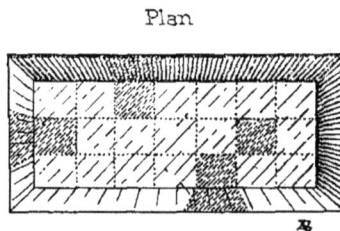

Fig. 3. — Prise d'essai par tas rectangulaires

Dans trois ou quatre de ces carrés on prélève un échantillon et on constitue un nouveau tas qu'on subdivise en une série de carrés. Si l'on est parti d'une grande quantité de minerai, 200 kilogrammes par exemple, on renouvelle l'opération jusqu'à ce qu'on n'ait plus que le faible poids susceptible d'être soumis à l'analyse, 10 kilogrammes environ. A cet égard, il est bon de commencer avec un grand tonnage afin de multiplier le plus possible le nombre des opérations. Comme moyen de contrôle on prépare de la même manière deux échantillons qu'on donnera à deux chimistes différents.

Elévation.

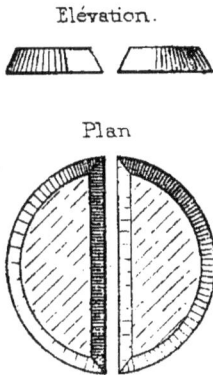

Plan

FIG. 4. — Prise d'essai par tas circulaires.

On peut encore former non plus des carrés, mais des tas circulaires, où le prélèvement s'opère suivant un diamètre (*fig.* 4). On constitue de la sorte un tas plus petit où le prélèvement se fera de nouveau suivant un diamètre.

Et l'on répète la même opération aussi longtemps que cela semble nécessaire.

Que la prise d'essai soit faite d'une manière ou d'une autre, l'important est de bien vérifier, avant de constituer les tas rectangulaires ou circulaires, si les grains de minerai ont exactement la même grosseur et de les y ramener par broyage, quand il n'en est pas ainsi.

CHAPITRE III

TRAVAUX DE RECHERCHE A LA SURFACE

Prospection. — Etude des affleurements. — Cas d'une couche. — Cas d'un filon. — Cas d'un amas. — Définition des failles. — Reconnaissance des failles. — Tranchées de recherche sur les affleurements. — Galeries de recherche sur les affleurements. — Descenderies sur les affleurements. — Travers-bancs de recherche. — Aérage des travaux de recherche. — Travaux de recherche en dehors des affleurements. — Puits de recherche. — Prix de revient des puits de recherche. — Permis de recherche.

Tout ce qui a été dit précédemment est l'énumération d'études préliminaires qui trouvent leur place pendant la période préparatoire de reconnaissance des gisements qu'on caractérise du nom de *prospection*. Cette prospection peut être faite, et est faite le plus souvent, par ceux qui ne connaissent rien à l'art des mines, par des pionniers qui, dans un pays déterminé, se sont familiarisés avec la connaissance de certains minerais et qui seraient fort embarrassés, si on leur montrait autre chose que ces minerais qu'ils ont l'habitude de voir. Ces gens se guident sur certaines appellations comme Laurière, Largentière, La Ferrière qui peuvent indiquer qu'on exploitait autrefois de l'or, de l'argent ou du fer dans le pays. Ils recherchent aussi, ce qui vaut mieux, les vieilles scories ou les vieilles haldes de minerai.

Après cette première reconnaissance commence le rôle de l'ingénieur, de l'*expert* comme on est convenu de l'appeler, signification assez vague, car elle s'applique à toute autre catégorie de conseils techniques pouvant être donnés dans l'industrie.

L'ingénieur expert s'occupera d'abord de vérifier les principaux points de la prospection. Il la continuera au besoin. Il la complètera le plus souvent.

Après sa première étude il conclura à des travaux de recherches, cela dans la majorité des cas. Ces travaux consisteront en tranchées, puits, galeries de surface et sondages. Nous donnerons dans les chapitres qui vont suivre quelques indications à ce sujet.

Prospection. — Le premier point à étudier par l'ingénieur, ce seront les affleurements.

Pour se livrer à cette étude, l'ingénieur doit bien souvent, comme le prospecteur, examiner d'abord les parties dénudées de la surface, les rochers qui pointent au milieu du terrain ou remonter le lit des ravins, en étudiant les cailloux qu'il y rencontre. Si ces cailloux sont à l'état de galet arrondi, il sait que le filon auquel ils ont été arrachés est encore à une grande distance, peut-être même en dehors de la concession qu'il étudie. Si les angles sont encore vifs, le caillou a été peu roulé et le gîte est dans le voisinage.

Dans un pays de montagne très accidenté, l'accès des affleurements n'est pas toujours facile. On ne sait pas souvent où les chercher. A cet égard on utilisera avec avantage les renseignements donnés par les plus anciens habitants du pays. Plus d'un gîte a pu ainsi être découvert sur de vagues indications, gîte qui n'était pas soupçonné dans la région. Divers ingénieurs ont été assez heureux pour trouver de la sorte le prolongement inespéré d'un gîte qu'ils devaient étudier.

Pour prospecter il faut savoir utiliser toutes les indications de la surface. Certaines d'entre elles seront précieuses et bien caractéristiques.

Si l'on cherche du sel, les sources salées mettent sur la piste des affleurements. De même certaines eaux verdâtres renseignent sur la présence de filons de cuivre. Des eaux ocreuses indiquent l'existence du fer.

Le pétrole sera signalé par des eaux chargées de naphte. Toutefois ces eaux saumâtres ne sont pas toujours un indice parfait de gisements de pétrole dans le voisinage. Il faudra en général procéder à un sondage, sondage parfois profond, et ce sondage sera le moyen d'apprécier la valeur du gîte, car lui seul fera jaillir le pétrole en quantité plus ou moins grande.

Un autre mode rapide de prospection est l'étude des gangues. La présence de certaines substances définira souvent la nature du métal existant dans le filon, nature qui n'est pas toujours aisée à déterminer sur le *chapeau de fer* à cause de sa décomposition. C'est ainsi qu'en général le quartz accompagne plutôt les gîtes d'étain ou d'or, la barytine est presque toujours associée au plomb, la fluorine aussi ; l'argent se trouvera avec la calcite, le cuivre avec des roches magnésiennes. A côté de minerais de fer se rencontrent souvent des phosphorites. Le sel, le soufre et le bitume sont l'un près de l'autre dans les mêmes gisements.

Étude des affleurements. — Après ces premières indications toutes superficielles l'ingénieur qui étudie un gisement aura besoin de mettre complètement à nu les affleurements. Dans certains pays une végétation touffue cache la roche. Ailleurs, il y a moins de végétation ; mais, en revanche, des lambeaux de terre végétale interrompent l'alignement des couches ou des filons. On doit alors entreprendre des tranchées ou effectuer des sondages de faible profondeur.

Dans le cas d'une végétation touffue il faut opérer le débroussaillement. C'est ce à quoi excelle le nègre avec son *coupe-coupe*, son *machete* ou son *bowie-knife*. Toutefois, ce moyen ne suffit pas toujours et, quand il faut dénuder la roche sur de longs espaces, le mieux est de recourir à l'incendie. Pour mettre le feu il faut d'abord couper la brousse, car dans cette brousse, qui est toujours humide, quand les herbes sont en place, l'incendie ne se propagerait pas. On laisse sécher le plus longtemps possible la brousse et les arbres abattus. Enfin on allume un grand feu.

On brûle ainsi de longs espaces, ce qui permet non seulement d'étudier convenablement la continuité des affleurements, mais encore de pouvoir plus tard placer d'une manière plus certaine et plus commode les divers travaux de recherche.

Le débroussaillement en terrain peu accidenté, quand la végétation n'est pas très touffue, revient à 150 ou 200 francs l'hectare.

Cas d'une couche. — Qu'il s'agisse d'une couche, d'un filon ou d'un amas, l'étude des affleurements n'est pas toujours la même.

Pour une couche la direction, la pente, les plissements varient davantage que pour un filon qui reste en général vertical avec un alignement rectiligne presque parfait. Il faut noter les changements de direction[1], car ils peuvent correspondre, sinon à des failles, tout au moins à des accidents locaux qui diminueront la richesse en agissant sur l'épaisseur de la couche. Il faut également, au point de vue de la détermination ultérieure du tonnage, tenir bien compte des changements de pente, car une couche fortement inclinée offre moins de ressources minérales qu'une autre qui sera voisine de l'horizontale. Certains plissements seront, au contraire, de nature à augmenter la quantité de substance utile qu'on peut espérer exploiter sur un espace donné.

1. Quand on prend une direction sur un affleurement, il faut tenir compte de ce fait qu'il peut y avoir une légère déviation, et que la direction véritable se rétablira seulement à une certaine profondeur.

L'étude de ces trois facteurs n'est pas toujours facile à cause des décompositions des couches à la surface.

La houille apparaît rarement à l'état naturel sur les affleurements. Elle est toujours décomposée, oxydée et transformée en schistes terreux. Souvent même une couche de 1 mètre à 1^m,50 sera représentée à l'affleurement par un filet noir très mince et à peine perceptible pour un œil peu exercé. Suivre ce filet à travers les mouvements de terrain est parfois des plus pénibles.

Les gîtes métallifères sont aussi décomposés. Un carbonate de manganèse se transformera en oxyde. Une couche de pyrite sera surmontée d'un chapeau de fer. Un chlorure métallique sera sous forme d'oxyde près de la surface.

Cas d'un filon. — Les filons sont aussi décomposés en général. Ils seront recouverts par un *chapeau de fer*, qui gênera pour la détermination de la teneur sur les affleurements mais qui, résistant bien aux agents atmosphériques, formera des crêtes, dont l'alignement est facile à suivre sur de longs espaces pour la reconnaissance du gisement.

Si les chapeaux jalonnent d'une manière facile à reconnaître la direction des filons, on ne peut pas être toujours certain d'avoir déterminé exactement cette direction, en la reportant sur un plan coté et en réunissant par une courbe les points trouvés. Il n'y a pas toujours continuité. On s'expose à négliger des déviations qui proviennent d'une cassure, notamment quand la venue métallifère passe dans des terrains schisteux (*fig.* 5), et les déviations dans ces terrains sont utiles à observer, car elles correspondent le plus souvent à un certain enrichissement, le filon se ramifiant dans des couches qui sont plus tendres.

En suivant un affleurement de filon, il faut suivre aussi les affleurements des terrains sédimentaires voisins. Cela est d'autant plus nécessaire que, suivant les dispositions relatives des sédiments et du filon, on aura soit un véritable filon, soit

un filon de contact, soit un filon couche, c'est-à-dire trois
catégories de gîtes qu'on ne peut pas toujours songer à
exploiter de la même manière, et dont la richesse doit être
évaluée selon des méthodes diverses.

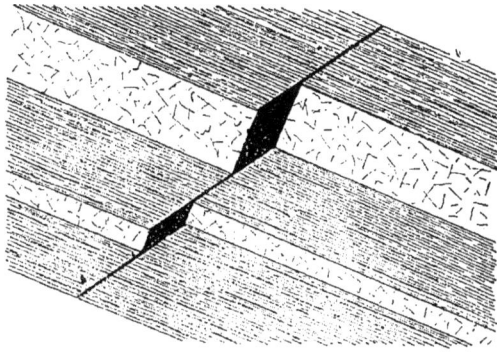

FIG. 5. — Élargissement d'un filon au moment de son passage
d'un terrain à un autre

A ce propos, l'examen des terrains du voisinage peut
être de quelque utilité pour permettre de distinguer nettement une couche d'un filon. Si l'on observe dans la région
des gîtes de la même substance avec une direction normale
ou déviée, on peut être certain que ce sont des *croiseurs* et
l'on sera en présence d'une formation filonienne.

Ce qui est surtout important à déterminer dans le cas
d'un filon véritable, c'est la nature des terrains encaissants,
car de cette nature dépendra le programme des travaux
de recherche, et même la suppression *a priori* de ces travaux de recherche. Au milieu des terrains durs en effet, le
filon peut disparaître en profondeur, la cassure qui donne
naissance au filon éprouvant de la résistance à descendre
plus bas. Dans les terrains tendres il peut y avoir de même
suppression de la manifestation métallique qui se sera
appauvrie en se disséminant à travers une grande masse
sédimentaire. En revanche, dans ces terrains, on observera

plutôt des concentrations qui existeront par places et qui contribueront à donner au gisement plus d'irrégularité, car elles pourront disparaître complètement. Les terrains les plus favorables, ceux où quelques études préalables seront parfois suffisantes sans être trop longtemps prolongées, sont les terrains d'apparence saccharoïde. Ceux-là ont déjà été remaniés par une fracture de date antérieure. Dans cette fracture, la venue métallifère doit se développer, s'augmenter même en profondeur. Non seulement la minéralisation est presque toujours continue, mais encore elle peut s'accentuer par places plutôt qu'éprouver une diminution sur son épaisseur moyenne.

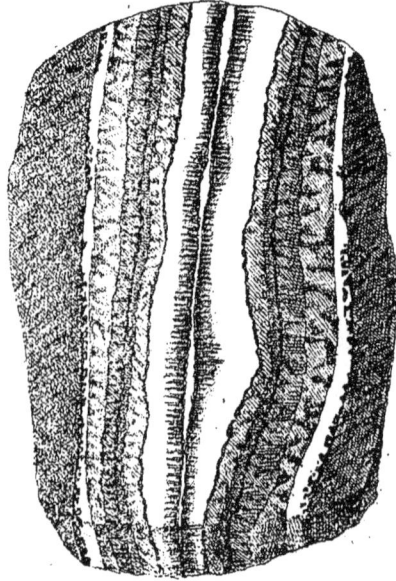

Fig. 6. — Filon avec ses terrains de remplissage.

L'étude, non plus des terrains encaissants, mais des gangues ou des terrains de remplissage du filon (*fig.* 6), est des plus nécessaire lors des recherches, cela au point de vue du traitement métallurgique. Il y a des gangues dont la présence peut faire rejeter l'exploitation de certaines mines métalliques, par exemple une teneur trop élevée en silice pour des minerais pauvres en fer. Un minerai de zinc sera susceptible de méthodes différentes de lavage suivant la gangue qu'il peut contenir. Une gangue lourde comme la barytine est souvent embarrassante dans les appareils d'enrichissement par lavage.

Cas d'un amas. — L'étude des amas et des poches est toujours difficile aux affleurements. Elle est aussi des plus pénibles lors de la mise en exploitation. Sur les amas visibles à la surface on ne déterminera pas toujours aisément la direction générale filonienne. On les contournera difficilement. On s'exposera à prendre pour des failles des amincissements locaux, après lesquels la substance reprend pourtant son épaisseur ou même une épaisseur plus grande. On a abandonné ainsi des exploitations en croyant qu'elles venaient s'arrêter à des failles, alors que ces failles n'existaient réellement pas.

Définition des failles. — A ce propos, il est nécessaire de définir bien exactement ce qu'est une faille.

Fig. 7. — Faille de plissement, dite faille inverse.

Un premier type de faille est la faille dite de plissement. Cette faille est un pli de terrain plus ou moins accentué et provient en général d'une compression horizontale. Elle conserve ordinairement la même direction que les couches où elle se trouve. Elle est redressée parallèlement au sens d'où vient la poussée qui l'a produite. Ainsi se trouve réalisé ce que l'on appelait autrefois la faille inverse, conformément à la définition longtemps suivie et donnée par la règle de Schmidt (*fig.* 7). On a longtemps cru que ces failles étaient les plus rares.

Les failles de plissement sont parfois couchées horizontalement et même renversées, ce qui augmente encore la difficulté qu'on éprouve à les observer, surtout sur les affleurements. Les phénomènes qui ont présidé à la formation de ces failles, ont été étudiés et décrits par M. l'ingénieur en chef des mines Marcel Bertrand. L'amplitude des déplacements horizontaux qu'il a notés, principalement dans les Alpes, atteint 15 et même 50 kilomètres.

Ces phénomènes ont été de la plus haute importance pour aider à l'étude géologique de notre bassin houiller du Pas-de-Calais. Ils s'appliqueront certainement à la reconnaissance de gisements similaires dans d'autres régions.

A côté des failles de plissement qui paraissent assez exclusives comme accidents pour les couches sédimentaires, se placent les failles de fracture ou d'affaissement qui seront plus spéciales aux filons de matière utile ou stérile. Tout filon est d'ailleurs une faille.

Les failles de fracture naissent aussi d'un pli du terrain, mais ce pli est produit par d'autres agents que pour les failles de plissement. Ce qui intervient, c'est la pesanteur d'abord, c'est aussi un effort ayant une composante verticale. Sous l'influence de ces forces, il arrive le plus souvent que le toit glisse sur le mur. On se trouve alors dans le cas d'une faille directe de l'ancienne règle de Schmidt

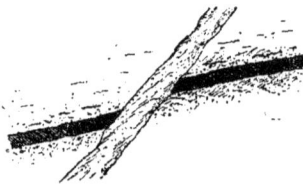

FIG. 8. — Faille de fracture, dite faille directe.

(*fig.* 8). On observe pourtant aussi des failles inverses dans le cas des filons, les pressions latérales ayant agi en même temps que les pressions verticales et ayant été plus fortes que celles-ci.

Les failles d'affaissement se présentent en général sous une forme particulière. Elles comportent des épaississements et un remplissage que ne connaissent pas les autres failles. On s'explique en effet que des matériaux aient pu tomber des parois qui étaient ouvertes et s'accumuler au fond de la cassure. La faille mesurera, suivant les cas, plus ou moins d'amplitude; cela dépend des terrains qu'elle traverse. Elle a tendance à ronger les roches tendres et sera plus épaisse dans ces roches. Il est à noter d'ailleurs que cette grande puissance peut cesser tout à coup. Des failles

de 60 et de 100 mètres de développement disparaissent tout
d'un coup, de même qu'un stockwerk filonien est de peu de
durée en général. Et, si le fait est à regretter pour un filon,
il n'en est pas de même pour une faille stérile, car ces failles
d'affaissement sont toujours très aquifères, ce qui est une
gêne pour les exploitations.

Ces diverses failles, surtout celles d'affaissement, ne sont
jamais isolées. D'autres leur sont parallèles. Il en est de
même des filons. Elles se ramifient aussi, exactement comme
les filons.

Reconnaissance des failles. — Quand les failles sont très
nombreuses dans un gîte, il devient des plus difficile de
savoir comment conduire les travaux de recherche. Les
travaux d'exploitation qui opèrent par galeries plus profondes, sont eux-mêmes fort gênés par la présence de
nombreux accidents, qu'une longue pratique, spéciale souvent à chaque gisement, enseigne seulement à traverser
mieux encore que les calculs les plus savants.

Il est d'une grande importance en général de pouvoir *a
priori* définir les failles sur les affleurements afin de se
tromper le moins possible sur l'évaluation de la richesse
d'un gîte. Aussi doit-on chercher à tracer leur position et
leur direction sur un plan coté.

Il existe pour cela quelques règles générales qui seront
faciles à observer sur les affleurements.

Remarque-t-on un plan de glissement très net? On en conclut
qu'il y a une faille et on sait même où passe la faille. Elle
se trouve dans le plan de glissement.

On peut aussi noter les changements de terrain. On sui-
vra avec une direction bien déterminée un banc de grès. On
trouve plus loin en prolongement et avec la même direction
un banc de schistes. Dans l'intervalle se place assurément
une faille. Il en est de même lors d'un changement de pente,
quand des couches en plateure ou en dressant font suite en

sens inverse à des couches en plateure ou en dressant. Le
cas de couches en dressant pendant au nord, par exemple,
et succédant à des couches en plateure pendant à l'ouest
implique l'existence d'un plissement avec élargissement ou
rétrécissement de la veine. Il en serait autrement si les
couches en plateure pendaient à l'est ou si celles en dressant pendaient au sud, chacune séparément et non pas

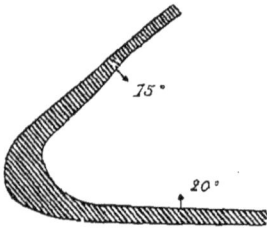

FIG. 9. — Plissement aux affleurements sans faille.

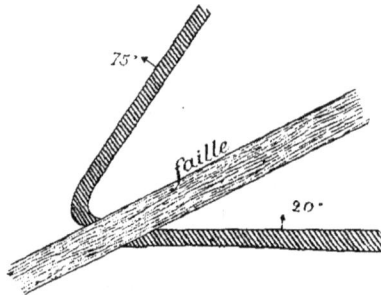

FIG. 10. — Plissement aux affleurements
avec faille.

collectivement. Entre les deux faisceaux de couches serait
une faille.On comprendra aisément ce que nous voulons
dire à l'inspection des figures 9 et 10.

Il faut aussi déterminer la
pente d'une faille. Cela revient,
en somme, à savoir si on a une
faille de plissement ou une faille
d'affaissement. Une faille verticale d'affaissement déplacera
seulement deux faisceaux de
couches sans agir sur la richesse dans une trop large
mesure (*fig.* 11). Il n'en serait
pas de même pour une faille

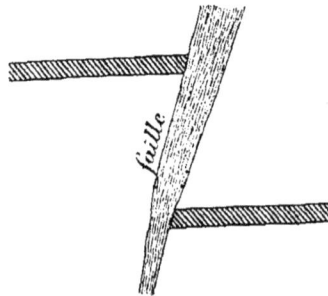

FIG. 11. — Faille verticale
d'affaissement.

de plissement voisine de l'horizontale qui coupe radicale-
ment à une faible profondeur une série de couches avan-

tageusement exploitables pour les remplacer **par d'autres**
d'une valeur moins rémunératrice (*fig.* 12). Au contraire,

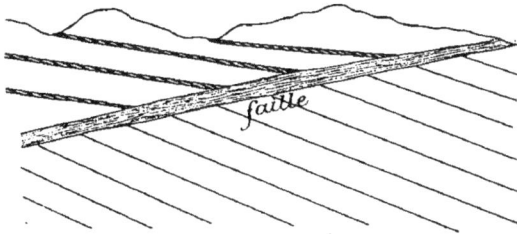

Fɪɢ. 12. — Faille de plissement supprimant la richesse d'un gîte.

si les couches, au lieu d'être transportées à **une grande dis-**
tance, chevauchent les unes sur les autres du fait de la
faille, il y aura augmentation de la richesse du gisement,

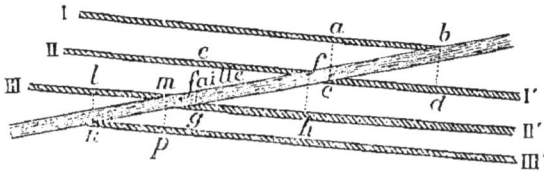

Fɪɢ. 13. — Faille de plissement augmentant la richesse d'un gîte.

dans les parties de la figure 13 qui sont désignées par les
lettres *abcd*, *cfgh*, *lmnp*.

Tranchées de recherche sur les affleurements. — A la
suite de la première étude, toute de surface, que nous venons
d'indiquer, il faudra entreprendre des travaux plus longs et
plus coûteux aussi. On fera des fouilles sur les affleurements
pour prélever des échantillons susceptibles d'une analyse,
pour déterminer aussi approximativement le tonnage disponible de la mine.

Les premiers travaux, ceux qui sont les plus simples, ce
seront les tranchées dirigées selon l'alignement des affleu-

rements ou entreprises de place en place sur ces affleurements. Ces tranchées auront pour but de faire disparaître la terre végétale qui masque le gîte. Elles
peuvent aussi se prolonger à une certaine profondeur et non
plus seulement donner des indications sur la direction
filonienne, mais aider à prévoir quelle sera la teneur du gîte.

Dans la terre végétale les tranchées sont rapidement et
facilement faites. Pour une profondeur de 2 mètres et une
largeur de $0^m,70$, on les paiera 2 francs le mètre.

Quand il faut arracher les roches qui jalonnent un affleurement, les prix sont plus élevés et varient avec la nature du
terrain, qu'il s'agisse de schistes, de grès ou de calcaires.
Pour enlever les houilles décomposées de surface, les prix ne
sont guère supérieurs à ceux qui viennent d'être donnés.

Si l'on descend à une profondeur de plus de 2 mètres,
il faut augmenter la largeur de la tranchée. On a alors
avantage à organiser le travail de manière à constituer deux
ou trois banquettes, larges de $0^m,75$ et profondes de 2 mètres.
On peut ainsi approfondir jusqu'à 6 mètres, les ouvriers
remontant les déblais en deux ou trois coups de pelle, sans
qu'on soit obligé d'installer des moyens mécaniques d'extraction.

S'il s'agit de terrains faciles à couper, on paiera pour la
deuxième tranche le double du prix de la première tranche,
c'est-à-dire 4 francs du mètre. Pour la troisième tranche une
majoration sera nécessaire, et il faudra bien souvent porter le prix à 7 fr. 50 le mètre, ce qui n'est pas exagéré
comme prix de revient, puisque les ouvriers rejettent eux-
mêmes leurs terres à la surface.

Pour explorer un filon dont le chapeau de fer n'aura
qu'une faible hauteur, pour étudier une couche de houille
qui se transforme rapidement en charbon pur, ce système de
tranchées étagées est fort recommandable, peu coûteux en
réalité et propre à renseigner suffisamment pour une première étude.

Galeries de recherche sur les affleurements. — Si l'on veut pénétrer plus avant dans un gîte, il faut créer des galeries de recherche. Le travail sera plus coûteux, mais les renseignements obtenus offriront une plus grande précision.

Le point d'attaque d'une galerie ne doit pas être choisi au hasard. En général, on le place dans les gorges des montagnes, mais au-dessus du niveau des eaux qui coulent dans les ravins, afin que ces eaux ne viennent pas noyer la galerie. Il faut aussi éviter que les neiges qui s'accumulent en général dans les vallées, ne viennent à un moment donné obstruer l'entrée de la galerie.

On choisit un point où l'affleurement est visible sur une partie accidentée de la montagne et non point sur une partie plate, afin d'avoir comme ciel dans la galerie une certaine épaisseur de terrain superficiel. On fait une coupure en tranchée de quelques mètres, de manière que l'entrée de la galerie n'ait pas tendance à s'ébouler.

Enfin il sera bon d'observer si la pente des affleurements se dirige vers l'intérieur ou vers l'extérieur de la montagne. Dans ce dernier cas, une galerie prise suivant la direc-

Fig. 14. — Disposition des affleurements à travers un massif montagneux.

tion de l'affleurement aurait tendance à ne pas pouvoir être poussée très loin et à ressortir promptement à la surface. Il vaudra mieux s'installer, si possible, sur le versant opposé de la montagne sur la gauche de la figure 14.

La galerie se mène horizontalement ou quelque peu en montant pour assurer l'écoulement des eaux. Elle est poussée suivant la direction du gîte. Si la couche est épaisse, on la placera au mur de la couche et, de place en place, on fera des recoupes pour pouvoir constamment évaluer l'épaisseur de cette couche.

Le creusement des galeries de recherche est de tout point analogue à celui des galeries de mines. Il est bon de ne pas faire des voies trop petites, dont l'ouverture serait presque aussi coûteuse et dont on ne pourrait pas se servir plus tard pour l'exploitation. Le boisage doit être soigné. Il en est de même pour la pose de la voie de roulage. Il faut notamment se mettre en garde contre la tendance qu'ont toujours les ouvriers à faire monter la voie pour se débarrasser des eaux. Une galerie trop montueuse serait défavorable pour le roulage en temps d'exploitation.

Le coût de ces galeries est assez variable suivant la dureté des terrains. Dans les quartz très durs on paiera 110 et 120 francs le mètre, alors que dans les charbons tendres, si la couche est épaisse, la coupure de la voie ne revient pas à plus de 18 à 20 francs par mètre. Dans un filon de moyenne dureté on paie 60 à 70 francs. Pour un charbon assez dur on donne 25 à 30 francs par mètre. Pendant les recherches, d'ailleurs, les prix sont souvent plus élevés qu'ils ne le seront lors de l'exploitation, parce que les ouvriers qu'on a pu embaucher, sont moins expérimentés et que les outils de perforation dont on dispose ne sont pas toujours aussi perfectionnés. En général les perforatrices électriques ou à air comprimé ne peuvent guère être installées.

Quand les galeries de recherche sont faites dans un filon, il y a diverses précautions à prendre, soit en ce qui concerne les croiseurs, soit au point de vue du remplissage qui n'est pas toujours le même.

Si un filon en croise un autre, il peut y avoir une déviation analogue à celle que produirait une faille. Il faut bien observer les traînées métallifères pour retrouver en place

le croiseur dévié. Le plus souvent, ce croiseur aura été dévié
par le filon le plus ancien du côté où ils font entre eux un
angle dièdre obtus.

En outre, une galerie de reconnaissance doit non seulement déterminer l'emplacement des colonnes riches, mais
encore définir jusqu'à un certain point l'importance de
ces colonnes. Des remontages seront faits, lorsque le
filon est croisé par un autre, lorsque l'influence chimique
de la roche localement traversée a pu donner un enrichissement, lorsque enfin les eaux qui ont contribué à la formation métallifère se seront concentrées éventuellement en un
point spécial. Aucune règle ne préside à l'estimation *a priori*
des colonnes riches. Il n'en est donc que plus nécessaire
de bien les étudier lors des travaux de recherche.

Enfin il faut déterminer dans un amas filonien la
largeur des apophyses minérales qui s'étendent souvent
à droite et à gauche de la galerie de prospection dans
des roches du genre des calcaires. Le cas se présente
surtout pour les gîtes calaminaires. On fera des recoupes fréquentes pour déterminer l'importance et la teneur de l'amas.

Descenderies sur les affleurements. — Quand le gîte minier se présente à l'affleurement sur les flancs de la montagne, non plus suivant sa direction, mais suivant son inclinaison, il est tout naturel de l'attaquer avec une galerie
descendante. On sort ainsi plus rapidement des décompositions de surface dont nous avons parlé antérieurement.
Pour un filon, c'est le moyen le plus rapide de descendre
au-dessous du chapeau de fer, où la minéralisation peut
être tout autre qu'elle ne sera plus bas. Certains gîtes
sulfurés contiennent ainsi à l'état libre de l'or et de l'argent, qu'on trouvera combinés à d'autres métaux en profondeur ou même absents parfois. De même le zinc, le cuivre
peuvent disparaître, et le fer ou le plomb resteront seuls
prédominants dans un gîte de sulfures complexes.

L'écueil d'une descenderie, c'est que la coupure en est assez coûteuse. Dans les terrains durs l'abatage est plus difficile. Dans les terrains tendres il faut compter avec la remonte de nombreux déblais. Enfin l'eau vient toujours gêner les travaux, et l'on doit prévoir une certaine dépense pour son épuisement. Le prix de coupure d'une descenderie sera majoré d'un tiers comparativement à celui que nous avons donné pour les galeries ordinaires. Lors de l'établissement de ce prix on ne saurait trop recommander de comprendre dans l'avancement la remonte des déblais, afin que les ouvriers soient intéressés à s'occuper normalement de cette remonte.

Le mode de traction le plus primitif est le traînage humain sur le mur du gîte ou sur un chemin de planches. On peut aussi, après avoir disposé des rails, exercer la traction avec un cheval. Le cheval, au lieu de monter ou de descendre dans la descenderie, ce qui obligerait d'ailleurs à établir cette descenderie à une hauteur plus grande et tout à fait

FIG. 15. — Treuil pour descenderie

inutile, circule en terrain plat à la surface et remonte le wagonnet au moyen d'un renvoi de poulie. Ce moyen d'extraction est déjà meilleur que le précédent, mais il ne pré-

sente pas les avantages d'un petit treuil à vapeur (*fig.* 15),
à air comprimé ou électrique. Si l'on peut avoir facilement
et économiquement l'une ou l'autre de ces forces, il ne faut
pas hésiter à l'employer, surtout si la descenderie doit
descendre à grande profondeur.

L'emploi de la force motrice est aussi de nature à résoudre
le problème de l'épuisement des eaux. Si la venue
est faible, on peut remonter l'eau dans les wagonnets qui
servent au transport du minerai. En revanche, si la venue est
très forte, il faut s'outiller de manière à ne pas devoir interrompre le travail. On actionnera par la vapeur ou par l'électricité des pompes puissantes. Ces pompes seront surtout
robustes comme construction, car ce sont en général des
eaux boueuses qu'elles doivent évacuer.

Travers bancs de recherche. — Dans la plupart des cas,
bien que la dépense soit assurément plus élevée, au lieu de
faire des descenderies sur les affleurements, il vaut mieux
reconnaître un gîte incliné au moyen d'un travers-bancs. Ce
travers-bancs recoupera le gîte en un point où n'existeront
plus les décompositions de la surface, et l'on mènera en
direction une galerie à droite et à gauche pour bien déterminer la puissance de la couche ou la teneur en métal du
filon.

Toutefois, les travers-bancs présentent quelques inconvénients.

Dans un gîte irrégulier, il est bon de suivre pas à pas les
changements de teneur ou les variations d'épaisseur. C'est
ce qu'on faisait avec une galerie en direction ou avec une
descenderie. Un travers-bancs peut, au contraire, tomber accidentellement sur une partie où le gisement est riche ou
inversement en un point où il est pauvre. On ne supprimera
alors toute cause d'erreur qu'en chassant à droite et à gauche
sur plusieurs mètres, ce qui sera assez coûteux.

En outre, un travers-bancs ne convient pas, quand les

couches sont presque plates, car il devra être poussé sur une grande longueur avant d'atteindre le gîte. Pourtant, dans le cas dont nous avons parlé précédemment pour les galeries de recherches, cas où les couches plongent dans le même sens que la montagne, un travers-bancs savamment placé pourra remplacer avantageusement une galerie en direction.

Le travers-bancs présente le grand avantage que, fait le plus souvent dans des terrains durs, il n'a pas besoin de soutènement et se conserve indéfiniment. Un ingénieur pourra ainsi expertiser en tout temps la mine. Une galerie en direction s'éboulera au contraire. Une descenderie se remplira d'eau. Et, si l'on vient visiter un gisement pour la reprise de l'exploitation, il faudra toujours faire quelques travaux préparatoires. Ces travaux ne seront même pas toujours possibles, car il sera difficile parfois de réparer l'éboulement d'une galerie et il sera bien coûteux souvent d'épuiser une grosse venue d'eau.

Ce qui est important à bien déterminer, c'est le point d'attaque du travers-bancs afin de réduire au minimum la dépense du percement. Pour cela, sur un plan topographique où ont été dessinées préalablement les courbes de niveau, de 5 en 5 mètres ou de 10 en 10 mètres, suivant la grandeur de l'échelle du plan, on marque aux points où ils sont connus les affleurements de la surface, puis on réunit ces affleurements entre eux. On obtient ainsi une courbe distincte des courbes des lignes topographiques de niveau. Si l'on veut, à une cote déterminée, entreprendre un travers-bancs de longueur minimum normal à la direction du gîte, il suffira de choisir le point de la courbe de niveau où la tangente à cette courbe sera parallèle à la tangente à la courbe d'affleurement. Si l'on prenait tout autre point, on s'exposerait à ne pas toujours cheminer normalement à la sédimentation et à commencer un travers-bancs plus long et plus coûteux.

Un travers-bancs revient à 50 ou 60 francs dans les

schistes, à 80 ou 180 francs dans les terrains durs : grès,
calcaire et granite. Le travail est de longue durée, si l'on ne
dispose pas de moyens mécaniques. Il faut compter un avancement mensuel de 15 à 25 mètres suivant la dureté des
terrains. Cet avancement est quelquefois moindre, si
les ouvriers sont peu expérimentés ou les terrains difficiles à
percer.

Aérage des travaux de recherche. — Qu'il s'agisse de
galeries en direction, de descenderies ou de travers-bancs,
une question importante est celle de l'aérage, et les travaux
peuvent être rapidement arrêtés, si l'on n'a pas songé en temps
utile à résoudre le problème. Faute d'oxygène les lampes ne
brûleront plus. En outre, dans certaines couches de houille,
des gaz délétères se dégageront et menaceront d'asphyxier
les ouvriers. Enfin la fumée des explosifs qui servent à
effectuer la coupure des voies, ne sera plus emportée,
quand la quantité d'air n'est pas suffisante.

La solution la plus simple est de pratiquer, tous les
50 mètres par exemple, des cheminées d'aérage suivant l'inclinaison du gîte, si ce gîte est voisin de la verticale. Cela
permet en même temps d'échantillonner un filon et de reconnaître les colonnes riches, en plaçant les cheminées dans
ces colonnes riches. Quand la couche est peu inclinée, il faut
mener les cheminées verticalement ou à travers-bancs. C'est
plus coûteux. Ce n'est pas toujours possible.

On a alors recours à l'aérage artificiel. Cet aérage sera
celui qu'on pratiquera exclusivement dans les descenderies
et dans les travers-bancs.

L'aérage s'établit avec des buses en bois ou en tôle de
fer. Une cheminée assez haute active l'appel d'air, quand
cela est nécessaire. Le plus souvent, d'ailleurs, cet appel d'air
est naturel. On n'installe pas, en général, des souffleurs à air
comprimé analogues à ceux qui sont employés dans certains
chantiers en cul-de-sac des mines souterraines. On peut faire

usage aussi de petits ventilateurs mus à bras ou mécaniquement. Ces ventilateurs envoient l'air dans les fronts de la galerie.

La distance à laquelle seront conduits les travaux avec ces moyens rudimentaires d'aérage varie avec la nature des terrains. On s'avancera indéfiniment dans certaines roches que le mineur caractérise du nom de *fraîches*. D'autres sédiments, au contraire, ne se laissent pas pénétrer profondément. Ce sont en général des terrains tendres, des terrains humides aussi. On peut alors faire à 5 ou 10 mètres de distance deux galeries d'allongement ou deux descenderies parallèles. Au moyen de recoupes ménagées de distance en distance, on force le courant d'air frais à venir près des travailleurs.

Travaux de recherche en dehors des affleurements. — Alors même que les affleurements ne sont point visibles, certains travaux de recherche, poussés à une faible profondeur, pourront mettre à nu ces affleurements et les étudier. Il ne faut pas toutefois que les affleurements se trouvent à plus de 5 ou 6 mètres sous la terre végétale ou sous les terrains d'alluvions modernes.

Un premier mode d'investigation est celui des tranchées. Avec des tranchées placées savamment et à une distance convenable les unes des autres, on peut avoir des coupes à travers-bancs qui donneront avec sa pente et sa direction l'allure d'un gîte. Ces tranchées se paient aux mêmes prix qui ont été indiqués précédemment. Elles ont l'avantage d'être rapidement faites.

Puits de recherche. — Quand on veut parvenir à une plus grande profondeur, il faut avoir recours aux petits puits de recherche. Ces puits traverseront une couche de stérile pour arriver jusqu'au gîte et en reconnaître la pente, la direction, la puissance, la teneur, ou bien ils descendront suivant l'inclinaison du filon et de la couche pour mieux la définir. De tels puits sont alors inclinés et non plus verticaux. Ils sont à recommander notamment pour les gîtes irréguliers dont il faut apprécier mètre par mètre la puissance ou la teneur et ils rendent à ce point de vue les mêmes services que les galeries de recherche poussées dans les mêmes gîtes.

Quand les puits doivent traverser une grande épaisseur de terre végétale, dans les pays où des pluies sont à craindre ou dans d'autres pays où les gelées sont à redouter, il faut soigner d'une manière spéciale le boisage. On opérera un coffrage complet avec un garnissage de planches jointives derrière les cadres du boisage. On peut éviter de la sorte les affouillements, ou, si ces affouillements se produisent, des éboulements qui entraîneraient la mort des travailleurs placés au fond des puits.

Suivant la profondeur que les puits doivent atteindre, ils seront outillés de diverse façon pour la remonte des déblais.

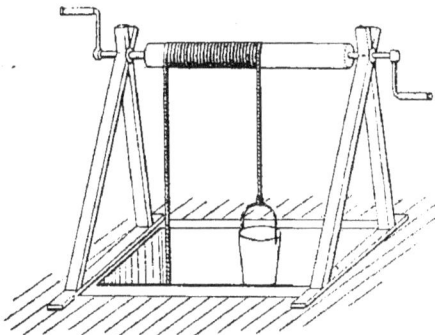

Fig. 16. — Treuil pour la remonte des déblais d'un puits de recherche.

Si l'on ne veut pas aller au-delà de 20 à 25 mètres, et si les charges à remonter sont peu considérables, 100 à 150 kilogrammes, on emploie le treuil simple (*fig.* 16) c'est-à-dire un tambour sur lequel s'enroule une corde et que font tourner deux hommes à l'aide de manivelles. La profondeur ne doit pas être grande, parce que la corde, si elle était trop longue, s'enroulerait difficilement sur le tambour. En outre son poids qui augmente avec la longueur, diminuerait d'autant la quantité des déblais qu'on pourrait remonter.

Toutefois, d'une profondeur de 25 mètres et même d'une profondeur plus grande encore, on peut remonter des charges plus lourdes en employant des treuils à engrenage. Ce seront des treuils analogues à ceux qu'on place au bas des chèvres de nos maisons de construction ou au treuil Bénier dont font usage tous les entrepreneurs de travaux publics pour monter de 15 à 20 mètres de profondeur des charges de 1.000 à 1.500 kilogrammes.

On peut encore emprunter la force humaine pour descendre à une profondeur de 50 mètres, en faisant usage d'un petit manège. A quelques mètres du puits on dispose sur un pivot un tambour à axe vertical maintenu par un cadre solidement fiché en terre. Ce tambour tourne avec deux ou quatre bras horizontaux que poussent des manœuvres. La corde enroulée sur le tambour descend dans le puits par une poulie de renvoi. Le bras de levier est fortement augmenté ainsi et l'effort à développer par les hommes est beaucoup moindre. La rapidité des manœuvres est aussi plus grande.

Au lieu d'un manège à bras d'homme on emploiera un manège avec bêtes de somme. La profondeur qu'on atteindra ainsi dans le fonçage d'un puits de recherche, n'est pas de beaucoup supérieure, mais les charges remontées seront plus grandes. On peut, par conséquent, faire un puits d'une plus grande section. En outre, si l'on se trouve en présence d'une venue d'eau, l'épuisement sera plus facile, pourvu toutefois que cette venue ne soit pas trop considérable.

Le manège est disposé de la même manière que précédemment. C'est un tambour à axe vertical de grand diamètre sur lequel s'enroule un câble. Deux ou quatre bras horizontaux permettent à deux ou quatre chevaux de faire tourner l'appareil. Il est essentiel d'avoir derrière chaque bras un traînard qui s'opposera au recul du système dans le cas où les chevaux refuseraient de tirer. Ces traînards sont relevés à la descente, quand les animaux se sont retournés pour marcher en sens inverse.

On peut, avec un tel manège de deux ou quatre chevaux, foncer assez rapidement un puits de $2^m,50$ à 3 mètres de diamètre, c'est-à-dire un orifice qui servirait au besoin à une petite exploitation. Nous ne dissimulerons pas toutefois que l'emploi de ces manèges est en général assez coûteux et qu'il ne faut recourir à ce mode de fonçage que dans le cas où il est impossible de faire autrement.

Quand il y a beaucoup d'eau, quand la profondeur à atteindre est plus considérable, il est nécessaire d'avoir recours aux engins mécaniques, treuils faisant l'extraction et l'épuisement, ou treuils placés à côté de pompes pour lutter contre les eaux. Les treuils seront mûs par la force motrice la plus économique dont on disposera dans le pays. Ce sera la vapeur, l'air comprimé ou l'électricité. Les constructeurs ont varié à l'infini les modèles de ces treuils; quelques-uns sont déjà de petites machines d'extraction.

Les treuils sont pourvus en général de deux tambours sur lesquels s'enroulent des câbles en acier. Un dispositif ingénieux et des plus recommandable au point de vue de la sécurité consiste à les munir d'un frein normalement serré, frein qu'on desserre au moment de la mise en marche de la machine, alors qu'on ouvre le régulateur à vapeur ou à air comprimé, ou qu'on établit le contact avec le producteur d'électricité. Un frein à pédale remplit bien cet office. On peut imaginer une infinité d'autres systèmes.

Si la venue d'eau est peu considérable, on épuisera à l'aide des bennes qui sont attachées au câble du treuil. Si au contraire on doit remonter un nombre considérable d'hectolitres, il faut installer une pompe. La pompe aspirera comme dans les descenderies les eaux boueuses. Certains types du genre Worthington ne conviennent pas alors, car les eaux sales détériorent rapidement les clapets et le mécanisme. La pompe Tangye ou ses dérivées est celle qui est le plus souvent adoptée.

La pompe doit être légère, car il faut la descendre dans le puits au fur et à mesure de l'approfondissement. A cet effet on la suspend à un palan, ou bien on l'installe sur un plancher provisoire, qu'on refait tous les 6 ou 7 mètres, alors que la pompe a cessé d'aspirer convenablement.

Pour actionner tous ces engins mécaniques, il faut créer sur place la force motrice, et ce n'est pas toujours le plus facile.

L'électricité peut être amenée d'une certaine distance, à condition d'avoir dans le voisinage une chute d'eau qui commandera des turbines pouvant actionner une dynamo.

La vapeur et l'air comprimé doivent être produits sur place. Pour cela le mieux est d'installer une locomobile, mais il faut se procurer du bois ou du charbon pour brûler sous le foyer de la chaudière. Dans certains pays ce n'est pas toujours aisé et le transport non seulement du combustible mais de la locomobile ne sera pas toujours possible.

On a songé aussi à employer de petits moteurs à pétrole. Ces moteurs seront facilement transportables en pays de montagne, tant que leur force ne dépassera pas dix ou quinze chevaux. Ils conviendront donc plutôt à de petits efforts, à des efforts moindres que ceux de la vapeur et de l'électricité. L'idée est bonne et peut être appelée à d'intéressantes applications. On actionnera aisément une petite pompe ou un petit ventilateur. En revanche un treuil exigera souvent une plus grande force.

Prix de revient des puits de recherche. — Le prix de revient des puits de recherche est assez variable. Il dépend d'abord de la nature des terrains traversés. Il dépend aussi du mode de traction adopté. Nous essaierons de le déterminer en examinant séparément chacun de ces cas.

Le prix du fonçage varie du simple au double en terrain

tendre et en terrain dur. Il varie aussi suivant le diamètre
adopté pour le puits. Toutefois, l'augmentation du prix n'est
pas proportionnelle à l'augmentation du diamètre, et un puits
de très faible section sera parfois aussi coûteux qu'un puits
de section un peu plus grande. Il en est en cela comme
d'une galerie de·recherche.

Le prix augmente avec la profondeur, puis se maintient à peu près constant, quand cette profondeur a atteint
une certaine valeur. Il ne faut pas toutefois que le retard
apporté à la remonte des déblais soit par trop grand, faute
d'employer un appareil d'extraction assez rapide ou assez
puissant.

Un puits de 3 mètres de diamètre à travers le terrain
houiller se paie 70 francs dans les schistes et 110 à 120 francs
dans les grès. Il faut, bien entendu, que la venue d'eau ne soit
pas trop considérable et ne gêne pas le travail des ouvriers.

Dans des terrains plus durs d'imprégnation filonienne,
dans des quartz, on fera un puits carré de 2 mètres ou $2^m,50$
de côté. Ce puits coûtera 150 à 160 francs le mètre, quelquefois même davantage.

Enfin la progression des prix sera la suivante, s'il y a des
changements de terrains échelonnés depuis la surface. En
terre végétale un puits carré de $2^m,50$ de côté coûtera
30 francs le mètre. Dans les roches pourries sous la terre
végétale il se paiera 40 francs. Dès que les roches devien-
dront dures, on donnera 55 à 60 francs, avec augmentation
du double parfois, si les roches sont des grès extra-durs.

En ce qui concerne le prix de revient d'extraction, les
conditions varieront beaucoup suivant le mode de traction
qui sera adopté. Si l'on emploie des bêtes de somme, on
pourra payer 15 et 20 francs par mètre dans les terrains
durs, sans que l'utilisation de l'effort des bêtes de somme
soit toujours parfaite. Avec un moteur on ne dépensera
plus que 10 à 12 francs par mètre en moyenne, le prix
de revient variant avec la nature des terrains traversés et

avec l'avancement réalisé. Il faudra toutefois que le combustible, de quelque nature qu'il soit, ne soit pas trop coûteux sur le lieu où s'opèrent les recherches et qu'on puisse l'y transporter aisément.

Permis de recherche. — Pour tous les travaux de recherche qui viennent d'être indiqués il faut une entente préalable avec les propriétaires de la surface dont on endommage les champs et les récoltes par le dépôt des déblais. Suivant les pays, cette entente se fait à l'amiable ou bien elle dérive d'une disposition administrative.

En Russie et dans les pays asiatiques où le propriétaire du sol est en même temps propriétaire de la mine, un contrat peut aisément intervenir, contrat qui réglera d'avance les indemnités à payer pour la perte d'une récolte. L'option donnée pour les travaux de recherche souterrains confère un droit de prise de possession pour certains points de la surface.

En France, le permis de recherche est accordé par l'Administration des Mines, à condition que le propriétaire du sol soit consentant et qu'on lui ait versé une indemnité préalable. Si des déblais doivent être déposés, il faut le plus souvent acheter au propriétaire le terrain superficiel où seront déposés ces déblais. La chose est exigible, quand les terrains ne sont plus propres à la culture, ou lorsqu'ils doivent rester plus d'un an sans être labourés. Si le sol peut être remis en état au bout d'une année, l'indemnité sera le double du revenu que le terrain endommagé aurait donné pendant l'année.

En Espagne, l'obtention des permis de recherches est plus facile, plus prompte surtout qu'en France. Toutefois, il faudra indiquer à l'Administration l'espace de terrain sur lesquels seront jetés les déblais.

En Italie un permis de recherche équivaut bien souvent à un permis d'exploitation. Il est accordé par l'Administration après enquête publique. L'autorisation n'est donnée que si on est d'accord avec le propriétaire du sol, sans pourtant qu'il soit nécessaire d'indemniser ce propriétaire. Le permis est limitatif pour les terrains habités et, de même qu'en France, ne donne pas le droit de disposer des minerais ni de les vendre sans une autorisation spéciale de l'Administration.

Dans la législation anglaise qui régit les mines, les définitions ne sont pas toujours des plus exactes. L'acheteur d'un *claim* aura le droit d'y faire tout ce qu'il lui plaira. Certaines indemnités seront parfois consenties au propriétaire de la surface, mais ce ne sera pas le cas général, car, suivant la loi anglaise, ce propriétaire, en concédant un claim, a abandonné ses droits non seulement au tréfonds mais en partie aussi à la propriété de surface. C'est en pays anglais que les recherches seront en somme les plus faciles. En revanche les claims sur lesquels on travaille sont toujours de faible étendue.

DEUXIÈME PARTIE

SONDAGES DE RECHERCHE

—

CHAPITRE IV

GÉNÉRALITÉS SUR LES SONDAGES DE RECHERCHE

Nécessités du sondage. — Définition du sondage. — Classification des sondages. — Vérification des échantillons. — Erreurs inhérentes au sondage. — Cas spécial du sondage au diamant. — Applications du sondage.

Nécessités du sondage. — Tout ce qui a été dit précédemment avait trait à des recherches qui peuvent être effectuées à la surface ou bien très près de la surface. Mais il est des cas où ces méthodes ne sont plus applicables et où il faut recourir à d'autres procédés.

En premier lieu, si le gîte minier est recouvert d'une épaisseur de morts terrains supérieure à 5 mètres, il n'est pas pratique et il est assez coûteux de creuser des puits pour bien suivre la continuité du gîte. On pourrait faire une galerie profonde dans le gîte, mais ce serait encore très dispendieux. En outre, s'il s'agit de lentilles, d'amas lenticulaires, comme se présentent certains gisements de minerai de fer ou de phosphate de chaux, il ne serait pas facile de conduire des galeries dans tous les sens et il serait onéreux de multiplier le nombre des puits afin de bien déterminer l'exploitabilité des rognons, ce qui est pourtant essentiel.

En second lieu, si l'on doit descendre à une grande profondeur et s'il faut traverser des couches aquifères, le creusement d'un puits de recherche à faible section serait fort hasardeux, très coûteux et quelquefois impossible.

En troisième lieu, certaines substances ne pourront pas être recherchées par les moyens qui ont été décrits antérieurement. Le pétrole, les eaux minérales ou naturelles, les eaux salées doivent être reconnus par un orifice de petit diamètre, car, le plus souvent, quand on est parvenu dans le gîte, la pression où se trouvent les liquides à l'intérieur de la terre, les fait remonter brusquement et spontanément à la surface. Il faut alors canaliser la venue par un orifice de faible diamètre.

En dernier lieu, on doit parfois reconnaître très rapidement un gîte minier. Un concurrent a surgi dans un terrain voisin et recherche la même substance. Celui qui aura recoupé le premier le gisement sera déclaré propriétaire de la concession. C'est notamment le cas dans notre législation minière.

Dans ces divers cas, il faut faire autre chose que des puits, des galeries ou des tranchées. Le sondage est tout désigné.

Définition du sondage. — Le sondage consiste à forer très rapidement à travers l'écorce terrestre un trou de faible diamètre d'où l'on remontera les échantillons des terrains traversés.

Le sondage peut être poussé à grande profondeur. On en a fait jusqu'à 2.000 mètres. Ceux qui ont plutôt en vue des recherches minières, ne sont guère descendus à plus de 500 ou 600 mètres.

Le sondage a l'avantage de pouvoir être installé facilement et rapidement. On le place, en général, près d'une route, afin de réduire au minimum les frais de transport des appareils. On l'installe à côté d'un cours d'eau, quand il s'agit de méthodes où la circulation d'eau est nécessaire pour le fonctionnement des appareils. On le met enfin au fond d'une vallée pour éviter de traverser inutilement des terrains dont on peut connaître d'avance les affleurements.

Un appareil de sondage sera le plus souvent transporté très rapidement d'un point à un autre. On obtiendra ainsi le plan coté d'un gisement. On note à la surface l'orifice du trou de sonde. On connaît la profondeur où a été rencontrée la couche. Si les sondages sont assez voisins, on peut dresser une courbe représentative du gisement.

Classification des sondages. — Les méthodes de sondage appliquées aujourd'hui se rapportent à cinq types différents qui sont les suivants :

1° Le sondage à la corde ;

2° Le sondage avec tiges en bois, dit canadien ;

3° Le sondage à tiges pleines en fer ;

4° Le sondage à tiges creuses en fer et au trépan avec circulation d'eau ;

5° Le sondage à tiges creuses en fer et à circulation d'eau avec couronne de diamants.

Vérification des échantillons. — Avec ces divers appareils de sondage, la précision des résultats n'est pas toujours parfaite, sauf peut-être en ce qui concerne le sondage au diamant. On n'est pas certain de la profondeur où a été rencontrée une substance et on ne connaît pas exactement l'épaisseur d'une couche ni son inclinaison.

Tout dépend de la manière dont on prend les échantillons, manière qui varie avec les différents systèmes de sondage. On peut remonter les substances soit avec l'instrument dit *cuiller*, soit avec la *tarière*, soit au moyen de l'eau à l'état de boues, soit enfin sous forme de *carottes*, ce qui est le meilleur moyen, moyen caractéristique du sondage au diamant.

Ces divers moyens seront décrits aux chapitres où il sera parlé des sondages auxquels ils se rapportent. Nous nous bornerons pour le moment à parler d'appareils qui **cherchent,**

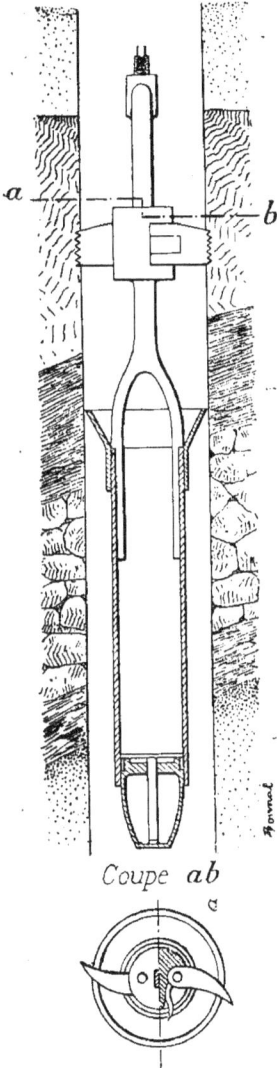

Coupe *ab*

Fig. 17. — Vérificateur
de sondage.

dans une certaine mesure, à corriger les inexactitudes soit de l'échantillonnage à la cuiller, soit de l'échantillonnage par circulation d'eau. Les incertitudes portent sur l'emplacement exact d'une couche, sur son épaisseur, sur sa direction, sur son inclinaison.

L'outil dit *vérificateur* (*fig.* 17) se prête à la détermination de l'épaisseur d'une couche tendre placée entre deux couches plus dures, une couche de charbon par exemple. Il est muni de deux lames armées de griffes. Si l'on tourne à gauche, les lames entaillent le terrain. Une petite corbeille est à la partie inférieure de l'outil et recueille les échantillons que l'on sait pris sur une épaisseur connue et à une profondeur déterminée. Si l'on tourne à droite, les lames s'effacent et l'outil qui n'est plus en prise avec le terrain, peut être remonté.

Un autre appareil, l'*outil carottier*, découpera sur une certaine hauteur dans le terrain un échantillon dont on vérifiera l'orientation et la stratification. Cet outil comme le précédent convient à des terrains d'une dureté relativement faible. Il se compose d'un cylindre que termine une couronne dentée. On opère le battage comme avec le trépan. On découpe ainsi une surface annulaire au centre de laquelle restera intacte une carotte. Quand on juge que la carotte est assez longue, on descend un autre outil dit *emporte-pièce* qui emboîte le précédent. Un coin fait éclater à la base le cylindre témoin, qu'il suffit alors de remonter.

Il est difficile, en général, d'orienter d'une manière certaine les témoins que l'on retire du trou de sonde. On peut, il est vrai, repérer chacune des tiges, à mesure qu'on la visse, sur un plan dont l'orientation est déterminée par une ligne de deux fils à plomb.

On bat quelques coups sans déplacer les tiges. L'entaille faite sur le témoin donnera l'orientation au fond du trou de sonde.

Un appareil imaginé par M. Arrault, entrepreneur de sondage, donnera plus exactement la direction, car il opère avec une boussole. Quand la carotte vient d'être découpée, on descend au fond du trou de sonde une boîte munie d'une boussole. Cette boîte (*fig.* 19) contient, enfermée entre deux encoches, une étoffe imprégnée d'encre grasse. L'étoffe tracera une ligne en Y sur la tête de la carotte. En même temps un mouvement d'horlogerie bien combiné arrête

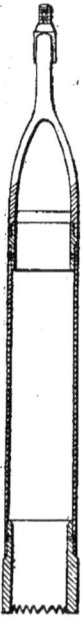

FIG. 18.
Outil
carottier.

Coupe a b

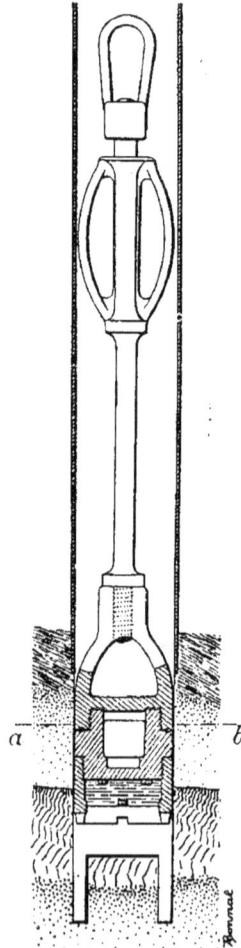

Vue en dessous

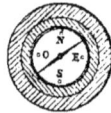

FIG. 19. — Outil vérificateur avec boussole.

au bout d'un certain temps l'aiguille de la boussole sur la direction du nord magnétique. On obtient par conséquent l'orientation exacte de la ligne en Y marquée sur la carotte, orientation qu'on peut vérifier, quand la carotte est remontée

Malgré l'emploi de ces appareils vraiment fort ingénieux il plane toujours un certain doute sur les résultats d'un sondage, doute qui persistera jusqu'au moment où l'on aura fait un puits dans le voisinage.

Erreurs inhérentes au sondage. — Il est des cas où le sondage donnera des indications fausses.

Admettons le cas de couches plissées et formant une série de cuvettes. Si le sondage a été placé entre deux plis synclinaux dans l'axe d'un pli anticlinal, il sera complètement négatif ; il ne rencontrera aucune substance minérale (*fig.* 20). Si au contraire l'axe du sondage traverse l'axe d'un

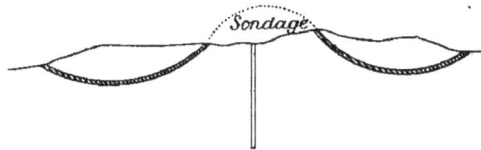

FIG. 20. — Sondage négatif entre deux plis synclinaux.

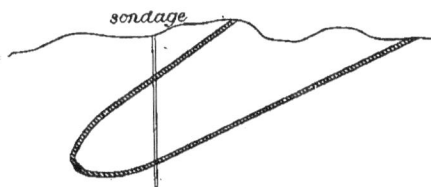

FIG. 21. — Sondage placé sur un plissement.

plissement, on conclura à deux couches inclinées. Ce sera la même couche qui aura été traversée deux fois (*fig.* 21).

A ce point de vue, pour les gisements accidentés, nous ne saurions trop recommander de classer très méthodiquement les échantillons prélevés dans un sondage.

En examinant de près des échantillons semblables qui se

reproduisent en sens inverse, on peut souvent conclure à l'existence d'un plissement.

La détermination d'une faille est plus difficile. On s'expose d'abord à suivre pendant longtemps la faille, si elle est verticale, et, comme les échantillons remontés sont à l'état de bouillie, sauf dans les cas du sondage au diamant où l'on prélève une carotte, il sera difficile de reconnaître des terrains décomposés sous l'action d'un accident. Une faille pourra donner une recrudescence notable de la venue aquifère, mais le fait n'est pas caractéristique et une nappe souterraine sera aussi recoupée sans qu'on puisse conclure à la traversée d'une faille.

Le cas d'une faille peu inclinée est capable de fournir des indications fausses. Dans la figure 22, le sondage est

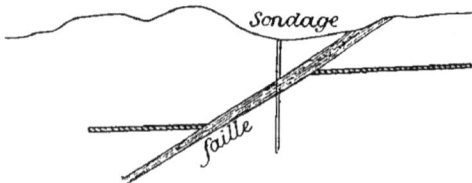

Fig. 22. — Sondage négatif sur une faille.

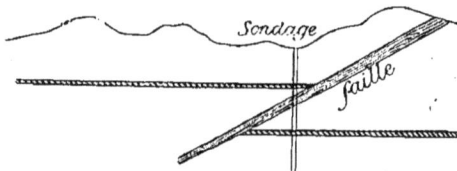

Fig. 22. — Traversée de la même couche par un sondage.

négatif, et l'on n'aura aucune indication concernant le point où la faille a été recoupée, car on ne traverse pas les mêmes terrains. Au contraire, si la faille est à recouvrement, le sondage conclura à deux couches (fig. 22)- L'examen des échantillons peut indiquer quelquefois, si l'on a traversé deux fois les mêmes formations géologiques.

Cas spécial du sondage au diamant. — Nous avons déjà dit que le sondage au diamant présentait sur les autres

modes de sondage certains avantages au point de vue des déterminations soit de l'emplacement des couches, soit du passage des failles. Les carottes qu'il remonte donnent l'orientation et la position des terrains au fond du trou de sonde. En
outre, il est susceptible de diverses applications spéciales.

Tout d'abord, quoi qu'il ne soit pas le seul à pouvoir être
fait horizontalement, c'est lui qui s'y prête le mieux. A
l'extrémité d'une galerie de recherche qui, menée à travers-
bancs ou tombée dans un accident, n'aura trouvé aucune
manifestation du gîte, on pourra entreprendre un sondage
normal à la direction des bancs. Le moyen d'investigation
sera plus rapide et moins coûteux que la prolongation de
la galerie. On peut aussi, le long d'une galerie de prospection
poussée en direction dans une couche ou dans un filon,
reconnaître latéralement la présence de couches ou de
filons parallèles.

Le sondage au diamant sera effectué sous un angle
quelconque. On réalise des sondages montants. On évitera

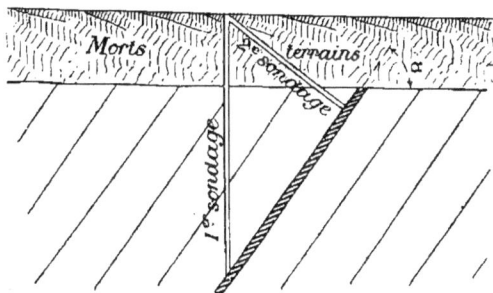

FIG. 23. — Système de sondages pour déterminer l'inclinaison d'une couche.

ainsi la dépense d'un montage, dépense onéreuse même
quand ce montage est fait à la section la plus réduite.
On étudiera de la sorte les colonnes riches d'un filon.

Enfin une application originale du sondage au diamant
est celle qui permet de déterminer assez exactement le
pendage d'une couche traversée. Admettons en effet que,
sous une série de morts terrains, un sondage vertical ait

rencontré en A une couche dans un système de sédiments orientés comme l'indique la figure 23. On peut entreprendre un deuxième sondage qui rencontrera en B la même couche. Par une résolution trigonométrique d'un triangle on aura l'angle α que fait avec l'horizontale la couche recoupée, c'est-à-dire le pendage de cette couche. On arrive ainsi à savoir si les terrains sont en demi-pendage ou en plateure, ce qui a une grosse importance pour l'évaluation ultérieure de la richesse d'un gisement.

Applications du sondage. — Avec ses avantages et ses inconvénients le sondage s'applique bien à la recherche des couches dont on ne peut pas suivre les affleurements à la surface. Les résultats seront d'autant plus exacts que les couches seront moins inclinées.

En revanche, le sondage ne se prête pas aussi bien à la reconnaissance des filons, car il définira mal la nature du remplissage et la richesse en métal. Il échantillonnera mal le gîte. Toutefois, avec les sondes au diamant, on remontera des carottes qui donneront des renseignements plus précis.

D'un autre côté, un sondage, de quelque nature qu'il soit, sera moins coûteux qu'un travail à grande section. Il sera plus rapide aussi. Mais il faut alors multiplier le nombre des trous de manière à enserrer le gîte dans un réseau à mailles très serrées donnant des indications répétées sur la richesse en des points assez rapprochés. On peut obtenir ainsi une estimation approximative des zones riches et des zones stériles.

Qu'il s'agisse d'ailleurs de filons, de couches, d'amas surtout, il est bon de multiplier le nombre des trous de sonde en choisissant parmi les appareils qui vont être décrits celui qui est susceptible de donner l'avancement le plus rapide.

CHAPITRE V

SONDAGES A LA MAIN

Appareils pour très faible profondeur. — Sondages à main avec tiges en fer. — Outils du sondage à main. — Mode de travail du sondage à main. — Données économiques sur le sondage à main. — Sondage à main avec diamants.

Quand les sondages doivent être faits à faible profondeur, c'est-à-dire à 100 mètres au maximum, on emploie des appareils mûs à la main. La marche du travail est moins rapide, mais le déplacement des appareils est plus facile, ce qui est un avantage, dès qu'on veut effectuer des recherches nombreuses et répétées.

Appareils pour très faible profondeur. — S'il s'agit de profondeurs assez faibles, ne dépassant pas 4 à 5 mètres, on emploie la *sonde Palissy*. C'est une tige carrée en fer d'une seule pièce, ayant 16 à 40 millimètres de côté. A l'une des extrémités se trouve un trépan, à l'autre est une tarière rubannée. La cuiller enlève le terrain par rodage. Si l'on rencontre quelque résistance, des cailloux à briser, on fait usage du trépan.

On comprend aisément que cette sonde soit de longueur réduite, car, devant être manœuvrée à la main, elle ne peut avoir un grand poids. Aussi doit-on souvent faire exercer par plusieurs hommes une pression énergique pour qu'elle puisse pénétrer dans le terrain, même par rodage.

Un perfectionnement de cette sonde a été fait et est employé avec avantage pour des recherches géologiques. On constitue l'appareil avec des tiges de $1^m,25$ de longueur, pesant chacune 2 kilogrammes. A la partie supérieure est un manche de manœuvre. A la partie inférieure on place, selon les cas, un trépan ou une tarière. Avec deux hommes on atteint rapidement 6 mètres de profondeur, et avec trois hommes 12 à 15 mètres, le poids total de l'appareil ne dépassant pas 29 kilogrammes pour une profondeur de 12 mètres.

Cette sonde a été imaginée par MM. Van den Broeck et

FIG. 24. — Manœuvre d'une sonde pour des recherches à faible profondeur.

Rutot. Elle a été adoptée par le Service gèologique en Belgique, en Angleterre, au Portugal. Notre figure 24 en montre une application en Russie. M. Dele-court-Wincqz à Bruxelles en construit de semblables qui trouvent leur emploi pour des recherches de prospection.

Parmi les appareils employés à de faibles profondeurs, **on** peut encore citer la *sonde du tourbier*. C'est une tarière à longues spires, qu'on enfonce par rodage et qu'on arrache ensuite brusquement. Les échantillons ramenés au jour sont examinés soigneusement et l'on peut multiplier autant qu'on veut le nombre de ces échantillons.

FIG. 25.
Pipette Bazin

Dans le même ordre d'idées on emploie aussi la *pipette Bazin*. C'est un réservoir en forme de poire allongée et renversée (*fig.* 25). Il est fermé par un boulet à la partie inférieure. Le manche est creux et fermé à son extrémité. Il se termine au-dessus de la poire par un tube en caoutchouc muni d'un robinet. On enfonce le tout dans les alluvions aurifères ; puis, à l'aide d'une ficelle à deux brins, visible au bas de la figure, on déplace le boulet en même temps qu'on ouvre le robinet. L'eau est aspirée par l'échappement de l'air, et **pénètre** dans la pipette en même temps que le sable aurifère. On remet le boulet en place avec l'autre brin de la ficelle et on ferme le robinet. On peut alors remonter l'appareil pour examiner et analyser les sables.

On peut aussi pour des minerais de **fer** en grains, pour des phosphates, pour tel gisement dont les affleurements sont à faible profondeur sous la terre végétale, employer **une** barre de fer munie d'un collet qui **retiendra** un échantillon du terrain traversé. Ce terrain ne devra pas être trop dur pour pouvoir être coupé d'abord, échantillonné ensuite.

MM. de Hulster frères, entrepreneurs de sondage, préconisent un autre appareil qui peut atteindre en quelques heures une profondeur de 15 mètres. Il se compose d'une colonne de tubes avec pointe de pénétration à la base. Un

bélier tombant du haut d'un pylone permet d'enfoncer la
colonne de tubes. Une pompe injecte de l'eau pour enlever
les déblais. Cet appareil, comme le précédent, ne servira
que dans les marnes ou dans les argiles. Il est désigné sous
le nom de *puits instantané* et a surtout pour but les recherches d'eau.

Les mêmes constructeurs ont imaginé un autre appareil
aisément transportable, qui descend jusqu'à 15 et 25 mètres
à travers toutes les roches. Ils ont supprimé tout assemblage à vis afin de conjurer les chances de perte d'outil.

Sondages à main avec tiges en fer. — Si l'on veut descendre à des profondeurs su-
périeures à 25 mètres en faisant usage de la force humaine, on emploiera en général le sondage transportable
à tige en fer. Ce mode de
sondage convient à tous les
pays neufs, car il n'em-
prunte aucun agent méca-
nique. Les divers organes
seront de la plus grande
simplicité possible.

Le pylone est en général
un trépied. Les montants de
ce trépied sont en bois
ou en fer creux. M. Ar-
rault, entrepreneur de
sondage, les construit
ainsi spécialement
pour les applications
aux colonies. En haut
du trépied se place la

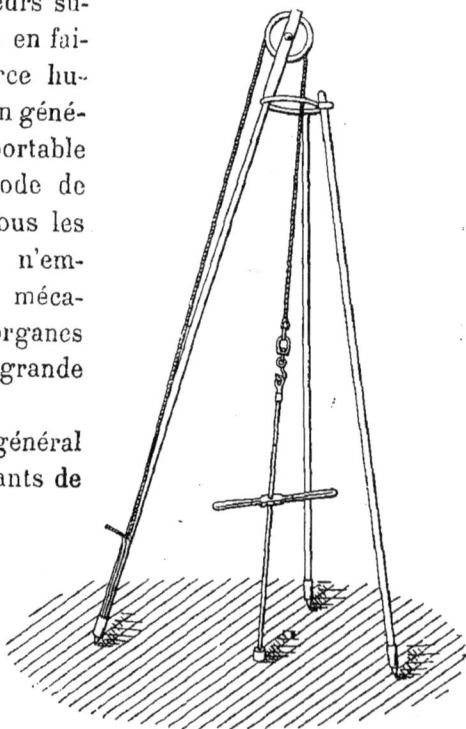

Fig. 26 — Pylône en fer pour sondage à la main

poulie sur laquelle passera la chaîne ou, mieux, le câble de battage (*fig*. 26). Une autre poulie pourra recevoir le câble de manœuvre afin d'éviter la perte de temps provenant du changement de câble.

Les tiges de sonde sont en fer. L'assemblage à vis est le seul adopté à l'heure actuelle, le joint étant mâle et femelle avec douille filetée intérieurement. Cette douille, lors de l'assemblage des tiges, est toujours tournée vers le fond du trou de sonde, afin qu'elle n'ait pas tendance à s'emplir de matières boueuses (*fig*. 27). Le pas de vis à filet triangulaire est surtout à recommander. Il est plus solide et plus facile à refaire en cas d'avarie ou de rupture des tiges.

Les tiges sont carrées et doivent être le plus légères possible. Outre le double épaulement (*fig*. 28). qui existe à chacune de leurs extrémités sitôt après le pas de vis, elles en présentent deux autres sur leur longueur de 4 à 5 mètres, ce qui permet d'autant mieux de les faire reposer sur la clef de manœuvre à l'orifice du trou de sonde, ou de les soulever par l'agrafe de relevée lors de la remonte de l'appareil de sonde.

FIG. 27. Assemblage à douille et à vis des tiges de sondage.

Dans un sondage à la main qui aura 10 centimètres de diamètre, c'est-à-dire un diamètre courant, on emploie des tiges de 30 millimètres de côté. Un supplément de résistance leur est pourtant donné quelquefois pour le cas où il faudrait roder avec la tarière dans des terrains schisteux afin d'obtenir un avancement plus rapide.

On calcule de la manière suivante la section à donner aux tiges. Si P est le poids de l'outil (trépan, maîtresse-tige et coulisse de battage), ω le poids du mètre cube de la tige, *h* la longueur de cette tige et *a* le côté du carré de la tige, le

FIG. 28. Double épaulement à l'extrémité des tiges de sondage.

travail maximum à la traction sera par millimètre carré :

$$\frac{P + \omega h a^2}{1000000 \; a^2}$$

En général, on prend comme valeur de a celle que donne la formule suivante, où le travail est supposé être de **2 k.** par millimètre carré.

$$a = \sqrt{\frac{P}{2000000 - \omega h}}$$

Outils du sondage à main. — A l'extrémité des tiges se placent directement le trépan, la tarière et la cuiller.

La forme la plus suivie pour le trépan, car elle s'applique à différentes duretés de terrains, est celle du trépan à joues (*fig* 29). Le trépan simple en forme de couteau seulement (*fig*. 30), aurait l'inconvénient de ne pas percer un trou assez rond. En revanche les joues s'usent rapidement et cassent dans les terrains durs, quand elles sont trop fortement trempées. Les autres profils compliqués à téton, à pointe de diamant, à lames multiples et rapportées, ne s'appliquent pas aux sondages de recherche à faible profondeur, car le diamètre de ces sondages n'est pas assez grand.

L'inclinaison donnée au tranchant du trépan varie avec la dureté des terrains. La trempe n'est pas la même non plus selon la nature des roches. On adopte en général une inclinaison de

Fig 29.
Trépan
à joues.

Fig. 30.
Trépan simple
en forme
de couteau.

70 degrés pour le tranchant. La trempe se fait à l'eau, quelquefois à l'huile. On forge l'acier au jaune rouge, quand les terrains sont durs. Le plus grand soin doit être apporté à la manière dont on prépare les joues. On chauffera parfois moins l'extrémité de la lame de manière que ces joues ne soient pas trop cassantes.

La durée de la reprise de battage d'un trépan varie, bien entendu, avec la nature de la roche. Si l'on est en présence de schistes tendres, on descendra 1 mètre et plus sans changer l'outil. On laissera ainsi le trépan deux ou trois heures dans le trou. Si les terrains sont gréseux, l'usure est plus grande. On remonte le trépan après $0^m,50$ ou $0^m,60$ d'avancement, c'est-à-dire après chaque changement des petites tiges, dites rallonges. Dans des grès on peut quelquefois entamer $0^m,30$ et $0^m,40$ avec le même outil ; mais, si ces grès sont très durs, si l'on traverse du granite, on ne dépassera guère $0^m,10$, quelquefois même $0^m,06$. L'important est que l'outil n'ait pas éprouvé une usure supérieure à 3 millimètres. Si l'on dépassait cette limite, on s'exposerait à ce que le nouveau trépan se coinçât au fond du trou de sonde, ce qui serait une cause de retard, ce qui pourrait même occasionner un accident préjudiciable à l'avancement du sondage. Certains terrains rongent l'acier d'une manière intense. Ils suppriment surtout très rapidement les joues, de sorte que les trépans sont vite transformés en un ciseau et ne peuvent plus donner que des trous ovales ou présentant des stries.

La tarière servira à traverser les argiles ou les terres végétales au début du sondage. Dans les glaises, cette tarière (*fig.* 31), a la forme d'un cylindre ouvert suivant l'une de ses génératrices et muni à son extrémité d'une arête coupante et légèrement inclinée. Mais, si les terrains doivent être de nature assez diverse et si l'on s'expose à trouver quelques galets, il vaut mieux faire usage d'une forme hélicoïdale assez analogue à celle des fleurets des perforatrices de mine (*fig.* 32). Quand l'une ou l'autre de ces tarières refuse de tourner, on remonte tout l'appareil, et l'on détache les échantillons du terrain qui adhèrent à l'outil.

Pour la manœuvre de cette tarière qui se fait surtout dans les premiers mètres de sondage, il faut souvent mettre de l'eau dans le trou de sonde. Tout sondage doit d'ailleurs être fait dans l'eau, car, en raison du principe d'Archimède, la traction exercée sur la sonde se trouve diminuée. L'eau rafraîchit aussi les outils. En général on rencontre toujours de l'eau à une certaine profondeur. On cite pourtant des sondages qui ont atteint 50 mètres sans venue aquifère. La conduite en est alors plus difficile.

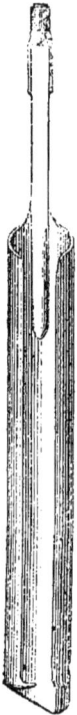

Après chaque battage du trépan, on fera usage de la *cuiller.* C'est un cylindre fermé à la partie inférieure par un clapet ou par un boulet sphérique (*fig.* 33). En *sonnant* plusieurs fois, c'est-à-dire en faisant manœuvrer de bas en haut ce cylindre, on fait entrer les boues qui s'étaient accumulées lors du battage au trépan. On descend en général deux ou trois fois la cuiller dans le trou de sonde ; il est inutile de la descendre quand l'eau devient presque claire. On examine les boues remontées. Ces boues viennent du fond même du trou de sonde. Elles proviendront aussi d'une partie plus élevée, où les terrains ne sont pas consistants. Quand on sonne la cloche, ces terrains ont toujours tendance à tomber à moins qu'on n'ait recours au tubage, ce qui n'est pas le cas en général et ce qui deviendrait

Fig. 31.
Tarière à
glaise.

Fig. 32
Tarière.

trop coûteux pour un sondage de recherche à **la main**.

Le trépan, la tarière et la cuiller sont, avec les clefs de manœuvre des tiges, les principaux outils nécessaires pour la marche d'un sondage de recherche à main et à faible profondeur. Ceux qui servent en cas d'accident et dont on peut encore avoir besoin seront décrits au chapitre **xi**.

Mode de travail du sondage à main. — Il faut indiquer comment se conduit un sondage à la main avec tiges en fer.

On peut soulever le trépan, et le laisser retomber à la manière dont on manœuvre un mouton pour enfoncer des pilotis, les ouvriers s'attelant à 3 ou 4 sur la chaîne ou le câble de manœuvre pour soulever l'attirail de sonde. Mais ceci n'est possible que jusqu'à une faible profondeur, 10 à 15 mètres, car le poids à soulever devient rapidement trop lourd.

On peut aussi, quand la profondeur est faible, avoir un déclic à main, manœuvré par un levier à anneau et à crochet dit détente. Un seul homme manœuvre le treuil à déclic, l'autre homme étant à la sonde (*fig.* 34).

Il vaut mieux enrouler deux fois sur un tambour la corde de battage. Si l'on suppose le tambour animé d'un mouvement de rotation continu, on comprend aisément qu'un ouvrier en tirant amène le serrage de la corde sur le tambour, par suite l'entraînement et le soulèvement de l'appareil de sonde. En lâchant, au contraire, l'ouvrier laisse la corde folle, et le trépan tombe par son propre poids. Un simple mouvement de va-et-vient, n'exigeant qu'un très faible effort, réalise ainsi l'opération du battage.

Pour opérer la rotation du tambour on emploiera divers moyens. Quand la profondeur à atteindre est faible, deux

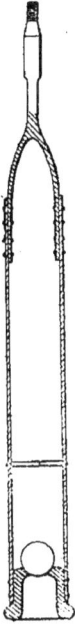

FIG. 33.
Cuiller
à boulet.

ou quatre ouvriers agiront sur des manivelles aux extrémités d'un tambour. Une roue à marches peut aussi être installée sur l'axe du tambour, car elle donne un bras de levier assez puissant. On emploiera au besoin un manège à

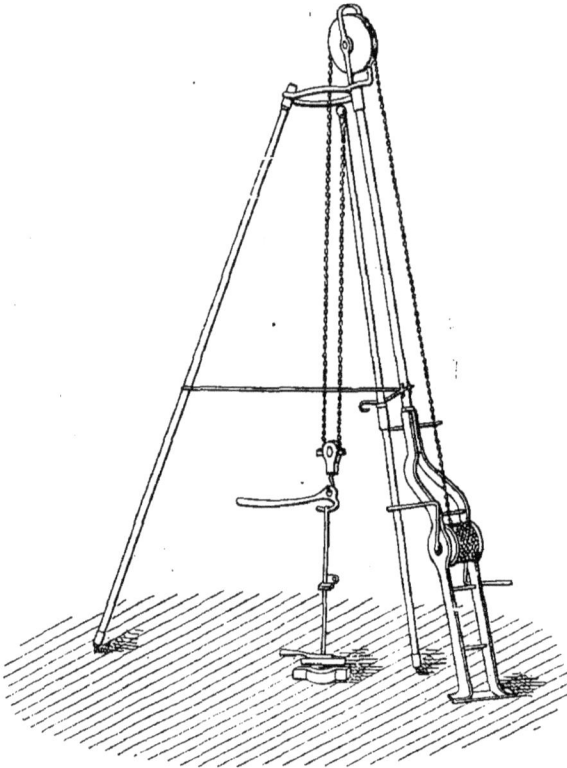

Fig. 34. — Treuil avec déclic pour la manœuvre d'un sondage à main.

chevaux avec renvoi de mouvement comme pour les puits de recherche.

M. Arrault, entrepreneur de sondage, a imaginé un autre appareil. Un petit moteur à pétrole est employé pour mettre en marche la poulie de manœuvre. Toutefois le battage se fait à la main, le mouvement étant analogue à celui qu'on connaît pour les marteaux-pilons manœu-

vrés à la main dans certains petits ateliers. Une courroie
agissant comme cordon de sonnette passe sur une poulie
munie de ressorts (*fig.* 35). Si l'on tire sur la courroie, il

Fig. 35. — Appareil Arrault pour sondage rapide à la main.

y a contact, et le trépan est soulevé. Si on lâche la courroie,
la poulie tourne libre et le trépan tombe par son propre
poids. On peut ainsi frapper 20 à 25 coups à la minute et
descendre rapidement jusqu'à une profondeur de 30 à
40 mètres.

Le moteur pourrait être remplacé par un agent mécanique
quelconque dérivant de la force humaine.

Le tambour qui réalise le mouvement de battage, servira
aussi à l'enroulement du câble ou de la chaîne qui remonte

les tiges pour changer le trépan ou qui descend la cuiller
pour nettoyer le trou. Il est nécessaire alors de le munir
d'un frein pour modérer la vitesse avec laquelle descendra
l'appareil de sonde.

Ce frein doit être surtout puissant, quand la profondeur
du sondage dépasse 50 mètres. Le treuil de manœuvre
pourra être à engrenage pour multiplier l'effort, quand on
soulève une grande longueur de tiges.

Aussitôt que la profondeur de 50 mètres est atteinte, on
a tout avantage à battre avec un balancier. Ce balancier s'installe sommairement. Il se compose d'un bois long de 6 à
8 mètres. Il se place sur un chevalet haut de 1^m,50 environ.
Du côté du petit bras de levier s'accroche la tête de sonde.
A l'autre extrémité se placent les hommes qui soulèvent les
tiges en abaissant le balancier et qui doivent laisser remonter
le balancier librement pour que le trépan donne son coup
sur le terrain, sans réaction.

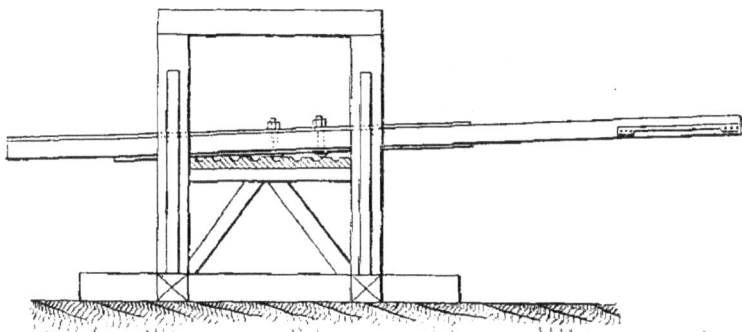

Fig. 36. — Chevalet permettant des déplacements successifs du balancier.

Quand la profondeur augmente, le poids des tiges devient
de plus en plus considérable. Il est bon de pouvoir diminuer
le bras de levier du côté des tiges. On emploie la disposition
indiquée par la figure 36. L'axe de rotation peut se déplacer
et se loger successivement dans des coussinets échelonnés
à des distances variables sur le même support.

L'installation du balancier exige l'emploi de courtes tiges
ou rallonges de 0^m,50, 1 mètre, 1^m,50 et 2 mètres de longueur
qui viennent s'adapter sur l'appareil de sonde, dès que le
trépan a pénétré de 0^m,50 dans le terrain. La tête du balancier reste en effet sensiblement à la même hauteur, et,
quand une tige devient trop courte, on ne pourrait pas lui
superposer une tige de 4 à 5 mètres comme dans le cas
du battage à la chaîne ou à la corde.

Quand la profondeur du sondage à la main devient assez
grande, il est avantageux de remplacer le nettoyage à la
cuiller vissée sur les tiges par un nettoyage à la cuiller suspendue à l'extrémité d'un câble d'acier. On économise ainsi
le temps perdu pour l'assemblage des tiges à la descente
d'abord, à la remontée ensuite. La cuiller est fixée une fois
pour toutes au câble d'acier, et on la descend dans le trou
de sonde, dès qu'il en est besoin.

Enfin, à de grandes profondeurs, le sondage à la main peut
être opéré à chute libre avec une coulisse. Le coup donné
par le trépan est plus franc que lorsque plusieurs mètres de
tiges doivent tomber avec lui, et il y a moins de fouettement des tiges, par conséquent, moins de chances de rupture.
Nous renvoyons pour la description de ces coulisses, qui
sont peu employées d'ailleurs, parce que les sondages à la
main deviennent trop coûteux à grande profondeur, à ce qui
sera dit au chapitre VII pour les sondages au moteur et à tiges
en fer.

Ce qui est, en revanche, assez nécessaire, c'est l'addition
au-dessus du trépan d'une maîtresse-tige qui augmentera la
violence du choc sur le terrain. Cette tige présente une section supérieure à celle des autres tiges. Elle est donc plus
lourde et son effet sera d'autant plus efficace pour la rapidité
de l'avancement du sondage.

Ce qui influe aussi sur la rapidité de l'avancement, c'est
l'habileté avec laquelle le chef sondeur fait tourner l'appareil de sonde. Chaque fois que le trépan donne son coup, le

sondeur fait tourner les tiges d'une fraction de tour variable suivant la nature des terrains. Un manche de manœuvre (*fig.* 37), qu'il tient à deux mains, lui permet de conduire à

Fig. 37. — Manche de manœuvre.

son gré l'appareil de sonde dans le mouvement de rotation qui est nécessaire.

Données économiques sur le sondage à main. — Quand la profondeur d'un sondage à main devient très considérable, le prix des appareils augmente dans de notables proportions.

On peut se rendre compte par les chiffres suivants de cette augmentation. Les chiffres de prix d'achat ont été établis par M. Lippmann, entrepreneur de sondage.

	Francs.
Sonde Palissy pour forages de 2 mètres.........	25
— renforcée pour forages de 3 mètres.	40
Appareil pour forages de 10 mètres (avec pylone en fer et tuyaux)..........................	184
Appareil pour forages de 12 mètres (avec pylone en fer et tuyaux)..........................	565
Appareil pour forages de 25 mètres (non compris les bois du pylone).......................	1.324
Appareil pour forages de 40 mètres (non compris les bois du pylone).......................	2.342
Appareil pour forages de 60 mètres (non compris les bois du pylone).......................	3.817
Appareil pour forages de 80 mètres (non compris les bois du pylone).......................	5.153
Appareil pour forages de 100 mètres (non compris les bois du pylone).......................	7.872

Comme main-d'œuvre, ou peut compter que jusqu'à 20 mètres de profondeur on aura 3 hommes par poste, puis 4 hommes jusqu'à 50 mètres et 5 hommes jusqu'à 100 mètres.

Si le chef sondeur ne manœuvre pas lui-même la tige, un ouvrier plus intelligent que les autres devra le faire et cet ouvrier sera payé plus cher que ses camarades.

Comme le sondage à la main ne compte pas pour son prix de revient d'autres facteurs que le prix d'achat et la main d'œuvre, il peut être moins coûteux que d'autres. En revanche, il est assez lent. Il ne s'appliquera, bien entendu, que lorsqu'il est impossible de créer une force motrice. Il présente l'avantage d'être aisément transportable, car il offre le minimum d'outils nécessaires. En une demi-journée un appareil peut être démonté et remonté, prêt à fonctionner à une faible distance. C'est un avantage que nous retrouvons pour le sondage au diamant [1].

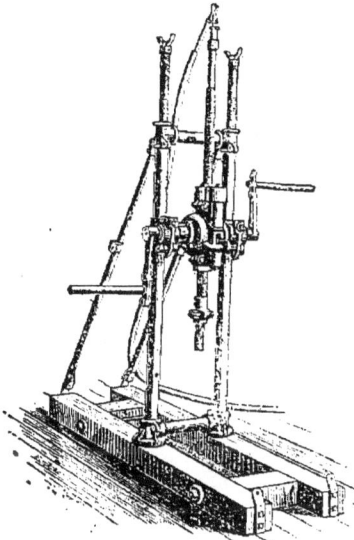

Fig. 38. — Appareil de sondage à main avec diamants.

Sondage à main avec diamants. — Le sondage à main avec diamants a surtout l'avantage d'être très rapide.

L'appareil que représente notre figure 38, type Bravo de la Cie Bullock, peut être actionné à l'aide de manivelles que manœuvrent deux hommes seulement. Il est essentiellement transportable, puisqu'il ne pèse pas plus de 175 kilogrammes. On peut d'ailleurs le démonter de manière à le porter à dos d'homme dans les régions très accidentées ou à dos de mulet dans les pays où n'existe aucun autre mode de transport.

Et pourtant cette machine descendra jusqu'à 100 mètres

1. Voir, pour la description spéciale de ce genre de sondage, le chapitre ix.

de profondeur un trou de sonde mesurant 39 millimètres de diamètre ou à 60 mètres un trou de 50 millimètres ; ce sont des sections avantageuses et bien suffisantes, pour des recherches rapides à faible profondeur.

Fig. 30. — Appareil de sondage au diamant avec la pompe d'injection d'eau.

Un autre type de machine représenté par notre figure 39 de la Sullivan Machinery Company est aussi des plus pratiques et peut trouver son emploi pour la recherche à faible profondeur des amas de minerai, recherche que nous indiquions comme une des bonnes applications du sondage dans notre chapitre iv.

La couronne de diamants a 38 millimètres de diamètre et l'on extrait une carotte de 23 millimètres. Une pompe à main envoie l'eau dans le trou de sonde, tandis que deux hommes tournent à la manivelle. On peut descendre ainsi, comme précédemment et comme dans la plupart des sondages à main, à une centaine de mètres de profondeur. Le poids de l'appareil seul est de 86 kilog. 100 et n'excède pas 300 kilogrammes avec tout l'équipement.

Cette même sondeuse sera combinée avec un manège à chevaux, ce qui économise la main-d'œuvre et permet un avancement plus rapide.

Quel qu'il soit, le sondage à la main, qui n'emprunte ainsi l'aide d'aucun moteur mécanique, est avantageux et trouve son application dans les pays neufs où n'existe aucune chute d'eau et où les gisements d'un combustible quel-conque ne sont pas encore exploités.

CHAPITRE VI

SONDAGES SIMPLES AVEC MOTEUR

Sondage à la corde. — Conduite du sondage à la corde. — Tubage. — Incertitude des résultats du sondage à la corde. — Sondage à la corde transportable. — Sondage avec tiges en bois, dit canadien. — Conduite du sondage canadien.

Après avoir parlé des sondages à la main, nous décrirons deux autres méthodes de sondage avantageuses à employer aussi dans les pays neufs. L'une d'elles est le sondage à la corde, l'autre le sondage avec tiges en bois, dit canadien.

SONDAGE A LA CORDE

Le sondage à la corde est appelé aussi sondage chinois. Aujourd'hui il est surtout en faveur chez les Américains où il a principalement pour but de rechercher le pétrole ou le gaz naturel ou l'eau.

Les Chinois ont été les premiers à employer ce mode de sondage. Ils le pratiquent encore aujourd'hui, dans la province du Se-tchouen, pour l'exploitation du sel et du pétrole.

L'attirail de sonde est des plus rudimentaires. Il se compose de quelques bambous attachés à l'extrémité d'un câble. Le trépan est constitué par deux pièces mobiles de façon à réaliser une coulisse. La cuiller présente des séries de

cannelures de manière à retenir les boues. On la munit
d'une soupape pour ne pas laisser échapper les boues.

Avec des organes d'une telle simplicité, on peut s'étonner
que les Chinois traversent des épaisseurs de terrain considérables sans avoir de trop nombreux accidents. Les Américains n'ont pas compliqué beaucoup plus les organes.

Chez eux l'appareil de sonde se compose de cinq pièces
dont la longueur atteint 16 à 18 mètres et dont le poids
n'excède pas 900 à 950 kilogrammes. Cette longueur est
constante, quelle que soit la profondeur que doive atteindre le sondage.

La première des cinq pièces est le trépan. Ce trépan est
assez allongé, afin d'avoir un poids
plus considérable. C'est un avantage
au point de vue de l'usure, car la durée
de l'outil sera plus grande. Pour des
trous de 20 centimètres de diamètre la
longueur varie entre 1 mètre et 2^m,50.
Les joues sont très fortes (*fig.* 40).
Elles sont parfois recourbées de manière à pouvoir mieux aléser le trou de
sonde (*fig.* 41.)

Au-dessus du trépan se visse la maîtresse-tige qui, pour un trou de 20 centimètres de diamètre, aura 87 à 137
millimètres de diamètre, 9^m,60 à 10^m,00
de longueur et pèsera 475 kilogrammes
à 1.000 kilogrammes. Il est toujours
préférable de donner à cette maîtresse-
tige le maximum de poids possible;

FIG. 40.
Trépan de
sondage à la
corde.

FIG. 41.
Alésoir pour
sondage à la
corde.

on augmente d'autant la rapidité avec laquelle pourra s'effectuer le sondage.

La coulisse surmonte la maîtresse-tige. Cette coulisse se
compose de deux parties mobiles, mâle et femelle, qui se
meuvent l'une par rapport à l'autre. Elle doit être assez

robuste, car elle n'a pas pour but, comme dans les autres sondages, d'assurer la chute libre du trépan. Elle tombe avec
tout le système et elle sert à peu près uniquement à détruire le coincement du trépan qui se produit presque toujours. Sa longueur est de 2 mètres, son poids de 200 kilogrammes, et son jeu de 22 millimètres.

Au-dessus de la coulisse se trouve encore une tige de
surcharge. Le diamètre est le même que pour la maîtresse-
tige, mais la longueur est moindre : 3 à 4 mètres seulement. Le poids est de 400 kilogrammes. On augmentera
d'autant l'effort de traction, grâce auquel le trépan pourra
être décoincé.

La dernière pièce de l'attirail de sonde est un raccord
avec le câble. Il y en a de divers types. L'un des
modèles ressemble assez aux *pattes* que l'on emploie
pour les câbles d'extraction ou, plutôt, pour les
câbles de treuils dans les descenderies (*fig.* 42).
On retourne le câble et on le maintient
par deux ou trois goujons. On peut aussi
constituer de deux parties la gaine qui
retient le câble. On augmente l'épaisseur
du câble en dénouant les derniers torons,
et l'on visse la partie supérieure de la
gaine qui retient la surépaisseur (*fig.* 43).

Le câble est rond en général et fait
d'aloès. Le procédé anglais de Mather et
Platt emploie un câble plat, mais les
applications de ce procédé sont loin d'être
aussi étendues que celles du procédé amé-
ricain. Le diamètre du câble rond est de 47 millimètres. Son
poids est de 13^{kg},5 par mètre et sa valeur 1 fr. 50 par kilogramme. Il faut escompter un allongement de 10 0/0. On
aurait moins d'allongement avec les câbles métalliques, mais
leur usure est plus forte, et les chances de rupture plus
grandes. Malgré le prix, on préfère employer l'aloès, et, pour

Fig. 42.
1er Mode
d'attache
du câble.

Fig. 43.
2e Mode
d'attache
du câble.

des sondes lourdes en terrain dur, on adopte des diamètres
allant jusqu'à 56 millimètres.

Conduite du sondage à la corde. — La conduite d'un sondage à la corde est assez facile.

En connexion avec le balancier de battage
se trouve une vis qui descend à mesure que
le trépan pénètre dans le terrain (*fig.* 44). La
disposition de cette vis est telle qu'elle peut
remonter automatiquement, quand elle est par-
venue à la fin de sa course. Cela permet d'effectuer le battage sans discontinuité dans les
terrains tendres, où point n'est besoin de changer de trépan, car le câble descend automatiquement de la course qu'a parcourue la vis,
c'est-à-dire de $1^m,25$.

La rotation de l'outil s'effectue comme dans
les autres sondages à l'aide du manche de manœuvre.

Le fonctionnement est tel que le câble, constamment tendu, a la rigidité d'un
système de tiges. A la descente il est
tendu par le poids de l'attirail de sonde.
A la remontée il est tendu encore, du fait
qu'il est nécessaire d'opérer le décoin-
cement de l'attirail de sonde.

Le nettoyage du trou de sonde se fait
avec des cuillers. Parmi ces cuillers les
unes servent à épuiser l'eau. Ce sont
des cylindres fermés par un clapet hémisphérique. Le clapet est muni d'une queue qui le soulève,
quand il touche le fond du trou de sonde. Les cuillers qui
servent à remonter les déblais sont analogues aux précédentes, mais plus courtes. Le clapet est à piston, de manière
à tenir mieux les boues. Il est quelquefois solidaire avec une

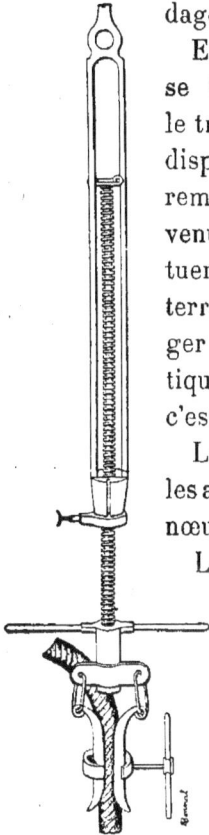

Fig. 44. — Tête de sonde
à vis du sondage à la
corde.

coulisse, ce qui aura l'avantage de pouvoir décoincer la cuiller de la même manière qu'on décoince le trépan.

Un pylone surmonte le sondage. Ce pylone est élevé de manière à permettre de remonter l'appareil de sonde d'une seule pièce sans le dévisser. La hauteur varie entre 20 et 24 mètres. La construction en est la plus simple possible. On évite d'employer comme entretoises des pièces de charpente trop lourdes. En haut du pylone sont deux poulies, l'une pour le câble de battage et l'autre pour le câble de curage.

Le câble de curage s'enroule sur un treuil de manœuvre actionné par une courroie qui vient du moteur. Un frein des plus simple, composé d'une pièce de bois, empêche une accélération trop forte du mouvement de descente.

Quant au moteur, c'est une machine quelconque, de 15 chevaux de force en général. Cette machine fait tourner à l'aide d'une courroie une poulie calée sur un arbre et l'arbre transmet à son tour le mouvement par bielle et manivelle au balancier de battage. La poulie motrice est souvent en bois. Il en est de même de la plupart des organes mécaniques.

Le personnel nécessaire à la conduite d'un sondage à la corde est réduit au minimum. Le chef sondeur fera tourner le trépan au fond du trou. En même temps, de sa place, il ouvre ou ferme le régulateur de la machine, et il actionne le changement de marche. Un forgeron lui est adjoint, qui s'occupe de préparer les outils nécessaires. En somme, pour deux postes et par journée de vingt-quatre heures, quatre hommes seulement sont nécessaires.

Tubage. — Le sondage à la corde doit presque toujours être tubé, car il s'applique en général à des recherches de pétrole.

Le premier tubage est celui qui commence à la surface et qui a surtout pour but d'assurer la verticalité du sondage. Il se compose de tubes-guides qu'on enfonce dans le terrain d'alluvion jusqu'à la roche solide. Ces tubes auront, par exemple, 20 centimètres de diamètre intérieur. Ils sont longs de 3 mètres et sont assemblés à vis. L'enfoncement de ces tubes se fait à coups de mouton, de manière à les forcer dans le terrain. Un mouton est substitué au trépan à l'extrémité du câble, et le balancier frappe sur le mouton. A l'extrémité du dernier tube se trouve une partie coupante aciérée qui pénètre aisément dans le terrain.

Les autres colonnes de tubes sont descendues et placées comme il sera dit au chapitre x.

Incertitude des résultats du sondage à la corde. — Nous avons dit au chapitre iv quelle incertitude planait sur les résultats des sondages en général. Pour le sondage à la corde l'incertitude est plus grande encore peut-être que pour tous les autres. Il est assez difficile en effet de savoir exactement la profondeur du trou de sonde en raison de l'allongement du câble. On fera, il est vrai, des marques sur le câble comme sur un câble d'extraction; mais, outre que ces marques s'effacent rapidement, elles risquent d'être bientôt inexactes, étant donné l'allongement du câble avec l'augmentation de la profondeur.

Le moyen le plus précis consiste à descendre dans le trou un plomb que l'on place à l'extrémité d'un fil de cuivre gradué et enroulé sur un treuil. On notera le plus exactement que l'on pourra le moment où le plomb aura atteint le fond du trou de sonde, et de la cote trouvée on déduira la profondeur.

Sondage transportable. — Le sondage à la corde est en somme assez simple comme mécanisme. Aussi peut-on réunir sur un même chassis tous les engins extérieurs, pylone compris. Le châssis est monté sur roues et peut devenir transportable. C'est ce que réalisent les Américains. Partout où

pourra venir une locomobile le sondage à la corde se trans-
portera aussi aisément et aussi rapidement qu'un sondage à
la main.

Le sondage à la corde a l'avantage d'être très rapide, beaucoup plus rapide que le sondage à main. La conduite et
l'installation en sont aussi simples. Mais, étant donnée
l'incertitude de ses résultats, il ne s'applique qu'à des
recherches bien déterminées, et non à l'étude géologique
d'une succession de couches sédimentaires.

SONDAGE AVEC TIGES EN BOIS DIT CANADIEN

Nous décrirons assez rapidement cette méthode de sondage, parce qu'elle présente de grandes analogies avec
celle dont nous parlerons au chapitre suivant, le sondage
mécanique avec tiges en fer.

De même que le sondage à la corde, elle s'applique
heureusement dans des pays neufs loin de tout centre industriel. Son principe est d'employer des tiges en bois souvent
à peine dégrossies. Le bois se trouve dans un grand nombre
de pays, de sorte que l'installation et les réparations de
l'appareil de sonde seront toujours faciles.

De même aussi que le sondage à la corde, le sondage canadien s'emploie pour la reconnaissance des sources souterraines de pétrole. En Galicie et en Roumanie, ce sont
uniquement des sondes canadiennes qui sont adoptées pour
les recherches de cette substance.

De tous les sondages, le système canadien est peut-être
celui qui coûte le meilleur marché. La raison est qu'il
emprunte le bois comme matière première. Il est pratiqué
aussi dans des pays où la main-d'œuvre n'est pas très chère.
En revanche il ne peut pas descendre toujours à une très
grande profondeur

Les trépans que l'on suspend à l'extrémité des tiges sont

en général de simples couteaux. Ils n'ont pas d'oreilles, si bien que dans les terrains durs il faudra avoir recours à des alésoirs pour forer un trou exactement rond.

Sur le trépan sera assemblée la maîtresse-tige dont la longueur varie de 6 à 9 mètres et le poids de 600 à 750 kilogrammes. La surcharge de cette tige n'est pas aussi efficace qu'avec les tiges en fer, parce que, étant en bois, elle éprouve en présence de l'eau du trou de sonde la diminution de poids apparent bien connue du principe d'Archimède.

La coulisse de battage dont on fait usage est celle de Kind. Cette coulisse (*fig.* 45) se compose de deux parties qui glisseront l'une par rapport à l'autre de manière à assurer la chute libre du trépan indépendamment du mouvement du reste de l'appareil de sonde. La partie qui se visse sur la maîtresse-tige porte deux platines terminées par un mentonnet qui se déplace dans une glissière. Lors de la descente la coulisse se ferme. A la remontée, le trépan retombe par son poids. On n'évite jamais des chocs assez nombreux qui sont préjudiciables à la conservation des appareils.

Les tiges sont en bois, bois de sapin ou de frêne. A leurs extrémités se trouvent des ferrures qui permettent de les visser les unes sur les autres. Elles ont une section carrée de 50 à 100 millimètres de côté ou une section circulaire de 50 à 80 millimètres de diamètre. Elles présentent 10 à 12 mètres de longueur. On peut aussi les composer de deux pièces de manière à en diminuer la longueur. Quelles que soient la forme et la disposition de ces

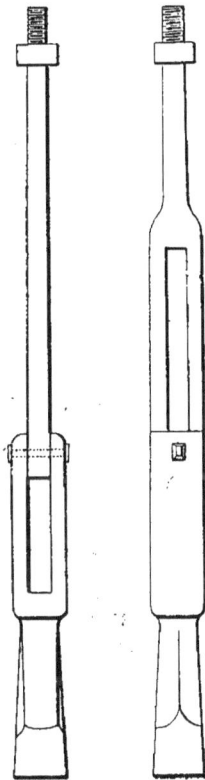

FIG. 45.
Coulisse de Kind.

tiges, elles ne doivent jamais travailler à plus de $0^{kg},7$ par millimètre carré.

Conduite du sondage canadien. — Pour suivre l'allongement de l'appareil, on n'aura pas, comme pour le sondage avec tiges en fer, une tête de sonde à vis et des rallonges de 0^m, 50, 1 mètre et 2 mètres, qu'on visse les unes après les autres. On emploie une chaîne.

La chaîne (*fig.* 46) passe sur un tambour à la tête du

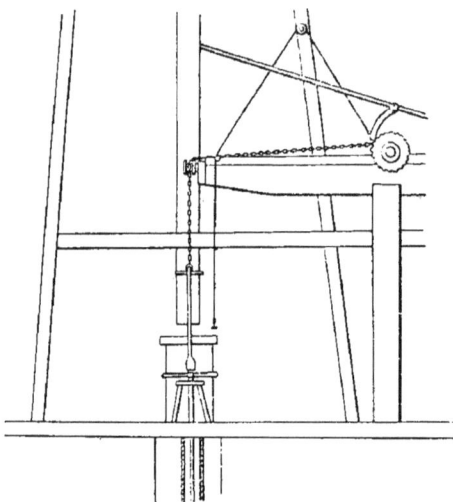

Fig. 46. — Chaîne du sondage canadien destinée à suivre l'avancement.

balancier et vient s'amarrer sur un autre tambour placé suivant l'axe de ce balancier. Elle a tendance à descendre par son poids et par celui de la tige. Mais elle est retenue sur le tambour d'arrière par un rochet et un cliquet qui empêchent le tambour de tourner. Pour descendre d'une quantité voulue l'appareil de sonde, le chef sondeur n'a qu'à agir sur un cordon de tirage qui relève le cliquet. Il allonge chaque fois la chaîne d'un maillon.

Le battage s'opère en levant le trépan de 0^m, 20 à 0^m, 30.

On donne 40 à 50 coups à la minute. Sitôt qu'on est descendu de 0ᵐ, 50, on a pour habitude de curer le trou de sonde. Le nettoyage s'opère avec une cuiller à soupape de 6 à 11 mètres de longueur. Cette cuiller se visse à l'extrémité des tiges. Il n'y a pas de câble de curage, et le même treuil sert à remonter soit le trépan, soit la cuiller suspendus à l'extrémité de l'appareil de sonde.

Le treuil de manœuvre reçoit son mouvement de la machine motrice par l'intermédiaire d'une courroie sur laquelle agit un galet tendeur que le chef sondeur pousse au moyen d'un levier. Le battage est commandé par courroie également; une bielle communique le mouvement au balancier.

Tous ces organes, qui sont en bois, sont réunis dans le plus petit espace, de telle façon que le chef sondeur aura à sa portée les leviers de manœuvre du treuil et ceux de la mise en marche ou d'arrêt de la machine motrice. On économise ainsi les dépenses de main-d'œuvre.

Le personnel se compose, en général, de cinq hommes : un chef sondeur, un charpentier, un forgeron et deux manœuvres. Avec des hommes exercés la marche du sondage est très rapide. Toutefois, cette marche ne sera rapide que si les terrains sont relativement tendres. Dans des terrains durs on s'exposerait à de fréquentes ruptures des tiges en bois. Il est vrai que le sauvetage d'une tige en bois est plus aisé que celui d'une tige en fer.

CHAPITRE VII

SONDAGE MÉCANIQUE AVEC TIGES EN FER

Outils d'attaque du terrain. — Appareil de sonde. — Appareil à chute libre. — Conduite du sondage. — Opération de la manœuvre. — Echantillons de terrains. — Personnel.

Les sondages mécaniques avec tiges en fer sont ceux qui sont en général pratiqués par les entrepreneurs français de forage et qu'ils ont eu pour but de toujours perfectionner.

Outils d'attaque du terrain. — Les outils d'attaque du terrain sont à plus grand diamètre que ceux décrits pour les sondages à main, mais en diffèrent peu comme nature.

En général, on ne fait pas usage de la tarière, comme dans les sondages à main, pour traverser les premiers mètres de terrain. On fait un avant-puits de 6 à 10 mètres, dont la longueur permettra d'opérer de suite l'assemblage de la maîtresse-tige et de la coulisse avec le trépan. Dans le puits on place un tube-guide pour mieux maintenir la verticalité ; puis, on attaque directement le sol avec le trépan, que ce soit de l'argile tendre ou des rocs durs. Si même, pour des raisons spéciales, pour des questions d'épuisement d'eau, on ne pouvait pas creuser un puits, il vaudrait mieux opérer de suite par battage au trépan et non par rodage à la tarière. Le battage serait fait à la main pendant quelques mètres, avant qu'on ne puisse placer l'outil à chute libre.

Le trépan employé est un trépan à joues. Les joues seront

les mieux profilées et les plus solides possible pour réaliser par leur rotation un trou parfaitement rond. Il est de toute nécessité, en effet, d'avoir un trou rond, afin d'éviter le coincement de l'outil, ce qui est une cause d'accident et ce qui occasionne des retards préjudiciables à la rapidité d'avancement du sondage.

Le trépan dit à oreilles sert plutôt dans le cas de grands diamètres. A quelque distance au-dessus de la lame coupante se trouvent des *ergots* (*fig.* 47) qui viennent s'appuyer sur les bords du trou et qui tendent à maintenir l'outil dans l'axe du forage. On peut éviter ainsi les déviations dans des terrains fissurés où le trépan aurait tendance à glisser suivant une ligne de plus faible résistance ou de fracture.

Le diamètre initial des trépans, et par suite du trou de sonde, dépend absolument de la nécessité où l'on sera de tuber ou de ne pas tuber. Pour un sondage de 300 mètres on peut débuter avec $0^m,25$ de diamètre. Pour 1.000 mètres on commencera avec $0^m,80$ et même 1 mètre. En général on peut adopter un diamètre maximum de $0^m,60$ à $0^m,65$. Il est d'ailleurs avantageux de prendre au début le diamètre le plus grand possible afin de parer à l'éventualité de certains accidents qui forcent quelquefois, même lorsqu'on n'a pas tubé, à diminuer la section des trépans pour pouvoir continuer le forage. L'exagération du diamètre ralentira la vitesse de marche; en revanche on sera plus certain de pousser le sondage jusqu'à la profondeur voulue.

FIG. 47.
Trépan
à oreilles.

Les mesures à observer pour la préparation des trépans, pour leur changement en temps opportun sont les mêmes que celles qui ont été indiquées au chapitre des *Sondages à main*. La trempe sera bien soignée, le profil exactement vérifié.

Après chaque battage du trépan, battage dont la durée varie avec la nature des roches, on doit descendre la cuiller pour nettoyer le trou. Cette cuiller est à boulet ou à soupape comme pour les sondages à la main. On la descend presque toujours avec un câble en acier afin de réduire le temps des manœuvres qui s'accroît beaucoup avec la profondeur.

Il faut rendre ces cuillers le plus étanches possible, car elles ont toujours tendance à se vider et à perdre une partie de leurs déblais pendant la manœuvre. MM. de Hulster frères, entrepreneurs de sondage, ont imaginé un cylindre à l'intérieur duquel se trouve un piston formant obturateur. Les boues traversent la soupape à boulet ou à clapet, puis montent à la partie supérieure du piston où elles sont emprisonnées et n'ont plus tendance à retomber avec l'eau dans le trou de sonde pendant la remonte de l'outil de curage.

Appareil de sonde. — L'appareil de sonde se compose de tiges en fer, longues de 5 à 6 mètres. Ces tiges s'assemblent toutes à vis. On a renoncé, en effet, à l'assemblage à enfourchement, qui pourtant avait l'avantage de permettre la rotation de l'outil non seulement à gauche, mais aussi à droite. On peut, il est vrai, retrouver cet avantage en employant des manchons vissés qu'on fixe avec des goupilles (fig. 48). Mais le plus souvent la goupille n'existe que sur l'une des tiges et non point sur les deux. La fixation de deux goupilles serait une perte de temps dans l'assemblage des tiges, perte de temps faiblement compensée par l'avantage dû au mouvement de rotation. Même sur une seule tige il est long de mettre cette goupille, puisqu'il faut placer en regard les trous du manchon et de la tige. En outre ce mode d'attache a un désavantage dans le cas des très grands diamètres. Par les chocs de réaction que supporte le trépan, les filets de vis s'usent, se cassent

même, et les tiges ne tiennent plus dans le manchon que
par la goupille. Il suffit que cette goupille casse pour que
le trépan tombe et reste au fond du trou de sonde. Le mieux

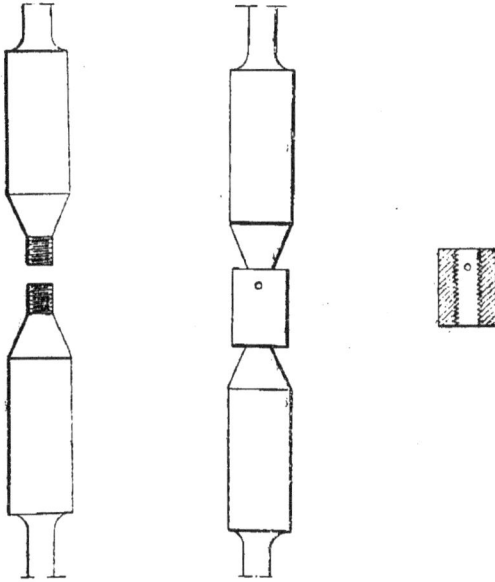

Fig. 48. — Assemblage des tiges de sonde avec manchon goupillé.

est d'employer les tiges à douille analogues à celles décrites
au chapitre des *Sondages à main*.

Fig. 49.
Guide de tiges
de sondage.

Quand la longueur des tiges devient assez
considérable, afin d'éviter leur fouettement, on
interpose de place en place des guides (*fig.* 49)
qui, venant frotter contre les parois du trou,
maintiennent le système bien vertical.

Les tiges sont du plus faible diamètre possible
afin de ne pas augmenter le poids de l'appareil
de sonde. On les choisit à la limite de résistance.
On emploie même selon les cas et suivant les
efforts à développer deux diamètres différents. Une seule
de ces tiges doit être très lourde, c'est la maîtresse-tige.

Elle donne une surcharge au trépan et augmente par suite l'effort de l'outil au fond du trou de sonde. Son poids est souvent six à sept fois supérieur à celui du trépan.

Appareil à chute libre. — Au-dessus de la maîtresse-tige se place la coulisse, ou joint à chute libre, qui sert de trait d'union entre le trépan et le reste de l'appareil de sonde. Grâce à cet outil la liaison est plus élastique, le trépan ne tombe que par son propre poids, sans qu'il ait tendance à voiler le reste des tiges. Ces tiges en même temps perdent leur force vive grâce à l'effort de frottement que l'eau exerce en sens inverse de leur mouvement de chute.

Les coulisses sont de divers systèmes.

Le système le plus ancien est celui d'Œynhausen (*fig.* 50). C'est une glissière où tombe librement un double mentonnet placé à la tête du trépan. Le mentonnet, et, par suite, le trépan, commencent par tomber, puis la coulisse continue à descendre. Un ressort disposé sur le balancier de battage empêche le choc du mentonnet et de la partie supérieure de la coulisse. Toutefois ce choc, écueil de beaucoup d'outils à chute libre, n'est pas toujours évité.

La coulisse de Kind présente les mêmes inconvénients.

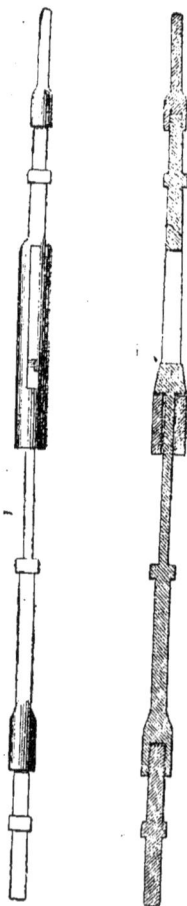

FIG. 50. — Coulisse d'Œynhausen.

FIG. 51. outil à baïonnette.

Nous l'avons déjà décrite au chapitre où il était question du *Sondage canadien.*

A ces coulisses primitives on substitue aujour-d'hui l'*outil à baïonnette.* Cet outil se compose d'un corps cylindrique creux, muni de deux rainures pla-cées suivant son axe. Les deux rainures se terminent à leurs extrémités par des crans disposés en sens in-verse. Dans les rainures glisse la tige du trépan qui porte une clavette à sa partie supérieure. Un léger mouvement à droite puis à gauche permet au chef sondeur de déclencher ou de raccrocher la tête l'outil en laissant tomber cette tête dans la rai nure ou en la saisissant dans le creux de la rai-nure.

A ces systèmes de glissière, qui ont tous pour inconvénient d'établir une trop grande solidarité entre le trépan et le système des tiges et par suite de ne pas éviter l'écueil de chocs nombreux, on peut opposer un autre système dit *à réaction,* qui fonctionne à l'aide d'un butoir placé à la surface. Nous décri-rons trois appareils de ce système, l'un employé par M. Arrault, l'autre par MM. de Hulster frères, le dernier par M. Lippmann.

Le joint à chute libre système Arrault est représenté par la figure 53. La tête du trépan est maintenue par un cran. Ce cran est mobile autour d'un axe. Dans le mouvement ascensionnel des tiges, après le choc, le cran, par la force d'inertie, a tendance à continuer son mouvement ascensionnel et tourne au-tour de son axe. Le trépan est décroché et tombe brusquement. Lors de la descente des tiges, le

Fig. 52. — Tige à clavette de l'outil à baïonnette.

Fig. 53. Joint à chute libre Arrault.

cran qui a repris sa position fait prise de nouveau et remonte
la tête de l'outil.

Dans le joint à chute libre système de Hulster, une disposition
analogue est placée sur la maîtresse-tige. Une cale mobile autour
d'un axe tient la tête du trépan.
Cette cale est solidaire d'une palette. Au moment du
choc la cale a tendance
à devenir verticale par
l'effet de l'inertie. Cette
tendance est augmen-
tée par le fait que
la réaction de l'eau
relève la palette,
quand commence le
mouvement de des-
cente. Le trépan
tombe. A l'extrémité
de la course descen-
dante la cale revenue
à sa première position
reprend la tête du
trépan et la sou-
lève à nouveau.

La coulisse à
choc système
Lippmann (fig. 55)
diffère un peu des
précédentes. La
tête D de la maî-
tresse-tige se dé-

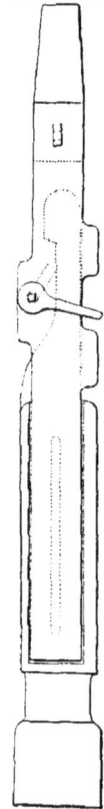

Fig. 54.
Joint à
chute libre
système de
Hulster.

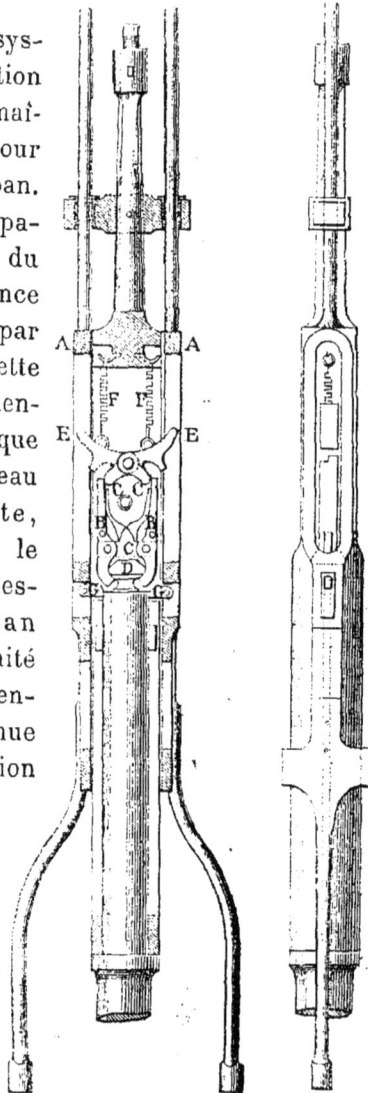

Fig. 55. — Joint à chute libre
système Lippmann.

place comme toujours dans une glissière. Elle est retenue
à la descente par une mâchoire formée de deux taquets ver-

ticaux B dont la position est réglée par deux ressorts C. Ces
ressorts viennent à céder, sitôt que les secteurs E frappent
contre les arrêts A, quand la sonde est remontée. Le trépan
tombe alors de tout son poids sur le fond du trou de sonde.
Quand l'appareil redescend, tout se remet en place par
'élasticité des ressorts F.

D'autres coulisses basées sur la réaction de l'eau ou sur
l'emploi d'un poids mort ont également été imaginées, mais
elles ne sont pas toujours d'un fonctionnement aisé, ni très
sensible. Il est inutile d'en faire mention pour des sondages
de recherches de mines.

Conduite du sondage. — L'appareil de sonde ainsi constitué est remonté à la surface par fragments qu'on dévisse.
Pour réduire au minimum le temps des manœuvres, on a
tout avantage à établir un pylone de la plus grande hauteur
possible, où l'on puisse démonter plusieurs tiges à la fois,
deux ou trois par exemple. Une hauteur de 20 à 25 mètres
est de tout point recommandable. Il y aura d'autant plus
avantage à ce que le pylone soit élevé que le sondage devra
être plus profond, car il faut remonter un nombre d'autant
plus grand de tiges. Le pylone sera d'autant plus résistant
aussi, que le poids de la sonde augmente avec la profondeur
dans des proportions très notables.

Le battage est fait au balancier. Le balancier est actionné
soit par une courroie venant d'une machine à vapeur, soit
par un moteur spécial.

Le premier système ressemble assez à celui qui a été décrit pour le sondage américain à la corde ou pour le sondage canadien avec tiges en bois. On a une série d'engrenages
que la courroie, venant d'une locomobile, met en mouvement.
La courroie a l'inconvénient de s'allonger. En revanche,
elle aura tendance à tomber, dès que l'effort à développer
sera trop considérable. On peut éviter de la sorte un grand
nombre d'accidents, notamment un coincement du trépan.

L'autre système consiste à atteler sous le balancier une

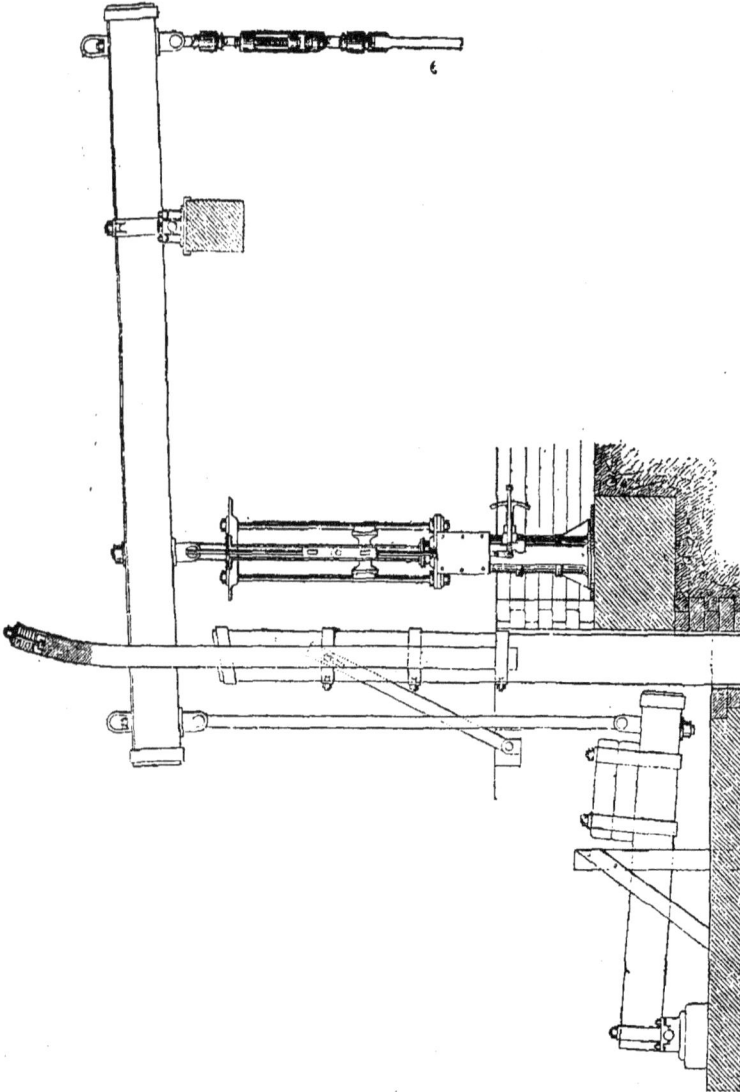

Fig. 56. — Balancier avec pédale mû par une machine pilon.

machine à vapeur du genre marteau-pilon (*fig.* 56). Cette
machine peut être à action directe ou à balancier, suivant le

sens où y est admise la vapeur. La machine à action directe est préférable. La distribution se fait à l'aide de taquets dont on fera varier la position pour régler exactement la hauteur de chute que l'on veut obtenir pour le trépan.

Il est nécessaire en effet de changer la course du balancier suivant la nature des terrains qu'on doit traverser.

En terrains ordinaires la hauteur de chute est de 0^m,50. Elle est réduite à 0^m,30 et même à 0^m,22 dans les terrains très durs. Le nombre des coups augmente, bien entendu, quand la course du balancier est réduite et la désagrégation d'un terrain résistant devient d'autant plus facile qu'on donne un plus grand nombre de coups à la minute.

Pour réduire l'amplitude de la course on peut faire usage d'un changement de vitesse par engrenage dans le cas où la commande se fait par courroie. On peut aussi opérer un déplacement sur le plateau-manivelle de la bielle de commande du balancier. Si c'est un moteur qui est installé sous le balancier, on fera varier l'écartement des taquets qui commandent la distribution.

Quand la profondeur augmente, le poids des tiges devient de plus en plus considérable. On l'équilibre à l'aide d'un contrepoids dit *pédale* (*fig.* 56), dont on peut progressivement augmenter l'effet. Ce contrepoids a l'avantage, en outre, d'amortir la force vive des tiges au moment où, à la fin de la course, l'outil à chute libre va accrocher le trépan. Enfin, de même que l'outil à chute libre, il aura tendance à empêcher les tiges de se voiler par une descente trop brusque. En revanche, il ralentit souvent le mouvement et agit en sens contraire de ce mouvement. La pédale sera réunie au balancier par une chaîne ou par une bielle et oscillera comme celui-ci autour d'un axe.

Quand on fait usage d'outils à chute libre par réaction, il faut munir le balancier d'un heurtoir. C'est sur ce heurtoir que viendra buter la queue du balancier. Le choc déclenche l'outil à chute libre.

Le balancier porte la tête de sonde, tête de sonde à vis
(*fig.* 57), qui permet de descendre successivement l'appareil
de sonde d'une hauteur de 0ᵐ,50, après quoi on place les
rallonges ou courtes tiges dont nous avons
déjà parlé au chapitre des *Sondages à
main.* Sur les indications du chef sondeur
qui tient le manche de manœuvre, un
aide fait tourner progressivement la vis
de la tête de sonde.

Opération de la manœuvre. — Mais,
avant de placer ces rallonges, il faut le
plus souvent nettoyer le trou de sonde.
On procède alors à ce qu'on appelle la
manœuvre.

On commence par écarter le balancier
et à le mettre en dehors de l'axe du trou
de sonde. Les dispositions adoptées par
les divers constructeurs sont assez variables. Elles doivent surtout nécessiter le
moins de temps possible. Quelquefois le
balancier est seulement soulevé.

Fig. 57. — Tête de
sonde à vis.

La manœuvre est faite par un treuil.
Sur le tambour de ce treuil s'enroule une chaîne ou un câble
plat. Le treuil est muni d'un moteur comme un treuil d'extraction ou bien commandé par une courroie venant de la
machine motrice. Quelquefois on emploie deux treuils, l'un
pour la manœuvre de la cuiller et de son câble, l'autre pour
la manœuvre des tiges et du trépan. D'autres constructeurs
réunissent sur le même bâti les deux treuils.

La manœuvre s'opère comme il suit. Les tiges sont remontées, soit une par une, soit deux par deux, soit même trois par
trois suivant la hauteur du pylone, suivant aussi leur longueur.
Sitôt qu'elles ont dépassé le plancher de manœuvre, elles
sont saisies sous leur épaulement par la *clef de retenue* qui

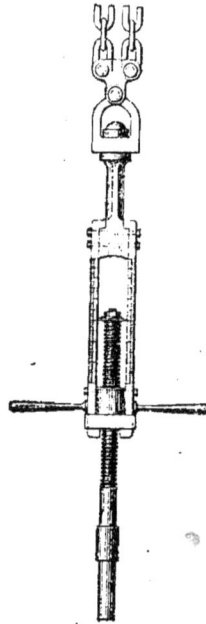

retient suspendu tout l'appareil de sonde. **Les clefs de
retenue** auront deux aspects différents. Elles comporteront
une vis pour saisir les tiges en un point quelconque de leur
longueur comme dans la figure 58, ou bien elles recevront

FIG. 58. — Clef de retenue.

directement l'épaulement des tiges (*fig.* 59). En mollissant un
peu sur la chaîne ou sur le câble qui retient les tiges, on

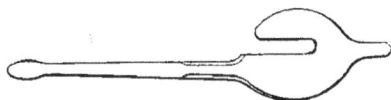

FIG. 59. — Clef de retenue.

peut dévisser les tiges avec le *tourne-à-gauche* (*fig.* 60).
Les tiges dévissées sont soulevées légèrement par le treuil

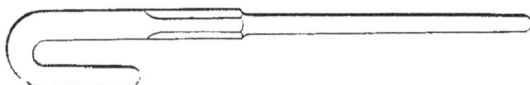

FIG. 60. — Tourne-à-gauche.

et amenées sur l'un des côtés du pylône, tandis qu'un
ouvrier, à la partie supérieure de ce pylône, décroche le
pied *de bœuf* ou agrafe de relevée qui soulevait les tiges.
Ce pied de bœuf (*fig.* 61) revient ensuite, par un mouvement de changement de marche du treuil, saisir au-dessus
de la clef de retenue d'autres tiges qui sont à soulever et à
dévisser.

L'opération de descente est inverse. On visse, puis on
descend les tiges en maintenant leur extrémité supérieure
au-dessus du plancher à l'aide de la clef de retenue.

L'opération de remonte ou de descente des tiges est assez longue. Elle se complique, en outre, du curage du trou de sonde à la cuiller, cette cuiller descendant avec les tiges ou, ce qui vaut mieux, étant suspendue à un câble en acier. Quand on atteint de grandes profondeurs, la perte de temps est considérable pour toutes ces manœuvres. Il faudra deux heures pour cette opération, quand le sondage atteint 500 mètres et près d'une heure et quart, s'il a 300 mètres. On aurait tout avantage à laisser le trépan le plus longtemps possible au fond du trou, mais comme nous l'avons dit, il s'userait beaucoup trop, et le trépan qui le remplacerait, aurait tendance à rester coincé.

Fig. 61.— Pied de bœuf ou agrafe de relevée.

En général, un sondage de recherche n'a pas besoin d'être tubé, si les terrains traversés sont consistants, à moins qu'il ne s'agisse d'eau ou de pétrole. Nous reporterons tout ce qui concerne le tubage au chapitre x, où nous nous occupons du pétrole et des puits artésiens.

Echantillons de terrains. — La prise des échantillons doit être le plus soignée possible. Il faut aussi classer ces échantillons d'un manière très exacte.

Sous ce rapport, on est tributaire de l'attention que donnera le chef sondeur aux changements de terrain qu'il doit rencontrer. Pour éviter qu'il ne passe à côté de substances intéressantes sans les signaler, on peut lui spécifier de prendre des échantillons tous les mètres. On examine de près ces échantillons, en ayant soin d'enlever les parties de terrain qui sont tombées par éboulement de la partie supérieure du sondage et en ne gardant définitivement que ceux qui indiquent un changement de terrain.

Les échantillons une fois séchés ou agglomérés à l'état de briquettes, quand ils sont plastiques, sont classés systématiquement dans des casiers. Une fiche indique la **profondeur** où ils ont été trouvés et l'épaisseur probable qu'ils avaient dans le trou de sonde. Nous disons épaisseur probable, car l'épaisseur ne devient certaine qu'à la condition de prélever une carotte.

Quand les échantillons ont été bien classés, bien déterminés et comparés entre eux, on dresse la coupe figurative du sondage à une échelle choisie d'avance. Cette coupe donnera l'épaisseur de chaque formation sédimentaire traversée. Un doute planera sur l'inclinaison et la direction des couches, comme nous l'avons dit au chapitre IV. Les coupes de divers sondages seront rapprochées et comparées de manière à tirer, si possible, des conclusions sur la continuité d'un gîte.

Personnel. — Le personnel employé dans les sondages avec tiges en fer se compose, par poste de douze heures, d'un chef sondeur, de deux ou trois aides, d'un chauffeur. L'un des aides servira de frappeur au forgeron qui sur place procède à la réparation des trépans.

Si les terrains sont très durs et nécessitent un changement fréquent des outils, il y aura forgeron de jour et forgeron de nuit. Mais on peut, en général, faire l'économie des salaires du forgeron de nuit.

Le personnel est en somme assez nombreux.

Le sondage mécanique avec tiges en fer est lent d'abord, coûteux ensuite. Dans un tel sondage il faut estimer que l'opération de la manœuvre absorbe 14 pour cent du temps total, le battage 56 pour cent, le curage 19 pour cent et les accidents 11 pour cent.

CHAPITRE VIII

SONDAGE AU TRÉPAN AVEC CIRCULATION D'EAU

Système Fauvelle. — Système Raky. — Fonctionnement du sondage.
— Manœuvre des tiges. — Prise des échantillons. — Rapidité de
l'avancement. — Personnel. — Brevets divers de sondages au trépan avec circulation d'eau.

Pour éviter les pertes de temps dues au curage du trou de
sonde à l'aide de la cuiller, on a imaginé d'injecter de l'eau
pour enlever au fur et à mesure les terrains désagrégés par
le trépan. Cette eau est envoyée sous pression par des
tiges creuses et remonte par la partie extérieure de ces tiges.
Un avantage de ce système est d'avoir au fond du trou de
sonde une surface complètement exempte de boues sur
laquelle l'action du trépan sera d'autant plus efficace.
Quant à la rapidité d'avancement qu'on attribue à ces
genres de sondages, elle est due surtout à ce fait que le
nombre de coups donnés par minute est plus grand. La désagrégation des roches devient par suite plus considérable.
Dès les premières applications du système les profondeurs atteintes étaient peu considérables : 150 mètres au
maximum. On n'osait pas descendre plus loin avec une
masse lourde de tiges rigides qui aurait eu tendance à se
voiler ou à se rompre. On appliqua en Allemagne des appareils creux à chute libre s'adaptant sur l'ensemble des tiges,
mais ces appareils étaient trop délicats. Seul le procédé
Raky est arrivé à atteindre, dans de meilleures conditions,
les grandes profondeurs.

Système Fauvelle. — Le sondage Fauvelle d'origine française fut la première application de l'injection d'eau par tiges creuses. Les appareils de ce système sont régulièrement employés en Allemagne et en Autriche pour traverser des terrains tendres jusqu'à une profondeur de 150 à 200 mètres. Pour continuer le sondage, on fait usage d'une couronne avec diamants.

Quelques-uns de ces appareils se manœuvrent à la main. L'injection d'eau se fait aussi avec une pompe à main. Les dispositions sont de tout point analogues à celles que nous avons décrites pour les sondages à main avec tiges en fer. L'appareil de sonde est mû par un balancier et tombe par son propre poids.

On s'est ingénié en Allemagne à perfectionner le sondage type Fauvelle. Des inventions nombreuses sont dues aux entrepreneurs de sondage Fauck, Przibilla, Winter, Zobel et Köbrich. La plupart d'entre eux ont cherché à interposer la chute libre afin d'éviter le voilement et le fouettement des tiges, qui, étant creuses, pouvaient paraître moins résistantes.

Les divers appareils imaginés sont d'un fonctionnement assez difficile. Dans les uns on emploie des glissières analogues à celles des coulisses que nous avons décrites, mais avec un presse-étoupe. Dans les autres ce sont des bagues ou des cylindres qui entourent l'appareil, qui donnent moins de déperdition d'eau, mais qui ont le désavantage de fonctionner assez irrégulièrement.

Un appareil spécial a été expérimenté au Danemark. Il consiste en une série de tuyaux concentriques armés simplement d'un trépan. Le procédé s'applique principalement dans les terrains meubles. L'eau descend par le tubage de plus petit diamètre et remonte par le tubage de plus grand diamètre.

Système Raky. — Le procédé de sondage le plus original est celui qui est dû à M. Raky, ancien chef sondeur, à

Strasbourg. Lui seul a trouvé le moyen de descendre son appareil de sonde à de grandes profondeurs sans employer un outil à chute libre.

Ce résultat est obtenu par deux dispositifs ingénieux de l'inventeur : le mode de suspension élastique des tiges d'abord, le mode d'attache du balancier ensuite.

Les tiges sont enchâssées dans deux colliers à charnières superposés. Dans ces colliers se trouve une bague de friction en deux pièces qui peut être mise en contact avec les tiges au moyen de manettes à vis visibles sur la figure 62. Entre les deux colliers se trouvent quatre ressorts qui établissent un joint élastique et dont le jeu de 15 millimètres correspond à la quantité dont on laisse descendre chaque fois l'appareil de sonde.

Le balancier est aussi à suspension élastique. Autour de l'axe d'oscillation de ce balancier se trouvent des ressorts qui permettent une légère translation verticale (*fig.* 63). Grâce à cette translation le trépan sera projeté contre le

Fig. 62. — Mode de suspension des tiges sur le balancier de l'appareil Raky.

fond du trou de sonde par un *coup de lancer* analogue à celui que nous avons décrit pour le sondage à la corde

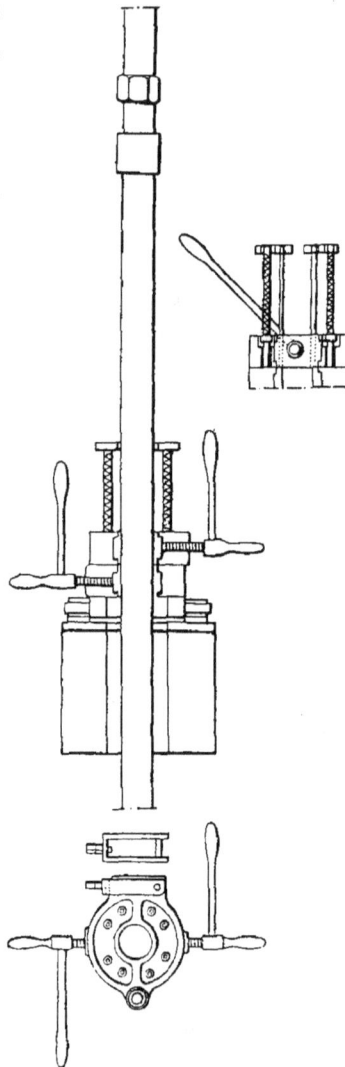

L'élasticité du câble est remplacée par celle des ressorts.

Fonctionnement du sondage. — Le fonctionnement du sondage est le suivant.

Les ouvriers placés sur un plancher de manœuvre à peu

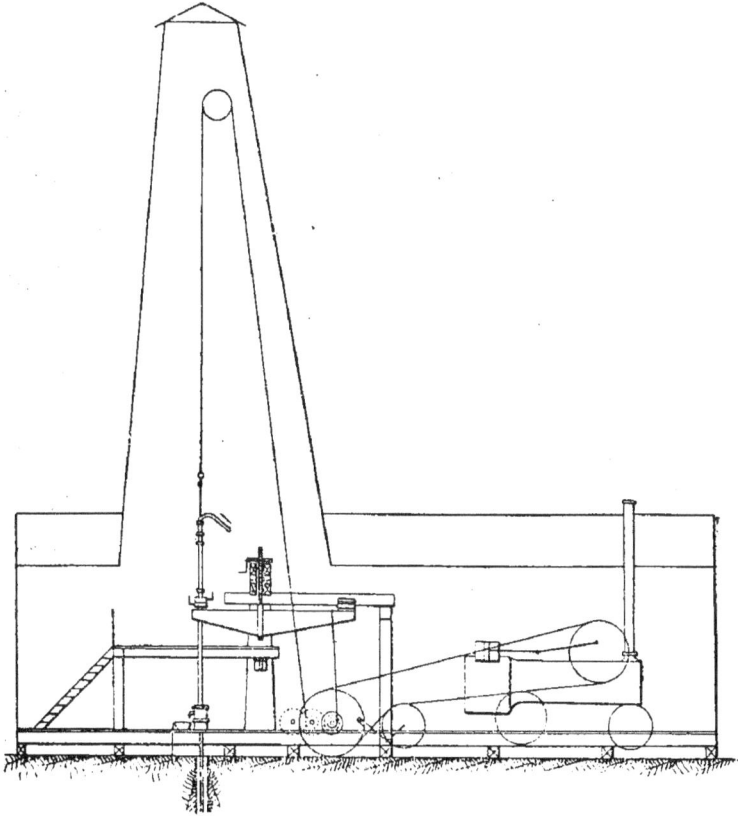

FIG. 63. — Vue d'ensemble d'un appareil Raky.

de hauteur sous la tête du balancier desserrent et resserrent rapidement le toc du collier supérieur des tiges (*fig.* 62). Les ressorts peuvent ainsi relever le collier qui vient s'attacher 15 millimètres plus haut sur les tiges. On opère de même très rapidement avec le collier inférieur. Ce collier abandonnant les tiges vient alors en contact avec le premier par l'effet des ressorts. Il ressaisit immédiatement l'appareil de sonde qui a pu descendre de 15 millimètres. Ainsi s'opère mécaniquement une chute libre analogue à celle d'une coulisse. Le trépan bat 110 et 120 coups à la minute. On voit avec quelle rapidité devront être effectués le serrage et le desserrage.

A cette vitesse considérable tout l'appareil de sonde vient frapper au fond du trou et pourtant il n'y a pas de ruptures. Cela tient à l'élasticité des ressorts, notamment de ceux qui sont interposés sur le balancier.

Sitôt que le trépan a frappé sur la roche, il éprouve un ressaut qui lâche les ressorts. Le balancier a déjà tendance à remonter. La bielle complète ce mouvement en tirant sur l'autre extrémité du balancier. Les ressorts qui aident ainsi au mouvement s'opposent à toute chance de rupture. Cette rupture pourrait se produire si le choc de réaction était trop grand, les tiges étant trop basses, ou bien si l'outil était trop haut, ce qui entraînerait un cisaillement du balancier ou de la bielle. Elle n'a pas lieu, grâce à l'interposition des ressorts. On comprend qu'il faille augmenter la force et la résistance de ces ressorts à mesure que s'accroît la profondeur du sondage. Il faut également avoir une maîtresse-tige assez puissante pour résister au choc de réaction du trépan.

Avec un tel système de tiges lourdes et rigides il est évident qu'on pourra, plus que dans n'importe quel sondage au trépan, exécuter un trou vertical. Les tiges n'ont besoin d'aucun guide. D'ailleurs le trépan ne sera pas dévié par le terrain, car les boues mélangées de cailloux ne le pousseront pas sur le côté, puisque le trou de sonde est constamment propre et exempt de tout débris du battage.

Manœuvre des tiges. — Les tiges sont en fer creux avec emmanchement à vis. Cet emmanchement est parfaitement étanche, bien que l'eau soit envoyée à haute pression, quand le sondage atteint une grande profondeur. Jusqu'à 300 mètres de profondeur la pression sera de 5 kilogrammes, une pompe à vapeur de 10 chevaux envoyant le liquide dans les tiges creuses. Au delà il faut une pression de 7 kilogrammes. Plus on augmente la pression, plus on active la remontée des déblais, ce qui est un avantage.

La manœuvre des tiges s'opère comme pour un sondage ordinaire avec tiges en fer. Le pylône étant fort élevé, 23 mètres en général, on peut dévisser en même temps deux tiges de 8 mètres. Le treuil de manœuvre est robuste et ramassé. C'est un treuil à engrenages mû par une courroie venant de la locomobile.

Un détail qui a son importance et qui diminue beaucoup le temps des manœuvres, c'est la suppression des rallonges nécessaires dans les sondages avec tiges en fer. Etant donné le mode de suspension des tiges au-dessus de la tête du balancier, on peut opérer le battage sur toute la longueur d'une tige, c'est-à-dire sur 8 mètres. C'est donc une économie de perte de temps, si le trépan ne s'est pas usé et n'a pas dû être changé. Quand la douille supérieure de la tige vient en contact avec le collier de suspension, c'est le balancier qu'on peut descendre à l'aide d'une vis sans fin dont la course est de $0^m,50$ environ. Quand la vis est descendue, on enlève les colliers, on visse une nouvelle tige, on remonte le balancier, on fixe les colliers, et on peut reprendre le forage pendant 8 mètres encore. L'opération se fait très rapidement, de sorte que l'opération du battage n'est suspendue que pendant quelques minutes.

Le trépan est un trépan à joues très robustes. Il est percé de deux trous transversaux qui permettent à l'eau de passer et d'enlever à mesure les déblais. Cette eau est envoyée par une pompe à double effet placée à côté de la locomobile et alimentée de vapeur par la chaudière de cette locomobile. Un joint souple en caoutchouc relie la pompe à l'extrémité des tiges. La circulation d'eau n'est interrompue qu'au moment du changement des tiges, afin d'éviter de mouiller les ouvriers. Malgré tout il y a toujours des fuites et les hommes sont fortement aspergés. Ces fuites sont d'autant plus fortes que la pompe refoule l'eau à une plus haute pression.

Prise des échantillons. — L'eau qui remonte chargée de débris passe dans une ou plusieurs boîtes à échantillon munies de toiles métalliques pour faciliter la filtration de l'eau et le dépôt des matières, puis elle se rend dans des bassins de décantation, de sorte qu'après un certain temps de dépôt, l'eau peut servir à nouveau. Ce sera un avantage, car le sondage Raky exige de grandes quantités d'eau qu'on ne trouvera pas toujours à proximité d'un sondage à entreprendre, que ce soit ou non dans un pays neuf.

Il arrive parfois que l'eau remonte exempte de débris minéraux sans donner aucune indication sur les terrains traversés. Cela se produira dans des terrains fissurés, terrains propres à l'installation d'un *boit tout* ou d'un sondage absorbant. On est passé de la sorte à Czeladz à travers une couche de houille de 6 mètres sans en constater la présence. Non seulement l'eau ne contenait aucune trace de charbon, mais elle remontait parfaitement claire. Dans ce cas particulier il aurait fallu procéder à une prise de carotte.

Plus encore que dans les sondages avec tiges en fer il faut soumettre à un examen minutieux les échantillons remontés afin de reconnaître les changements de terrain, car ces échantillons sont toujours mélangés de débris des terrains supérieurs restant en suspension dans l'eau. Si l'on passe par exemple des schistes aux grès, les grès seront longtemps mélangés de schistes, puis les grès prédomineront. On multipliera le plus possible les prises d'essai dans les boîtes d'échantillons, mais on ne connaîtra jamais le point exact du passage d'une couche à l'autre.

On peut, il est vrai, recommander au chef sondeur d'arrêter le sondage, soit quand il passe d'un terrain dur à un ter-

rain tendre, soit dans le cas inverse. Peu à peu tous les
débris en suspension dans le trou de sonde sont remontés et
l'eau est claire à la sortie. On bat alors quelques coups, puis
on laisse déposer les boues. Les échantillons amenés alors
correspondent au terrain traversé par le trépan à la pro-

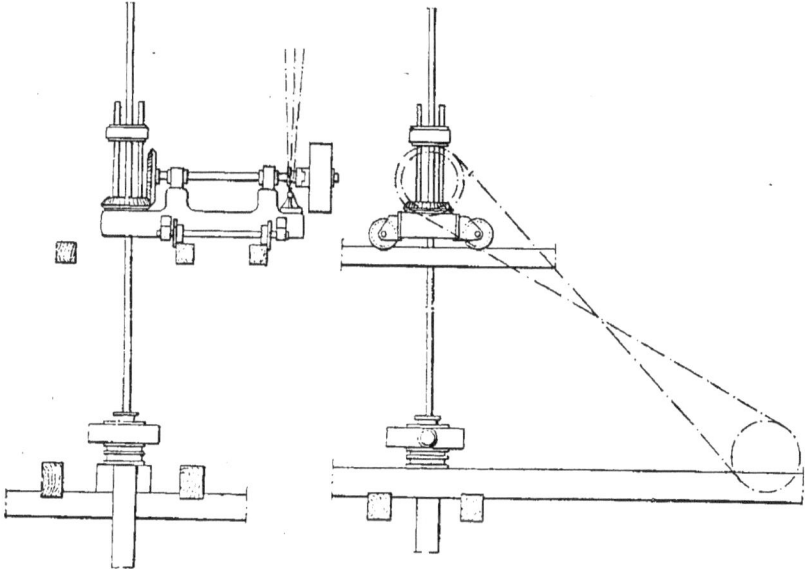

Fig. 64. — Dispositif nécessaire pour le passage au forage
avec diamants dans le sondage Raky.

fondeur atteinte. Mais cette opération nécessite une grande
perte de temps. Pour un trou de sonde de 100 mètres, si le
courant a une vitesse de 30 centimètres, il faut pour la
remonte des déblais cinq à six minutes.

Ceci paralyse la rapidité avec laquelle peut se conduire le
sondage Raky. La perte de temps est plus grande encore et
comparable à celle du nettoyage à la cuiller dans les sondages avec tiges en fer, quand on veut prélever des carottes
sur le terrain.

Il est en effet nécessaire d'opérer la manœuvre suivante.
Sur le balancier est un chariot qu'on avance jusqu'à l'aplomb

de la tête du balancier. Le chariot porte une roue horizontale qui, par l'intermédiaire d'un pignon vertical et d'une courroie, reçoit son mouvement de la machine. La roue fait tourner la tête de l'appareil de sonde et lui transmet le mouvement de rotation nécessaire à la prise de carotte.

On comprend d'après la figure 64 quel sera le mouvement de descente. Cette descente est d'ailleurs de faible amplitude et la longueur des carottes prélevées est peu considérable.

Tout ceci prend un temps assez long, car, après la mise en position du chariot, il faut remonter toutes les tiges, remplacer le trépan et la maîtresse-tige par une couronne à diamants et un tube carottier, puis redescendre les tiges. On gagne, il est vrai, en précision des résultats ce que l'on a perdu en rapidité d'avancement.

Rapidité de l'avancement. — La rapidité de l'avancement est à peu près double de ce que l'on peut obtenir avec un sondage ordinaire à tiges en fer. Trois éléments principaux contribuent à ce résultat.

Tout d'abord le nombre des coups à la minute est beaucoup plus grand. Dans les terrains de moyenne dureté on frappe aisément 120 coups. Dans les terrains très durs on ne donne jamais moins de 90 coups. Ces coups répétés, quoique d'une hauteur moindre que dans les autres sondages, *étonnent* mieux la roche, et la brisent plus rapidement.

En second lieu, on évite la perte de temps due au nettoyage avec la cuiller. Quand bien même cette cuiller est descendue avec un câble, il faut sonner plusieurs fois pour la remplir avec les déblais. On doit répéter les manœuvres jusqu'à sept fois dans les terrains tendres qui fournissent beaucoup de déblais, et attendre quelque temps pour être certain que les boues se soient bien déposées. Chaque manœuvre demande au moins quatre à cinq minutes à de grandes profondeurs. C'est un grand retard qu'on n'a plus avec l'appareil Raky.

Enfin on a vu que les rallonges étaient supprimées pour la manœuvre du balancier. On bat sur toute la hauteur d'une tige. Par là la vitesse de l'avancement se trouve encore accrue.

Personnel. — Le personnel nécessaire à la conduite du sondage n'est pas supérieur à celui que réclame un sondage avec tiges en fer. On aura sept hommes au poste de jour : un chef sondeur, un aide, deux manœuvres, un chauffeur, un forgeron avec son aide, et cinq hommes au poste de nuit, le forgeron et son aide pouvant ne pas travailler la nuit, si les pièces de rechange sont en nombre suffisant.

Le chef sondeur doit être expert en travaux de mécanique. Certains organes seront d'une usure très rapide, notamment les ressorts. Il faut aussi fréquemment porter les regards sur la pompe, qui, fonctionnant avec des eaux un peu boueuses, a des chances de s'arrêter quelquefois brusquement.

Autres brevets de sondage avec circulation d'eau. — Quoique le système Raky soit de date fort récente, d'autres brevets ont été pris dans le but de chercher encore des perfectionnements.

Le brevet Vogt diffère peu du brevet Raky. Les dispositions générales sont les mêmes. Seul l'emplacement des ressorts varie. Au lieu de se trouver sur l'axe du balancier, ces ressorts sont placés à l'extrémité de la bielle d'attaque du balancier et à la tête de l'appareil de sonde sur le balancier.

M. Lippmann, entrepreneur de sondage, a pris tout récemment un brevet qui dérive des idées allemandes, en ce sens qu'il dote l'appareil Fauvelle d'un joint à chute libre. Le but de l'inventeur a été le suivant :

Trouver un système qui produise le battage rapide avec emploi de la sonde creuse, tout en conservant les dispositions générales du sondage avec tiges en fer et en permettant de revenir, si besoin est, à ce genre de sondage.

Le mouvement est produit par un balancier, arrêté avant la fin de sa course par un contre-balancier. Ce mouvement n'est pourtant pas complètement paralysé. Il se continue grâce à l'interposition de rondelles Belleville. Ces rondelles remplacent les ressorts du système Raky et empêchent comme eux la flexion de l'appareil de sonde.

Le battage se ferait à raison de 70 à 80 coups à la minute. On peut, quand on le désire, y substituer le joint à chute libre. A cet effet, l'appareil est enveloppé d'un tube creux à double tubulure, l'une au-dessus de la coulisse, l'autre au dessus du trépan. De la sorte on peut opérer l'injection d'eau tout en profitant des avantages de la chute libre. Cet appareil est encore, croyons-nous, dans la période des essais.

CHAPITRE IX

SONDAGE AU DIAMANT

Principe du sondage. — Diamants et leur sertissage. — Carotte et tube carottier. — Tube à sable. — Couronne pleine à diamants. — Couronnes en acier. — Appareil de sonde. — Fonctionnement du sondage. — Tubage. — Agencement d'un sondage. — Sondages transportables.

Le sondage au diamant est aussi un sondage à circulation d'eau. Mais son principe est différent de celui des systèmes qui ont été indiqués au chapitre précédent en ce sens qu'il agit uniquement par rotation. Nous avons décrit antérieurement le rodage à l'aide de la tarière, mais ce moyen ne s'employait jamais à de grandes profondeurs et se spécialisait à certains terrains peu résistants. Dans le sondage au diamant on descend, au contraire, jusqu'à 1.000 ou 1.500 mètres par rotation exclusive de l'outil.

Le sondage au diamant est surtout pratiqué en Amérique, où il reçoit de très nombreuses applications. Il est employé quelquefois aussi pour des recherches minières en Angleterre et en Allemagne. En France nous le connaissons peu; on semble parfois même méconnaître l'excellence de ses résultats.

Les appareils ne sont pas les mêmes en Amérique et sur le continent européen. Ils se différencient avant tout par le diamètre. En Allemagne les grands diamètres sont en faveur. En Amérique, au contraire, on pratique des forages de petite dimension. Nous indiquerons, par la suite, les différences qui résultent de l'adoption d'une plus ou moins grande dimension pour le trou de sonde.

Principe du sondage. — Le principe du sondage est le suivant.

Une tige creuse animée d'un mouvement de rotation porte à son extrémité une couronne en acier munie de diamants. La couronne agit sur le terrain par le frottement résultant de sa vitesse de rotation. A cela s'ajoute la pression due au poids des tiges que le chef sondeur peut régler à volonté. Les poussières, enlevées par les aspérités que forment les diamants sur la couronne d'acier, sont emportées par un courant d'eau qui laisse la roche parfaitement à nu pour permettre à la couronne de mieux mordre sur le terrain, tandis qu'une carotte reste à l'intérieur d'un tube carottier qui surmonte directement la couronne à diamants. Quelquefois la couronne à diamants est remplacée par une couronne à dents d'acier. Le principe est le même et le fonctionnement de l'appareil diffère peu.

Diamants et leur sertissage. — Les diamants employés pour garnir une couronne sont en général des diamants noirs. On les trouve presque exclusivement au Brésil. Ils sont de forme assez irrégulière, présentant des clivages peu accentués. Toutefois, ces clivages auront pour effet d'user la roche en raison de la dureté spécifique du diamant. Ce sont d'ailleurs les faces plus encore que les arêtes qui agissent. Le prix de vente des diamants[1] subit de grosses fluctuations, tout en conservant une tendance à rester constamment assez élevé, ainsi qu'il arrive pour des subtances dont les gisements sont peu nombreux.

---

1. Pour avoir approximativement la valeur d'un diamant brut, on prend son poids en carats, on élève ce poids au carré et on multiplie par 50 francs.

La plus grande difficulté est de bien sertir ces diamants. Les diamants mal sertis tombent dans le trou de sonde et, s'il est possible de les retirer parfois, c'est une grosse perte de temps que de procéder à leur sauvetage. C'est aussi l'une des causes pour lesquelles le sondage au diamant trouve de nombreux détracteurs en France.

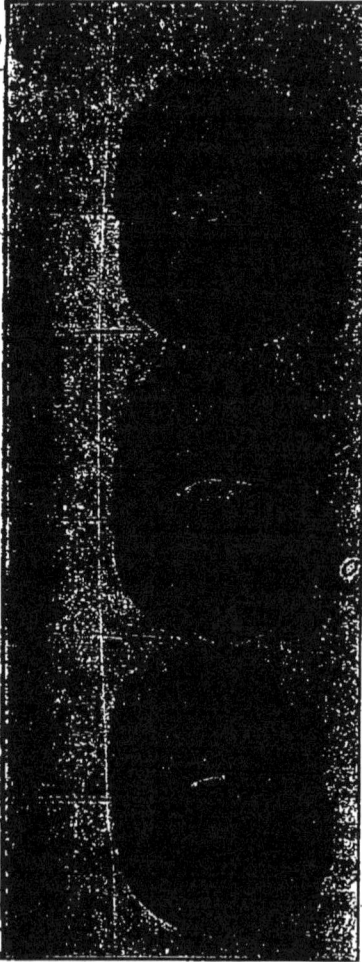

Fig. 65. — Mode de sertissage des diamants.

En général, le sertissage se fait comme l'indique notre figure 65.

On marque au pointeau l'endroit où devront être sertis les diamants. On fait par exemple six divisions, trois pour les diamants extérieurs et trois pour les diamants intérieurs. Puis on perce sur le côté de la couronne (*position* 1) un trou horizontal, la dimension de ce trou dépendant de la grosseur des diamants. On agrandit le trou avec des burins (*position* 4) jusqu'à ce que les diamants tiennent exactement dans le métal (*position* 5) en ne dépassant ce métal que de 4/10 de millimètre. Puis on referme le trou et on enrobe le diamant dans l'acier. Si l'on a coupé trop d'acier, on mate des clous ou un fil de cuivre à l'intérieur du trou.

Une partie de la masse d'acier qui enrobe les diamants

devra s'user avant que les diamants ne soient découverts
et ne mordent sur le terrain. L'enveloppe d'acier ne s'use
plus, d'ailleurs, quand les diamants sont à découvert; elle
doit résister longtemps afin de bien protéger ces diamants.
Dans ce but, avant le sertissage, on renforce parfois l'enveloppe d'acier en la soumettant à la trempe soit dans l'eau,
soit dans un bain de plomb.

Pour les appareils anglais ou allemands qui sont de grand
diamètre, on peut sertir d'avance les diamants dans des blocs
d'acier. Ce seront ces blocs que l'on viendra fixer ultérieurement sur la couronne. L'avantage est que de tels blocs seront transportés aisément d'une couronne de grand diamètre
à une autre de diamètre inférieur qui lui sera substituée.
Ceci peut être d'une économie appréciable, étant donné le
prix élevé des diamants noirs.

Dans les mêmes appareils anglais ou allemands, les
diamants ne se placent pas suivant une même circonférence
sur la couronne d'acier. On les dispose de manière qu'ils
puissent par leur rotation déterminer sur la roche des
zones d'usure concentriques. On mettra les plus gros diamants sur les bords et les plus petits au centre. L'usure de
chacun d'eux est plus régulière. Il y a aussi moins de chances
de rupture, moins de pertes également.

Le nombre des diamants varie avec le diamètre de la couronne. Les couronnes américaines de $0^m,04$ auront six à huit
diamants. En revanche le diamètre de $0^m,57$ d'une sondeuse allemande demanderait cinquante diamants dont le
poids atteindrait 300 carats.

Le poids des diamants employés est essentiellement variable. Pour les couronnes de grand diamètre, il y a intérêt
à choisir le poids maximum, quelle que soit l'augmentation
du prix d'achat. On prendra des éléments de 5 carats et
il y a avantage à aller jusqu'à 8 carats. Les Américains
adoptent 1 1/2 à 2 carats pour les couronnes de petit diamètre.

Carotte et tube carottier. — Au-dessus de la couronne à diamants se place le tube carottier (*fig.* 66).

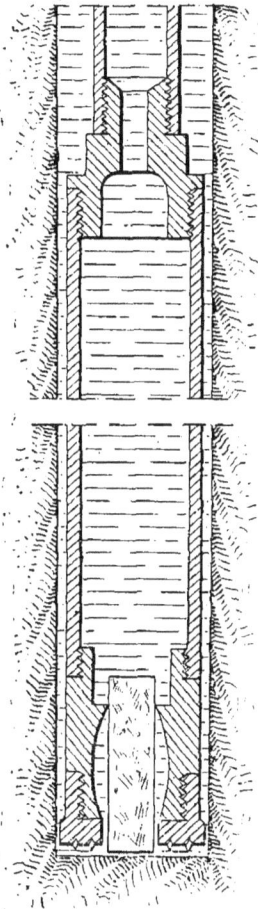

Fig. 66. — Carotte et tube carottier.

Le tube est un cylindre creux ayant un diamètre voisin de celui du trou de sonde, une épaisseur de 6 millimètres et une longueur assez variable, 4 à 20 mètres en général. Sa longueur varie avec les appareils, qu'ils soient américains ou allemands. Il est évident qu'un tube carottier de grande longueur maintiendra mieux la direction du sondage et exposera à des relevages moins fréquents de l'appareil de sonde. Toutefois, il est bon de ne pas exagérer sa dimension qui est limitée par la hauteur du pylône.

La disposition du tube doit être telle qu'on puisse aisément y retenir la carotte.

Il est bon d'indiquer d'abord comment on peut détacher la carotte lorsqu'on juge qu'elle a atteint une hauteur suffisante, et qu'elle remplit le tube carottier. On soulève un peu l'appareil de sonde, puis on imprime brusquement à cet appareil un mouvement en sens inverse de sa rotation. Un cisaillement de la base de la carotte se produit d'autant plus facilement que les terrains sont plus tendres.

La partie supérieure de la carotte restera adhérente aux parois du tube, si toutefois elle n'est pas d'une nature trop ébouleuse. Elle se brisera en plusieurs points et viendra se coincer sur chacune des parois du tube sans avoir jamais

tendance à s'échapper. Il n'en est pas de même de la
partie inférieure de la carotte. Celle-ci doit être retenue au
moment où elle se détache du terrain. A cet effet plusieurs
dispositifs sont employés.

Le plus simple des dispositifs consiste à placer à la base
du tube carottier une lèvre saillante. La carotte parvient en
général à se coincer ; on peut la remonter intacte à condition de suspendre le courant d'eau.

Mais parfois cette lèvre ne suffit pas et, comme il faut éviter de laisser tomber les débris de carotte au
fond du trou de sonde, ce qui ralentirait le forage
et empêcherait aussi d'avoir un témoin exact
du terrain traversé, on doit employer un autre
appareil, dit *extracteur* de la carotte. Cet
extracteur consiste en un cône qui est contenu dans une boîte et qui s'élargit en descendant sur la carotte. Sur ce cône se trouvent des
nervures formant saillie et munies de ressorts.
Tant que l'appareil avance, la carotte a tendance à pénétrer dans le tube carottier en
effaçant les nervures. Quand le mouvement
cesse, la carotte est, au contraire, retenue et
coincée par les nervures (*fig.* 67).

Ces moyens s'appliquent avec efficacité,
quand le terrain est dur. Dans les terrains
tendres ou boulants, il faut employer d'autres
dispositifs. Il faut éviter notamment que les
terrains ne soient emportés par l'eau. Dans ce
but on emploie deux tubes concentriques, entre

FIG. 67.
Extracteur
de carotte.

lesquels circulera le courant d'eau. La carotte monte dans
le tube central qui d'ailleurs peut rester fixe pendant la
rotation de l'appareil de sonde. Elle expulse devant elle l'eau
et l'air contenus dans le tube. En même temps deux diamants
qui s'effacent ou bien retombent le long de surfaces inclinées, permettent de retenir l'extrémité de la carotte.

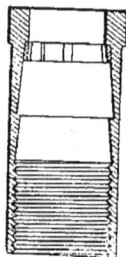

Tube à sable. — Lorsqu'on a résolu d'employer un grand diamètre pour un sondage au diamant, il faut faire usage d'un *tube à sable*. Cet appareil aura l'avantage de retenir des fragments assez gros, des cailloux, qui, isolés, seront plus faciles à examiner que dans une carotte. En même temps ces fragments ainsi retenus n'auront plus l'inconvénient de tomber au fond du trou de sonde où ils retarderaient l'avancement du forage. Le tube à sable s'interpose entre le tube carottier et le tube de raccord avec les tiges.

Dans certains appareils, surtout en Angleterre, on réunit le tube à sable et le tube carottier. Tous deux ont le même diamètre et ne sont séparés que par une plaque de fer assemblée à cornière. Pour évacuer les matières qui emplissent le tube à sable, on fait usage d'une porte à glissière. On peut donner à la réunion des deux tubes une longueur aussi grande que l'on voudra. En général, cette longueur est de 10 mètres.

Couronne pleine à diamants. — Nous signalerons à titre de mémoire la suppression du tube carottier et l'emploi d'une couronne pleine à diamants. Ce procédé de sondage ne s'applique pas aussi bien aux travaux de recherches, car on ne remonte plus d'échantillons du terrain comme dans le système ordinaire.

Couronnes en acier. — Il n'en est pas de même de la substitution de l'acier au diamant sur certaines couronnes. On y trouve des avantages dans quelques terrains ; le prix des appareils est aussi moins élevé.

Le premier dispositif est employé en Amérique où il peut fonctionner jusqu'à 250 ou 300 mètres dans des terrains de moyenne dureté.

L'outil est représenté par la figure 68. Il se compose de deux lames coupantes en acier. Sur les côtés se trouvent des lames spiraloïdes qui permettent d'aléser le trou de sonde, de centrer l'outil et de le maintenir vertical. La couronne, tournant à 80 ou 100 tours à la minute, peut réaliser

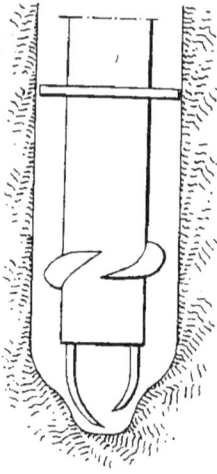

FIG. 68. — Couronne en acier pour terrains tendres.

un bon avancement dans des terrains assez tendres. En moyenne, il faut compter sur une quinzaine de mètres par jour.

Une autre application des couronnes en acier est faite dans le procédé de Davis qui jouit d'une certaine faveur en Australie.

La couronne (*fig.* 69) est constituée par une série de dents pointues en acier. Les unes sont dirigées vers l'extérieur de la couronne, les autres vers l'intérieur. Comme pour le sondage au dia-

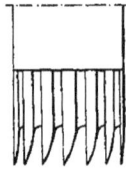

FIG. 69. — Couronne en acier système Davis.

mant la couronne est surmontée d'un tube carottier et d'un tube à sable. Le mode d'extraction de la carotte est spécial et assez simple. L'extrémité du tube carottier est légèrement rétrécie. Quand on veut remonter un échantillon, on jette à l'intérieur de la tige quelques petits graviers (*fig.* 70). Ces graviers se coincent entre la carotte et le tube de telle manière que la carotte peut être extraite aisément sitôt qu'on l'a cassée par un petit mouvement en sens inverse de la rotation.

Avec des aciers bien résistants, on emploiera ce procédé dans les roches dures, dans le terrain carbonifère par exemple, sans s'exposer à une usure trop considérable des cou-

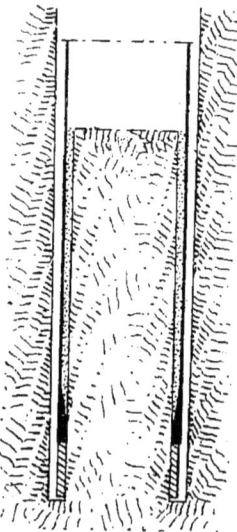

FIG. 70. — Extraction de la carotte dans le procédé de sondage Davis.

ronnes. Un autre avantage est ce fait que le rodage ne produit pas des farines impalpables comme avec le diamant, mais une série de petits morceaux qui peuvent mieux caractériser un terrain et devenir de bons échantillons. Ces morceaux se déposent dans un tube à sable dont la longueur sera la plus grande possible.

Quand on emploie la couronne en acier, on peut à l'infini varier les formes. On emploiera la couronne tarière. On emploiera aussi des couronnes à dents radiales en acier fondu. Mais ces profils ne s'appliquent guère qu'aux terrains tendres, où la couronne de diamants plus coûteuse, il est vrai, réalisera en revanche un avancement plus rapide.

Appareil de sonde. — Les tiges de sonde sont creuses pour permettre l'injection d'eau. Elles s'emboîtent les unes dans les autres à l'aide de manchons de raccordement ou bien se vissent directement à leurs extrémités. Leur diamètre varie depuis 33 jusqu'à 90 millimètres, suivant que les appareils sont américains ou allemands. Leur épaisseur se tient entre 4 et 10 millimètres. Il ne faut pas trop diminuer l'épaisseur, car les efforts auxquels sont soumises les tiges, augmentent parfois d'une manière considérable. Ce sont surtout des efforts de torsion.

L'injection d'eau se fait par un joint souple en caoutchouc, joint de nature spéciale, car il doit permettre la rotation de tout l'appareil de sonde.

On emploie un joint à rotule. Le roulement peut avoir lieu à l'aide de billes. C'est notamment le cas des appareils américains.

Il est de toute nécessité de ne pas interrompre le courant d'eau, afin que les boues n'aient pas tendance à se déposer au fond du trou. On emploie à cet effet un joint à rotule spécial permettant de continuer l'injection d'eau soit pendant la remonte, soit pendant la descente des tiges, et donnant le minimum de fuites possible. Ce joint est représenté par notre figure 71. Outre un tube flexible en caoutchouc qui peut s'allonger de toute la longueur d'une tige, il est muni d'un dispositif à trois robinets pour l'admission de l'eau et pour son réglage.

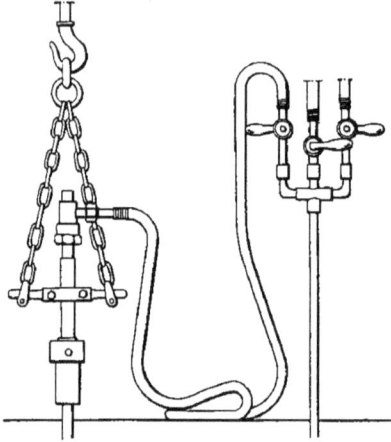

Fɪɢ. 71 — Joint à rotule et tube flexible en caoutchouc.

Pour éviter une accélération du mouvement pendant la descente des tiges, on emploie un *parachute* (*fig.* 73). Ce

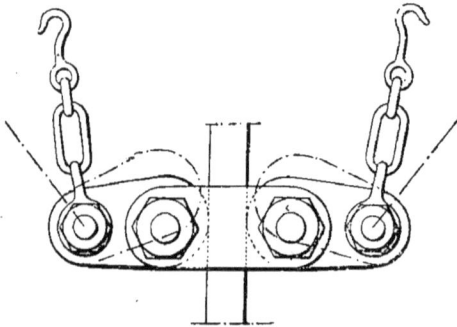

Fɪɢ. 72. — Parachute pour sondage au diamant.

parachute se compose de deux excentriques à dents réunis par des brides en fer. Ils sont suspendus par des chaînes à des points fixes du pylône. Pendant la remonte les tiges

passent librement. A la descente, au contraire, il y a coincement. Il faut même s'opposer à un trop fort coincement en
calant d'une manière quelconque le parachute.

Fonctionnement du sondage. — Ainsi que nous l'avons
dit, l'appareil de sonde au diamant agit sur le terrain par
sa vitesse de rotation d'abord, par son poids ensuite. Il faudra,
suivant les cas, combiner les deux facteurs ou supprimer
l'un d'eux, c'est-à-dire le poids de la tige. Ainsi se différencient les appareils dans les différents pays.

Les sondeuses anglaises équilibrent la tige par des contrepoids ou bien par un treuil de retenue.

Dans le premier cas, on réalise en quelque sorte ce que
produit la pédale du balancier dans le sondage avec tiges
en fer. Le contrepoids qu'on chargera plus ou moins suivant l'effort à développer est en relation avec la tige par des
chaînes Vaucanson qui passent sur des roues dentées. Mais
ce genre d'équilibre de la tige est brutal et irrégulier.

En équilibrant avec un treuil, les mouvements sont plus
doux et plus aisément réglables. Le treuil est commandé
par la machine ou bien manœuvré à la main.

Les appareils de sondage allemands qui empruntent toujours le balancier au début et qui ne fonctionnent au diamant qu'à une certaine profondeur, comme nous l'avons dit
au chapitre VIII, seront équilibrés aussi à l'aide de contrepoids et la queue du balancier est toute désignée pour servir de contrepoids. Elle peut également être en connexion
avec un treuil de retenue. Cela évite les transmissions par
chaînes ou par roues d'angle des appareils anglais. Le réglage est moins brusque.

Dans les sondeuses américaines les changements de pression s'obtiennent soit par engrenages, soit par pression
hydraulique.

Dans le premier cas (*fig.* 73) le manchon qui porte l'extrémité de la tige et qui reçoit son mouvement du plateau-

manivelle de la machine par des engrenages coniques, est reglé dans sa marche par une contre-tige qui lui est parallèle. Cette contre-tige engrène par deux pignons avec le manchon. La cote d'écartement entre ces deux pignons n'est pas constante, de sorte que la tige peut descendre ou monter à volonté. L'écartement varie pour deux raisons. Il y a d'abord un ressort de serrage sur la contre-tige. De plus les deux engrenages inférieurs n'ont pas le même nombre de dents; leur vitesse angulaire n'est pas la même, et il en résulte un léger mouvement de translation du manchon. Ce système est celui qui est employé dans les appareils de sondage de la maison Bullock.

Quand les profondeurs à atteindre deviennent plus grandes, il est plus nécessaire encore de faire varier la vitesse d'avancement en proportion avec celle de rotation. Le chef sondeur doit pouvoir régler à son gré l'effort de pénétration de son appareil dans la roche. On emploie alors un double engrenage et même un triple engrenage (*fig.* 74). En embrayant les uns ou les autres on peut réaliser des vitesses différentes. On atteindra de la sorte des profondeurs de 600 mètres. Mais l'embrayage ne se fait jamais sans des chocs nombreux.

Il vaut mieux employer, comme régulateur, la pression hydraulique. C'est le seul agent de force vraiment rationnel, car il allie l'élasticité à la puissance de l'effort. Voici comment l'emploie la Sullivan Machinery Company.

FIG. 73. Réglage du mouvement de la tige au moyen d'engrenages système Bullock.

Le manchon qui constitue la tête de l'appareil de sonde est relié à un piston qui se meut dans un cylindre à pression hydraulique. L'effort a lieu tantôt dans

un sens, tantôt dans l'autre, dans le but de faire pression

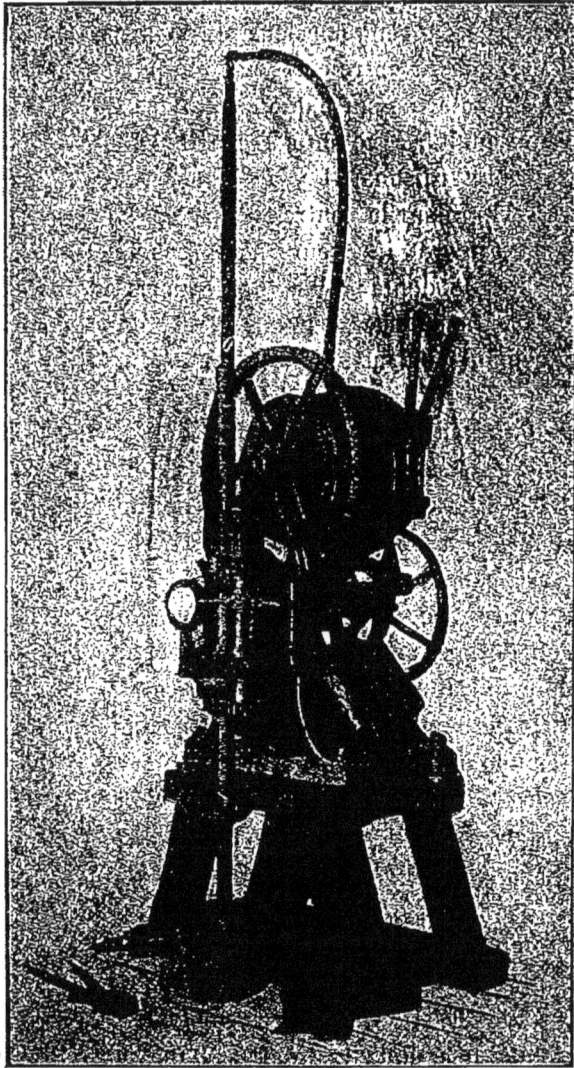

Fig. 74. — Sondeuse Bullock avec engrenage triple de réglage.

ou de soulever un peu les tiges. On règle ainsi mathématiquement et sans secousses le contact de l'outil avec le

terrain, suivant la dureté de ce terrain. Pour admettre l'eau
sous pression dans deux sens différents, on a disposé de
chaque côté du cylindre des clapets. Les clapets de droite
servent à l'admisson ; ceux de gauche, à l'échappement. Si,
par exemple, le clapet supérieur de
droite est ouvert en même temps
que le clapet inférieur de gauche,
la pression s'exerce sur la face supérieure du piston et l'appareil de sonde
descend.

La Diamond Drill and Machine Company emploie deux cylindres à pression hydraulique placés de chaque
côté de la tige. Mais il peut y avoir du
porte-à-faux, l'un des cylindres agissant plus que l'autre, de sorte que
l'effort ne s'exerce pas aussi bien suivant l'axe du trou de sonde. On n'obtient pas d'une manière aussi parfaite
sur le terrain la pression positive en
descendant les tiges ou négative en
soulevant ces tiges.

Un point délicat dans la construction de cet appareil à pression hydraulique est la manière de réaliser la connexion entre le piston et la tige de sonde.
La Sullivan Machinery Company de
Chicago le fait ainsi.

La tige C du piston entoure le manchon de serrage J auquel est fixé la tige
de sonde P par le collier L. A l'autre
extrémité de la tige C se trouvent
deux plateaux G et H réunis par des

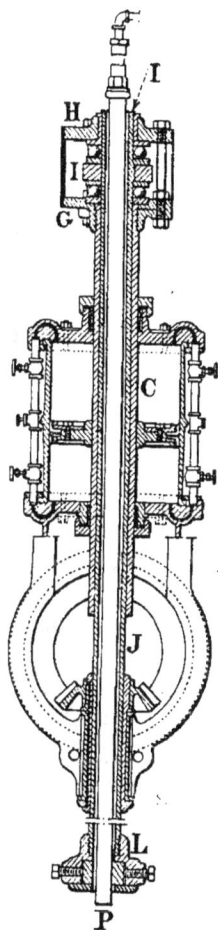

Fig. 75. — Réglage de
l'effort par la pression
hydraulique (sondeuses
Sullivan).

goujons. Entre les deux plateaux sont des roulements
à bille que représente notre figure 75 et qui agissent sur

le collier I pour transmettre le mouvement au manchon de serrage J.

On peut remarquer sur toutes les machines qui viennent d'être décrites l'existence d'un plateau-manivelle. Ce plateau permet d'incliner les tiges suivant tous les horizons possibles et de réaliser les sondages inclinés dont nous avons parlé à la page 78 du présent volume.

Tubage. — Les sondages de recherches au diamant à faible diamètre, c'est-à-dire américains, n'ont pas besoin en général de tubage. L'opération du tubage est toujours une cause de perte de temps.

Même quand un sondage de faible diamètre traverse un terrain ébouleux, on peut éviter de tuber en employant le procédé suivant.

On injecte avec l'eau à l'intérieur des tiges du ciment à prise rapide tout en soulevant progressivement l'appareil de sonde. Puis on laisse déposer. Le ciment fait prise au fond du trou et se répand jusque dans le terrain. On attaquera alors ce ciment avec la couronne de diamants comme on attaquerait une roche solide, et on pourra se passer de tubage.

Avec de grands diamètres il faudra tuber dans les terrains ébouleux. Nous renvoyons pour la pose des tubes à ce qui sera dit au chapitre suivant ; nous ferons seulement remarquer que, dans le cas du sondage au diamant, il sera possible, en raison du mouvement de rodage, d'élargir de temps à autre le trou de sonde afin de permettre à la colonne de tubes de descendre sans qu'on soit obligé de changer le diamètre de la couronne de diamants.

De ce fait la diminution de diamètre, occasionnée par le tubage, est moindre que dans les autres méthodes. On a pu descendre à 1.600 mètres en changeant de diamètre une première fois à 300 mètres, et une seconde fois à 1.000 mètres, le diamètre initial étant de 95 millimètres et le diamètre final de 70 millimètres.

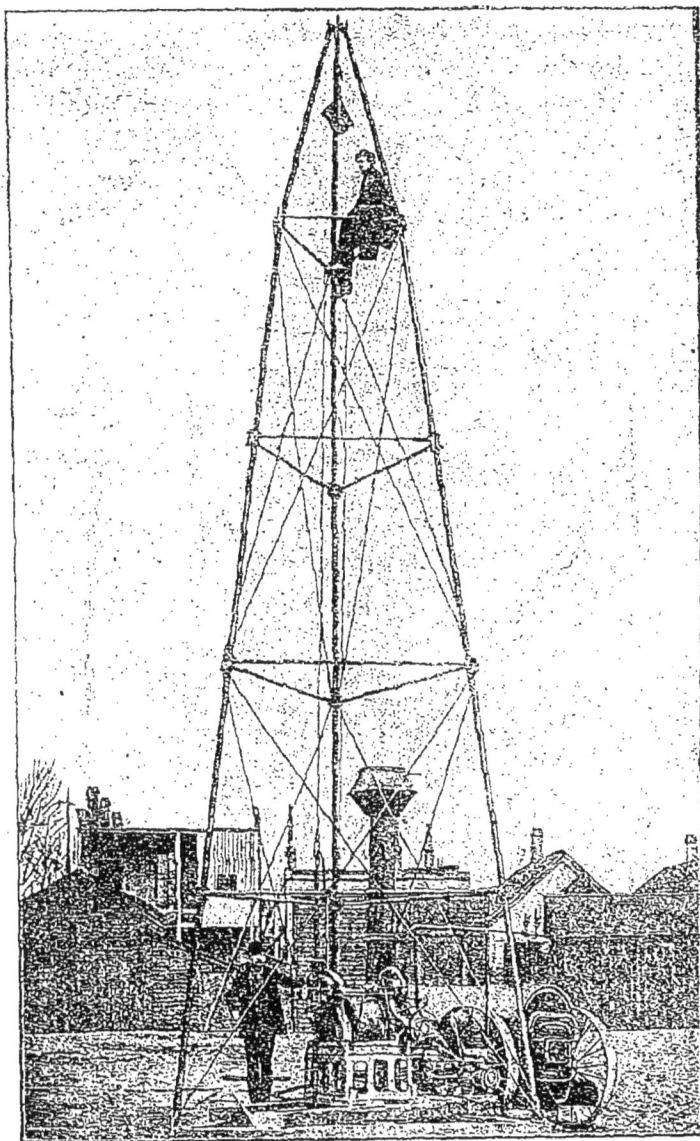

FIG. 76. — Installation complète d'un sondage au diamant.

Les appareils élargisseurs sont munis de diamants. Ces diamants pourront faire saillie et mordre sur le terrain soit par la pression d'injection d'eau, soit par la force centrifuge. Ils seront ramenés à leur position au moyen de ressorts dès qu'on interrompt le courant ou la rotation. Les dispositions varient suivant les pays et suivant les inventeurs, mais le principe est le même.

FIG. 77. — Sondeuse à diamants électrique.

Agencement d'un sondage. — Il nous reste à dire de quelle manière s'agencent les divers organes du sondage au diamant que nous avons décrits jusqu'ici.

Les pylônes peuvent être peu élevés et le plus simples possible, comme le montre notre figure 76. Leur hauteur est de 10 à 15 mètres seulement.

La force est donnée par une locomobile. Cette locomobile développe de 8 à 25 chevaux suivant la profondeur, à atteindre pour les sondeuses américaines. Les appareils anglais et surtout les appareils allemands à diamètre plus grand et à tiges plus lourdes demandent une force plus considérable. On peut aussi faire usage de la force électrique. L'avantage du sondage au diamant est de se prêter mieux qu'un autre à l'emploi de cette force, puisque son mode d'action est rotatif.

Dans un pays neuf où le combustible n'est pas exploité, mais où existent des chutes d'eau, on attellera sur une roue Pelton une petite dynamo et l'on créera une force de quelques chevaux pouvant forer jusqu'à 120 mètres de profondeur, ce qui est suffisant le plus souvent pour des recherches minières (*fig.* 77).

Sondages transportables. — Les organes mécaniques qui sont très ramassés dans les sondeuses américaines au diamant se prêtent mieux que dans tout autre cas à un transport rapide d'un point à un autre. La machine montée sur roues, que représente notre figure 78, est capable de descendre à 300 mètres de profondeur un trou de sonde ayant 45 millimètres de diamètre. La locomobile qui est adjointe à la sondeuse est de 10 chevaux de force.

On a donc sur deux voitures, l'une la locomobile, l'autre portant le bâti, de l'appareil qu'on laisse sur roues lors du travail, tout ce qui est nécessaire au forage. On remarque en effet, sur la figure que la seconde voiture contient l'appareil de sonde, le treuil de manœuvre des tiges, le moteur, la pompe, et même une boîte à outils.

Lorsqu'un sondage est terminé, on peut en quelques

heures tout enlever, parcourir un certain espace et recom-

Fig. 78. — Sondeuse à diamants transportable, système Sullivan

mencer un autre forage. Une vaste région sera rapidement explorée de la sorte.

CHAPITRE X

PARTICULARITÉS DE CERTAINS SONDAGES

Recherches d'eau. — Appareils de sondage pour puits artésiens. — Tubage. — Tubes. — Descente du tubage. — Colonne d'ascension d'eau. — Recherches de pétrole. — Recherches d'eaux salées ou minérales.

Pour certaines substances les sondages deviennent des moyens d'exploitation et non plus seulement des procédés de recherches. Il en est ainsi pour l'eau, pour le sel, pour le pétrole. La conduite des sondages présente alors certaines particularités, surtout en ce qui concerne le tubage, et ce sont ces particularités que nous indiquerons dans le chapitre actuel.

Recherches d'eau. — Sauf de rares exceptions, l'eau apparaît au bout de peu de temps dans tous les sondages, mais elle ne s'y manifeste pas toujours à l'état jaillissant ou en quantité suffisante pour donner lieu à un *puits artésien*.

Pour qu'il y ait *puits artésien*, les conditions suivantes devront être réunies. Il faut d'abord une succession de couches perméables et imperméables pouvant constituer une ou plusieurs zones de régions aquifères. Les couches perméables sont les grès ou les terres végétales. Le degré d'imprégnation n'est pas le même suivant leur état moléculaire. Il varie de 20 à 50 0/0 dans les grès et de 45 à 80 0/0 dans les terres végétales. Les couches imperméables sont les argiles ou bien les roches compactes telles que les granites et même certains calcaires.

C'est la couche imperméable qui arrête les eaux, eaux d'infiltration de la surface en général. Ainsi se crée ce que l'on appelle le niveau hydrostatique. Ce niveau est la courbe assez irrégulière que forment à une certaine profondeur les points où commence la nappe aquifère. Suivant la pression à laquelle se trouve l'eau, cette nappe est jaillissante ou non. A grande profondeur elle le sera souvent. A faible profondeur elle gène surtout l'avancement des descenderies ou des puits de recherches que nous avons décrits au chapitre III, mais elle ne jaillit pas, faute de posséder une pression suffisante.

Le jaillissement s'explique par ce fait que, les terrains sédimentaires étant constitués par une série de couches perméables et imperméables, les eaux de la surface qui se sont infiltrées à travers les terrains, auront toujours tendance à reprendre le même niveau que les eaux superficielles avaient primitivement. Il se produira toutefois une légère perte de charge et la hauteur *piézométrique* à laquelle montera le courant sera inférieure à celle du plan de charge théorique.

Bien que les couches sédimentaires forment une cuvette,

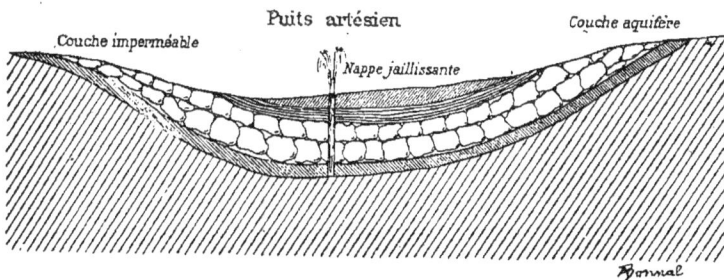

FIG. 79. — Figure schématique d'un puits artésien.

comme le montre notre figure 79, il peut arriver qu'il n'y ait pas jaillissement. Ceci se produira surtout dans deux cas.

En premier lieu, des failles peuvent troubler les sédiments.

Ces failles draineront l'eau et l'empêcheront de jaillir à la surface.

En second lieu, il arrivera que le relief topographique du terrain sera tel que le sol se trouve à une cote supérieure à la hauteur piézométrique. C'est ainsi que, bien qu'on ait escompté trouver dans une région des puits artésiens, on ne pourra obtenir aucun jaillissement.

D'autres causes peuvent intervenir. Il y aura des variations de structure et de composition dans la couche perméable. Si cette couche est constituée par des sables, ces sables peuvent être agglutinés par un ciment siliceux, calcaire ou ferrugineux. L'eau ne pénétrera pas cette masse compacte. De même un calcaire se transformera éventuellement en une marne argileuse ou même en une argile, par qui l'eau sera arrêtée. Parfois enfin la couche perméable s'amincit brusquement et le sondage fait pour la rencontrer ne trouve ni la couche ni par conséquent l'eau qu'elle contient.

Appareils de sondage pour puits artésiens. — Les sondages pour puits artésiens sont en général des sondages à grand diamètre et l'appareil employé est le plus souvent celui que nous avons décrit au chapitre VII. C'est celui qui a chance de déterminer le plus exactement l'importance de la nappe aquifère.

Le trépan est composé de lames multiples rapportées (*fig.* 80) et sera constitué ainsi par plusieurs trépans qui agissent simultanément. L'avantage de cette disposition est avant tout la facilité avec laquelle on peut forger à nouveau les lames. On fore de la sorte des trous de **1ᵐ,80** de diamètre avec des outils dont le poids s'élèvera à **20 ou 25**

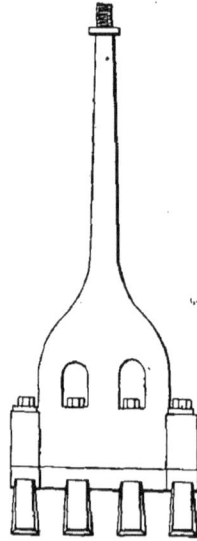

FIG. 80. — Trépan à lames multiples et rapportées.

tonnes. On peut disposer les diverses lames de manière à remonter des échantillons de terrain interposés entre les lames.

Les cuillers de curage doivent être aussi d'un grand diamètre. On les munit de clapets multiples, clapets de forme hémisphérique et guidés par une tige verticale (*fig*. 81). On peut aussi créer un compartiment central muni d'un seul ou de plusieurs clapets, et placer tout autour une série de compartiments séparés qui présenteront chacun leur clapet. Plus le trou de sonde est de grand diamètre, plus le nettoyage sera long et difficile.

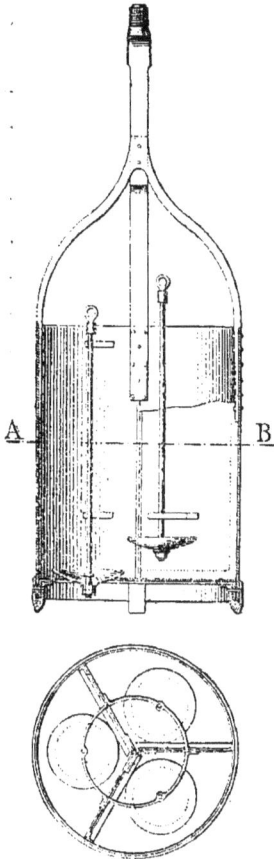

Coupe suivant AB.

FIG. 81. — Cuiller à clapets multiples.

Tubage. — La caractéristique d'un sondage pour recherches d'eau est l'installation du tubage, et c'est ici que nous donnerons toutes les indications qui concernent cette opération. Dans le cas des puits artésiens le tubage a non plus seulement pour but de protéger les parois du trou de sonde et d'empêcher un éboulement. Il isole aussi les diverses venues aquifères et sert de moyen de captage de la source souterraine.

Dans certaines recherches minières, où la conservation du trou de sonde ne s'impose pas, il n'y a aucun intérêt à tuber, ainsi que nous l'avons dit. Si pourtant l'on traverse des niveaux ébouleux, des sables inconsistants, on est bien forcé de retenir les terrains. On pose aux endroits où se trouvent ces sables des tubes isolés qui s'ancrent profondément d'un côté dans la couche solide et montent, d'autre part, à 3 ou 4 mètres au-dessus de la couche ébouleuse. Ces tubes isolés sont, en général, perdus et laissés au fond du trou de sonde, quand on abandonne le sondage.

Pour les puits artésiens il n'en va plus ainsi. Le tubage doit être continu et on le fait soit cylindrique, soit télescopique. Le tubage télescopique n'est pas parfaitement étanche, car il présente des joints chaque fois qu'il faut changer de diamètre. Le tubage cylindrique se compose d'une série de tubes concentriques, dont l'extrémité monte jusqu'au jour. Il est plus coûteux, puisqu'il nécessite un plus grand nombre de tubes, mais l'étanchéité en est plus parfaite.

Toutefois les joints d'un tubage télescopique peuvent être rendus étanches au moyen d'un coulis de ciment. A cet effet on ferme la tête du premier tubage par un tampon sur lequel viendra reposer une cloche pleine de ciment. Le ciment se répand dans l'espace annulaire laissé à la tête du premier tubage qui entre par emboîtement dans le second tubage.

On doit descendre le plus profondément possible une colonne de tubes avant d'en placer une autre concentrique, car il y a diminution sur le diamètre du trou de sonde chaque fois qu'il faut recourir à une nouvelle colonne de tubes. Dès que la colonne se coince ou frotte contre le terrain, il ne faut plus la descendre, car on s'exposerait à la briser et le sondage devrait être abandonné, comme cela est arrivé parfois, quand les tubes s'étaient voilés ou placés en travers du sondage.

En raison de la diminution sur le diamètre il faut commencer le sondage à grande dimension. C'est ainsi que pour des puits artésiens à Paris on n'a pas craint de débuter avec 1 mètre, 1^m,20 et même 1^m,80 ou 2 mètres, afin d'arriver sur la nappe aquifère avec un diamètre encore suffisant, suffisant surtout pour placer une pompe, quand le sondage n'est pas jaillissant. On remédie partiellement aux diminutions de diamètre par l'emploi d'élargisseurs venant travailler sous les tubes, afin d'en faciliter la descente.

Tubes. — Les tubes se font en tôle assez mince. Ce sera
de la tôle de fer ou mieux de la tôle d'acier. L'acier doit être
très doux afin que les tubes soient le moins brisants possible.
La longueur est de 2 à 3 mètres le plus souvent. L'épaisseur
varie depuis 2 millimètres jusqu'à 10 millimètres. Elle peut
se calculer par la formule

$$e = 0,15 \sqrt{h \times d},$$

h étant la hauteur supposée de la colonne d'eau en millimètres, et d le diamètre intérieur du trou en centimètres.
Pour les puits artésiens où le tubage doit indéfiniment
durer sans être remplacé, on majore le chiffre trouvé pour
l'épaisseur afin de compenser les effets de l'oxydation. On
a porté souvent ce chiffre à 2 centimètres.

Dans le cas des sondages pour pétrole on emploie du fer
étiré avec assemblage à vis et à recouvrement pour avoir
une meilleure étanchéité. On emploie aussi du cuivre pour les
colonnes d'ascension des puits artésiens que nous décrirons
plus loin. On a fait usage de bois. Les Chinois emploient depuis
longtemps le bambou et le travaillent admirablement pour cet
usage.

L'assemblage des tubes est un assemblage à vis analogue à celui des tiges de sondage à circulation d'eau.
On cherche en général à ne pas créer des surépaisseurs qui
puissent rendre plus difficile la pose du tubage, surtout
quand le terrain a tendance à gonfler. Toutefois on songe
parfois à renforcer le joint par un manchon, quand l'étanchéité du tubage doit être plus grande. On emploie alors
des rivets, comme s'il s'agissait d'une pièce de chaudronnerie.

La pose de ces rivets est délicate. Après avoir mis en regard les trous de deux viroles, on
descend chaque rivet à l'extrémité
d'une ficelle. Quand le rivet est en
face du trou, on l'attire vers ce trou
avec un crochet en fil de fer. Enfin
pour river on descend à l'intérieur
du tube un rivoir à coins (*fig.* 82). Ce
sont deux parties cylindriques qui
glissent l'une par rapport à l'autre
sur un plan incliné. Chacune d'elles
est munie d'un levier, l'un qui est fixe
à l'extrémité du câble de manœuvre,
l'autre qui devient mobile sous l'action d'une pesée. Le rivet posé, on
remonte le levier et l'appareil étant
décoincé peut être enlevé. On opérera aussi le serrage du rivoir à
l'aide d'un coin qui se meut dans
l'axe de l'appareil.

Descente du tubage. — L'opération
de la descente du tubage est souvent difficile, surtout s'il faut l'opérer
dans un sondage dévié hors de la
verticale. Elle peut même devenir
impossible, si la déviation est trop
grande.

Le premier point consiste donc
à reconnaître la verticalité du trou
de sonde. On emploiera pour cela le
procédé suivant qui est assez ingénieux (*fig.* 83).

FIG. 82. — Rivoir à coins.

A l'extrémité d'un fil d'acier se
trouve un tampon de bois dont le diamètre est voisin de celui

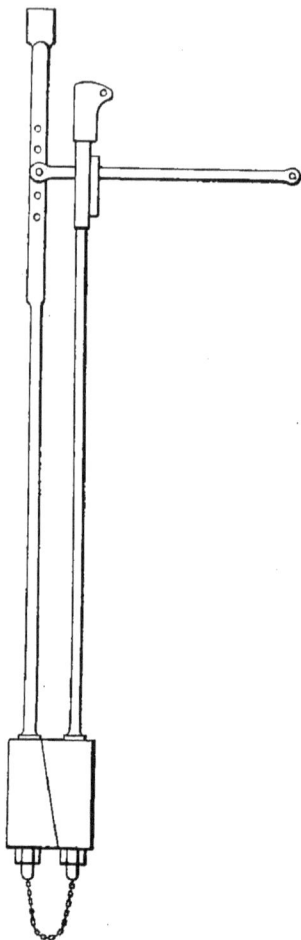

du trou de sonde. Le fil, après être passé sur une poulie dans l'axe du sondage, vient s'enrouler sur un treuil. Deux réglettes perpendiculaires sont clouées sur le plancher de manœuvre près de l'orifice du trou de sonde.

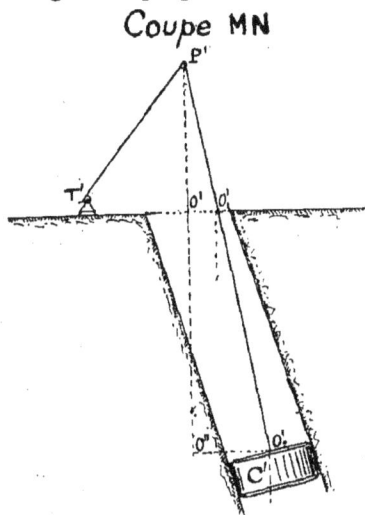

Soient a et b les coordonnées du centre O du trou de sonde par rapport à ces deux réglettes. Si le trou est dévié, l'intersection du fil avec le plancher sera en O_1 dont les coordonnées sont a_1 et b_1. La déviation OO_1 a pour valeur

$$OO_1 = \sqrt{(a_1 - a)^2 + (b_1 - b)^2}$$

Quant à la déviation OO_2, elle se déduit de la mesure des triangles semblables $P'O'O'_1$ et $P'O''O'_2$.

$$OO_2 = O''O'_2 = \frac{O'O'_1 \times P'O''}{P'O'}$$

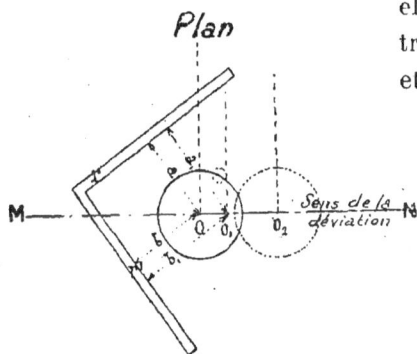

Quand les déviations sont très fortes, il faut éviter que le fil ne touche la paroi. On le reconnaît aisément si l'on obtient les mêmes valeurs à diverses profondeurs. On déplace alors la poulie P' jusqu'à ce que le fil ne touche plus la paroi. Il suffit de mesurer la quantité dont on a déplacé la poulie. Cette quantité s'ajoutera à la déviation trouvée par le calcul.

Dès qu'on soupçonne une déviation dans un trou de sonde,

FIG. — 83. Mesure de la déviation d'un trou de sonde.

il faut mesurer cette déviation afin qu'elle ne s'accroisse pas avec l'approfondissement. Une déviation très forte gênera le tubage, mais le trou de sonde ne devra pas toujours être abandonné pour cela. On peut y pilonner du silex et reprendre le sondage à travers ce silex.

La descente d'un tubage dans un trou bien vertical a lieu soit par une pression exercée de la surface, soit par le poids même des tubes.

Pour les tubages de petit diamètre la descente se fait aisément par la pesanteur ; avec les grands diamètres il faut retenir la colonne de tubes, d'autant plus que le diamètre du trou de sonde est souvent supérieur à celui du tubage.

Pour retenir la colonne des tubes on emploie des colliers avec lesquels on forme frein. Dans le cas de grands diamètres, ces colliers, fortement serrés au préalable sur la colonne, sont descendus progressivement avec des appareils à vis. On peut aussi engager la tête du tubage dans un manchon qui par frottement diminue la vitesse de chute.

Même avec les petits diamètres il arrive qu'à un moment donné la colonne de tubes aura tendance à se coincer. Cela se produira notamment si les terrains sont de nature à gonfler après le forage. On peut alors forcer la descente en frappant sur la tête du tubage. On emploiera un tampon en bois ou en fonte, évidé ou non en son centre, afin de laisser passer une tige de suspension. Dans le cas du sondage à la corde ce procédé sera appliqué même au fond du trou de sonde. On descend le tube, puis on l'enfonce avec un mouton suspendu au câble en lieu et place du trépan ainsi que nous l'avons dit.

Mais ce mode de descente ne peut guère s'appliquer qu'à de faibles diamètres et même dans ce cas on s'expose à des accidents pouvant entraver la continuation du sondage.

Quand il s'agit de grands diamètres, notamment pour les puits artésiens où l'étanchéité doit être parfaite, il faut avoir recours à des moyens mécaniques moins brusques. On emploie alors des vérins ; on emploie aussi la pression hydraulique. Les vérins viendront coiffer la tête du tubage comme le montre notre figure 84. On exerce une pression progressive en tournant lentement les vis. Les vérins devront s'appuyer sur des madriers très solides et offrant un large point d'appui à la surface. Il est bon d'employer des tubes assemblés à l'aide de manchons de manière que les extrémités des tôles s'appuient exactement l'une contre l'autre, afin d'éviter les cisaillements. Il faut enfin avoir les tubes les plus longs possible, pour supprimer la multiplicité des joints, où se produisent toujours les ruptures.

La descente du tubage par pression est surtout pratiquée dans les terrains sableux. Mais il faut craindre que les sables, s'ils sont d'une qualité trop boulante, ne remontent par la pression. Un moyen de remédier à cet inconvénient consiste à pomper les sables. On emploie la pompe à sable (*fig.* 85). C'est une sorte de cuiller de curage qui se visse à l'extrémité de l'appareil de sonde. Elle est munie d'un piston et d'un clapet comme une pompe ordinaire.

On emploie aussi le désensableur de M. Arrault. L'appareil a l'avantage de fonctionner en même temps que descend le tubage. Les sables aquifères remontent en suivant le mouvement indiqué par les flèches de la figure 86.

La descente du tubage, quand il s'agit de placer des tubes isolés, est peut-être plus délicate encore. Il faut d'abord accrocher solidement le tube à l'extrémité de la tige. On emploie des griffes qui entrent dans des lumières ménagées sur le tube (*fig.* 87). Il faut ensuite installer solidement le tube dans la position voulue. Le même outil porte un tampon en fer avec lequel on sonne fortement sur l'extrémité du tube pour l'asseoir dans le terrain. Si le tubage doit être étanche, on supprimera les lumières sur les tubes. On descendra alors ces tubes à l'aide de tarauds qui sont coincés sur la tôle (*fig.* 88), soit directement, soit par un mécanisme de coins.

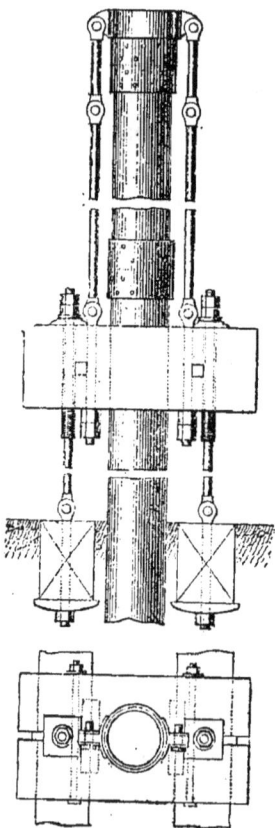

FIG. 84. — Descente du tubage
à l'aide de vérins.

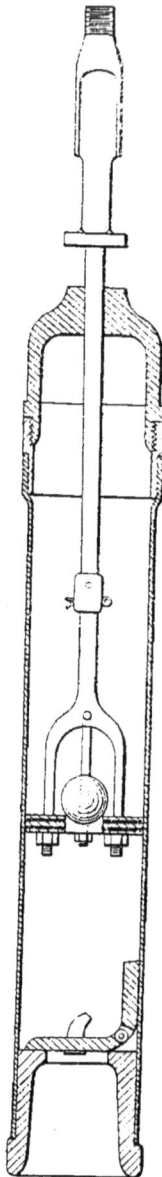

FIG. 85.
Pompe à sable.

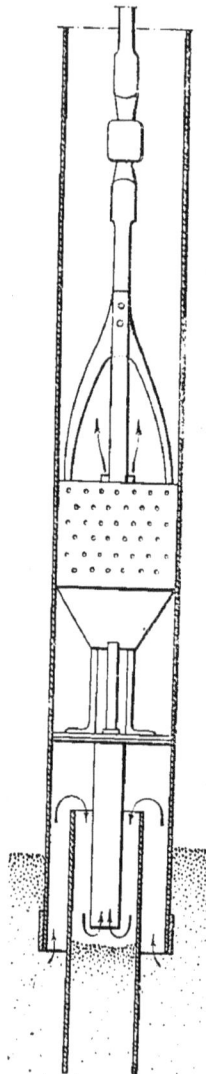

FIG. 86. — Désensableur
de M. Arrault.

La tête d'un tubage isolé sera toujours évasée vers le haut, afin qu'on ne s'expose pas à accrocher le tubage, lorsque l'on remonte l'un quelconque des outils de sonde. On aug-

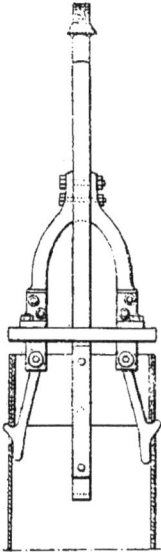

FIG. 87. — Appareil à griffes pour la descente du tubage.

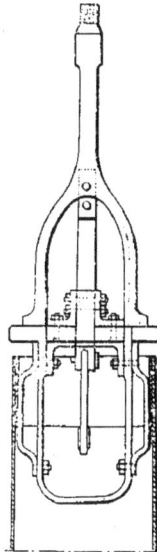

FIG. 88. — Appareil à tarauds pour la descente du tubage.

mente le contact entre le terrain et l'extrémité du tubage en frappant quelques coups avec un tampon qui a tendance à évaser encore le premier tube.

Colonne d'ascension d'eau. — Dans les puits artésiens, il est utile, comme nous l'avons dit, d'avoir un tube d'ascension pour conduire l'eau jusqu'à la surface. Ce tube doit être bien étanche. On emploie souvent une substance différente de celle dont est constitué le tubage du trou de sonde, par exemple le cuivre, le bois de chêne ou d'orme, le grès même pour des eaux acides. Ce qui est particulier et d'une certaine importance, c'est la manière de réaliser le joint à la base du tubage.

Si l'on a opéré avec des tubages concentriques, il n'est pas toujours nécessaire de descendre un nouveau matériel et c'est la dernière colonne placée dont on se sert comme colonne d'ascension. On enlève chaque série de tubes en coulant à mesure une certaine quantité de ciment derrière ces tubes. Comme la dernière colonne a été serrée contre le terrain, l'eau ne peut remonter, si ce n'est à l'intérieur du tubage.

Toutefois il est bon de compléter l'étanchéité du joint. A cet effet, on munit le dernier tube d'un tampon en bois qui sera surmonté d'une perruque en chanvre aussi grosse que possible. Les fils de chanvre se trouvent comprimés entre le tampon et la base du tubage. Ils sont imprégnés enfin de ciment, ce qui aveugle toutes les fuites.

Quand on a fait un tubage télescopique ou un tubage par colonnes perdues, il est nécessaire d'avoir une colonne spéciale d'ascension et il faut encore plus soigner le cimentage ainsi que l'obturation du joint à la base.

Le tube d'ascension est parfois muni de matières poreuses filtrantes. Certaines eaux jaillissantes peuvent contenir des parties impalpables de sables qui les rendent impropres à l'alimentation. Si le puits n'est pas jaillissant, les clapets des pompes qui remontent l'eau seront aussi détériorés par les matières qui sont en suspension dans les eaux.

Les tubes filtrants (*fig.* 89) ont une forme hexagonale. Sur chaque côté de l'hexagone viennent s'appliquer les filtres plaques poreuses fabriquées exclusivement dans ce but. L'orifice supérieur du cuvelage filtrant est complètement fermé de manière que le vide en se produisant facilite la pénétration de l'eau venant de l'extérieur.

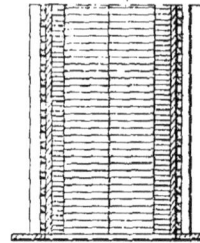

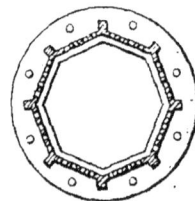

FIG. 89.— Tubes filtrants.

Le cuvelage n'est pas en contact immédiat avec le terrain, mais repose sur une enveloppe lanternée qui permet de retirer les plaques poreuses, quand elles sont encrassées. Pour faciliter la remonte de cette enveloppe, et pour éviter qu'elle ne soit coincée par la chute de sables fins, on remplit l'espace qui reste libre entre le terrain et l'enveloppe avec de la braisette ou de la craie en petits morceaux.

Recherches de pétrole. — Lorsqu'il s'agit de rechercher non plus l'eau, mais le pétrole, on fait usage du sondage à la corde, ou du sondage canadien, plus rarement du sondage avec tiges en fer ou au trépan avec circulation d'eau. Le sondage au diamant ne se prête pas bien à ce genre de recherches. A mesure de l'approfondissement du trou de sonde on exécute le tubage. Le forage achevé, on s'occupe de capter la venue pétrolifère.

Les sondages au pétrole sont en général jaillissants tout comme les puits artésiens. De même que l'eau dans ces puits, le pétrole se trouve au milieu de couches perméables et sableuses, interposées entre des couches imperméables. Toutefois, le mode de jaillissement ne s'explique pas uniquement par un phénomène hydrostatique. Le pétrole sera sous pression à l'intérieur de la terre, combiné ou non avec des gaz. C'est sous l'effort de cette pression qu'il jaillit le plus souvent, de sorte que le jaillissement ne reste pas toujours constant, comme dans le cas des puits artésiens.

Quelquefois la pression n'est pas assez forte pour que le pétrole jaillisse. On peut l'y forcer. Pour cela on s'opposera aux infiltrations de gaz, comme on aveugle les pertes d'eau dans les puits artésiens. On interpose un obturateur entre le dernier tube et la colonne d'aspiration du pétrole. La pression du gaz accumulé derrière le tubage oblige le pétrole à remonter par la colonne d'aspiration. Malgré tout, le dégagement est presque toujours intermittent.

Il est préférable aussi d'avoir recours à des pompes. Mais, avant d'installer une pompe, il est bon de connaître approximativement le débit du trou de sonde. On emploie alors un outil échantillonneur (*fig.* 90). Cet outil se compose d'une soupape à boulet, d'un tube d'aspiration percé de trous, d'un corps de pompe avec piston à clapet et d'une autre soupape à boulet. On pompe d'abord pour bien nettoyer le trou de sonde, puis on remonte un échantillon de pétrole en notant la quantité obtenue pour la période pendant laquelle on a pompé.

Les pompes (*fig.* 91) se placent à la base du forage. L'aspiration a lieu par une soupape à boulet. Quant au refoulement il est obtenu avec un piston à boulet muni de trois ou quatre cuirs emboutis. Le piston reçoit du balancier son mouvement de va-et-vient à l'aide d'une colonne de tiges en bois, assemblées à vis comme des tiges de sonde. Le même balancier qui a été employé au forage, peut ainsi servir à la manœuvre des pompes. La colonne d'aspiration aussi bien que le tubage de retenue doivent être construits de telle manière qu'ils soient complètement étanches à l'eau qui se dégage des nappes superposées au niveau pétrolifère.

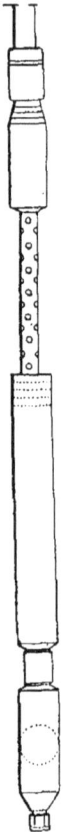

FIG. 90.
Outil échantillonneur de pétrole.

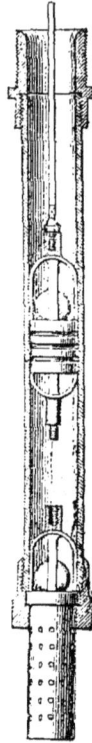

FIG. 91.
Pompe à pétrole.

A cet effet, quand on a rencontré un niveau aquifère, on constitue le tubage par des anneaux recouverts de cuir et de caoutchouc qu'on comprimera contre la paroi du trou de sonde. En outre on munit la colonne d'aspiration d'un anneau cylindrique en cuir dans lequel

est enfermée de la graine de lin. Si l'eau filtre entre les deux
tubages, elle fait gonfler la graine de lin qui comprime le
cuir de manière à former joint parfait.

Le trou de sonde se trouve ainsi parfaitement étanche aux
venues aquifères. Si, toutefois, une certaine quantité d'eau
se mêlait au pétrole et était aspirée par la pompe, il y aurait
toujours moyen d'expulser cette eau. Une décantation pourrait être faite dans de grands réservoirs à la surface, ainsi
que cela se pratique en Galicie.

Dans le cas de sondages jaillissants il faut installer un
obturateur à la tête du tube d'ascension afin de canaliser
le pétrole. Cet obturateur doit être fixé solidement sur le
tubage afin de ne pas être emporté par la pression dans le
cas où les gaz se dégagent en même temps que le pétrole.

De l'obturateur, le pétrole jaillissant ou bien aspiré par
une pompe se rend dans une série de réservoirs. Dans le
premier réservoir qui est fermé se dégagera le gaz recueilli.
Dans les autres on peut opérer des épurations successives
du liquide.

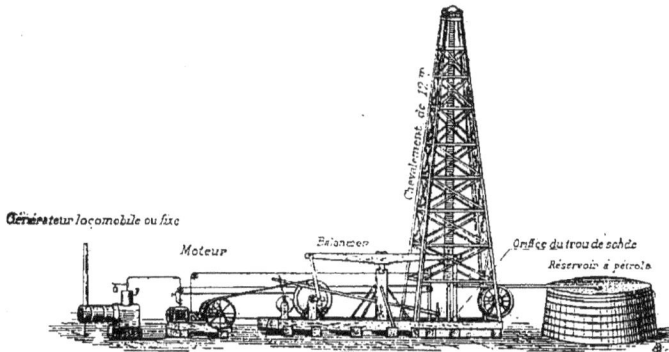

Fig. 92. — Installation d'un sondage à la corde pour recherches de pétrole.

Notre figure 92 donne le schéma d'une installation pour
recherches de pétrole, telle qu'elle se pratique en Amérique
en employant le sondage à la corde.

Recherches d'eaux salées ou minérales. — Une des dernières applications des recherches par sondage
a trait à la reconnaissance des sources salées ou
des sources minérales.

Nous n'avons rien à ajouter au point de vue de
la conduite de l'opération. Il est bien évident
qu'un sondage s'impose, aussi rigoureusement et
parfaitement conduit que pour les puits artésiens ou
que pour les recherches de pétrole. On sera forcé
le plus souvent d'installer une pompe à la base du
trou de sonde afin de remonter les produits à la
surface.

Il faut pouvoir prélever des échantillons locaux,
sans qu'ils soient mélangés avec l'eau du sondage. A cet effet on fait usage de la bouteille
éprouvette (*fig.* 93). Cette bouteille est descendue
à l'aide d'un câble tout comme une cuiller de
curage. En frappant sur le fond du trou de sonde
le bouchon qui ferme la bouteille descend et l'eau
pénètre à l'intérieur. En remontant l'appareil, le
bouchon remonte également et une certaine quantité d'eau minérale ou d'eau salée se trouve empri-
sonnée. On peut aussi munir l'appareil d'une soupape dont la queue, en frappant sur le fond du
trou, se soulève puis retombe, dès qu'on remonte la bouteille.

FIG. 93.
Bouteille
éprouvette
pour
recherches
d'eau.

CHAPITRE XI

ACCIDENTS ET RÉPARATIONS DANS LES SONDAGES

Rupture d'une tige.—Rupture d'un câble. — Coincement de la sonde.—
Objets tombés au fond du trou de sonde. — Coincement ou rupture
d'un tube. — Accidents spéciaux. — Réparations.

Les accidents sont malheureusement assez fréquents dans
les sondages et peuvent parfois compromettre leur bonne exécution. Nombreux sont les exemples de trous de sonde qui
ont dû être abandonnés à la suite d'une avarie, à laquelle on
ne pouvait apporter aucun remède.

Les accidents se rapportent à cinq causes principales qui
vont être successivement énumérées et examinées au point
de vue des moyens les plus propres à un sauvetage rapide.

Rupture d'une tige. — La rupture d'une tige est l'avarie
la plus ordinaire et la plus fréquente. On cherche à donner
aux tiges le plus faible poids possible, afin de ne pas alour-
dir indéfiniment l'appareil de sonde, mais, sous les efforts
considérables, brusques surtout, qui sont exercés soit pendant le rodage, soit pendant le battage, un cisaillement se
produit aisément.

Les tiges étant toutes calibrées, ce qui est nécessaire pour
connaître exactement la longueur du trou de sonde, on sait
toujours, quand on remonte un tronçon cassé, en quel point
s'est produite la rupture et à quelle distance ce point doit se
trouver de l'assemblage à vis. Ceci présente son importance
pour le choix du mode de sauvetage.

Si l'on emploie en effet la caracole, il ne faut pas que le tronçon brisé de la tige au-dessus de l'emmanchement se trouve trop long. Comme la caracole saisit la tige précisément au-dessous de l'emmanchement, un tronçon trop long pourrait pendant l'ascension se dévier de la verticale et accrocher les parois du forage. Sous l'effet de ce choc, la caracole lâcherait peut-être la tige brisée et tout l'appareil retomberait au fond du trou. Il faudrait alors recommencer l'opération du sauvetage avec la caracole, opération toujours longue et délicate.

Si, d'un autre côté, on se sert de tiges avec assemblage par manchon, et que la rupture se soit produite près du manchon, on ne pourra pas toujours employer le cône taraudé, car il prendrait peut-être difficilement contact avec le manchon.

La *caracole* est un crochet en fer dont la forme est conforme à celle de la figure 94. La pointe est allongée et un peu recourbée de manière à contourner la tige cassée, quand on sent qu'elle a été touchée. En continuant à tourner la caracole, on vient engager le carré de la tige dans le fond de l'appareil de secours qui présente, lui aussi, une section carrée. On tire alors jusqu'à ce que la caracole vienne s'appuyer sur un emmanchement de la tige, ce qui permettra de remonter l'attirail cassé. On remonte lentement, car il faut éviter que la tige ne s'échappe par suite d'une secousse, auquel cas il faudrait recommencer à nouveau des tâtonnements longs et difficiles.

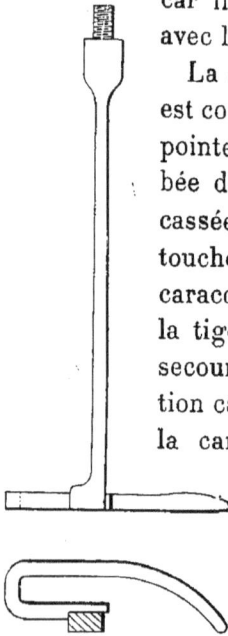

Fig. 94. — Caracole.

Fig. 95.
Cône
taraudé.

À côté de la caracole qui rend de nombreux et fréquents services se place le cône taraudé (*fig.* 93). C'est un chapeau

conique en acier à l'intérieur duquel se trouve un filetage
robuste. On cherche par tâtonnements à coiffer avec ce cône
l'extrémité cassée de la tige. A cet effet, on visse l'outil à
l'extrémité des tiges, comme on y avait vissé la caracole, et,
lorsqu'on est parvenu à la profondeur de l'accident, le chef
sondeur prend en main le manche de manœuvre.

Sitôt que le chef sondeur sent qu'il a coiffé la tige, les
hommes s'approchent pour visser le cône taraudé sur cette
tige; on donne peu à peu du mou au câble pour permettre
au cône de descendre à mesure qu'on le visse. Quand la
prise des filets semble parfaite et suffisante, on remonte len_
tement l'appareil de sonde en dévissant sans choc chacune
des tiges. Il faut opérer avec prudence et lenteur, car
souvent on peut remonter seul le cône taraudé, de même
qu'on remonte seule aussi la caracole, après avoir pourtant
effectué la *manœuvre* sur un nombre considérable de tiges,
si le trou est très profond. C'est alors une grosse déception
et une nouvelle perte de temps. On éprouve en revanche
un certain plaisir lorsque surgit à la surface, accrochée par
la caracole ou coiffée par le cône taraudé, l'extrémité brisée
de l'appareil de sonde.

Dans le cas du sondage au diamant, ou même du sondage
à circulation d'eau, on emploie non point un cône taraudé,
mais un taraud capable d'être vissé et de pénétrer à l'intérieur de la tige creuse. Ce taraud (*fig.* 96) est à circulation

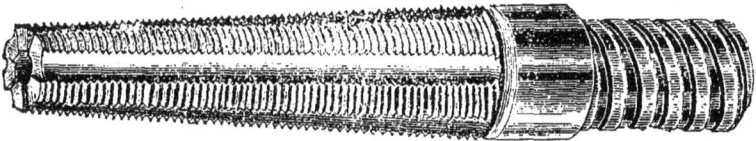

FIG. 96. — Taraud de sauvetage des tiges creuses.

d'eau afin qu'on puisse continuer à déblayer pendant le sauvetage les matériaux qui s'accumulent au fond du trou, ce
qui est essentiel.

La caracole et le cône taraudé sont les outils de sauvetage le plus généralement employés. Quand on n'a pas réussi avec eux, on fait usage d'autres instruments qui sont des accrocheurs à pince ou des accrocheurs à mâchoire. On peut imaginer à l'infini un nombre considérable de ces instruments. Chaque chef sondeur exerce à ce sujet son génie inventif.

Rupture d'un câble. — La rupture du câble qui sert à effectuer le curage du trou de sonde ou de celui qui opère le battage dans le sondage à la corde est des plus préjudiciables à la bonne continuation du sondage et le sauvetage en sera souvent difficile.

Si la longueur de câble restée dans le forage est peu considérable, on emploiera la caracole ou le cône taraudé dans le but de saisir l'extrémité de la tige attachée au câble. Si, au contraire, une grande longueur de câble se trouve au fond du trou, il faut opérer autrement.

On cherchera à enlever le câble par fragments successifs, car il est rare qu'on puisse le remonter en une seule fois. On fait usage d'un tire-bourre (*fig.* 97) autour duquel pourront s'enrouler les brins du câble. On essaie aussi de saisir ces brins au moyen d'un harpon, sorte d'appareil à griffes (*fig.* 98). Puis, quand il ne reste plus qu'une petite quantité de câble dans le trou, on emploie de nouveau la caracole ou le cône taraudé pour saisir les tiges.

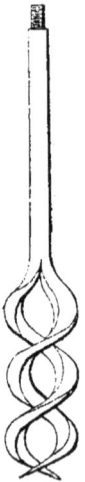

L'opération est longue et délicate. On n'est jamais sûr de ne pas laisser au fond du trou quelques morceaux de câble, même après avoir retiré la cuiller ou le trépan qui étaient suspendus à l'extrémité de ce câble.

Fig. 97.
Tire-bourre.

Fig. 98.
Harpon.

Coincement de la sonde. — Le coincement de l'appareil de sonde dépend de diverses causes.

Le trépan, après avoir battu quelques coups, pourra rester coincé dans des terrains durs, si l'usure de l'outil précédent avait été par trop considérable. Il y aura coincement également, si le trou n'est pas parfaitement rond.

Quand le trou n'est pas vertical, le trépan ou la cuiller pourront se trouver coincés au moment de la remonte, tandis qu'à la descente ils seront passés en raison de leur poids. La rigidité de ces appareils s'oppose à ce qu'ils s'infléchissent suivant l'angle formé avec la verticale par le trou de sonde. De même, lors de la remonte, une cuiller ou un trépan se coinceront dans des terrains qui gonflent après avoir été été traversés.

Enfin le coincement se produira par un éboulement de terrains supérieurs, de sables boulants notamment. C'est le cas le plus terrible, celui dont parfois on peut ne pas sortir victorieux, celui qui oblige aussi à abandonner complètement un sondage, en laissant une partie du matériel dans le trou de sonde.

En général, après coincement, il y a rupture d'une tige, car on a tendance à vouloir remonter trop brusquement l'appareil de sonde. Le sauvetage s'opère comme dans le cas d'une rupture ordinaire, mais il est plus délicat, parce que le cône taraudé ou la caracole sont exposés à lâcher prise, si le coincement est très considérable.

Pour décoincer les tiges de sonde, que ces tiges aient été cassées et reprises par la caracole, ou qu'elles soient encore intactes, la méthode suivie est la suivante.

On donne une série de coups brusques et de faible amplitude dirigés de bas en haut. On emploiera dans ce but le balancier ou bien le câble de manœuvre qu'on tire avec le treuil. On tourne en même temps l'appareil de sonde. Si le dégagement ne se produit pas, il faut opérer une action lente et progressive. On l'obtient avec des vérins. On saisit au moyen d'un fort levier horizontal l'extrémité de la tige qui sort à la surface. A chacune des extrémités de ce levier agira un vérin. L'action des deux vérins devra être exactement la même et bien équilibrée afin que le système remonte verticalement.

Si le coincement provient d'un éboulement, on descend le tubage jusqu'au point de l'accident. Puis, après avoir dévissé toutes les tiges en les remontant chaque fois avec un outil accrocheur, caracole ou cône taraudé, on cure avec la cuiller. Le nettoyage terminé, on saisit l'extrémité de la tige restée au fond du trou et on exerce des efforts verticaux pour la dégager, ainsi qu'il vient d'être dit.

Objets tombés au fond du trou de sonde. — Les objets qui tomberont accidentellement au fond du trou de sonde sont de diverse nature. Ce sera une clef qui par une fausse manœuvre aura glissé dans le trou béant, si on a négligé de boucher ce trou, comme cela doit toujours se faire, sitôt qu'on a remonté à la surface tout l'appareil de sonde, soit pour changer un trépan, soit pour descendre une cuiller. Ce sera une clavette de la coulisse de battage ou un fragment quelconque enlevé à l'appareil de sonde, une joue cassée d'un trépan. Ce sera un diamant qui aura sauté de la couronne à diamants. Enfin c'est la carotte qui se sera brisée et qui sera restée partiellement au fond du trou.

Quand on soupçonne qu'un objet étranger se trouve au fond du trou, il faut avant tout en prendre une empreinte pour connaître la nature de cet objet, pour déterminer aussi sa position. On descend à cet effet une cloche en bois dont la partie évidée sera remplie d'un mélange de suif et de poix, afin d'y imprimer la forme de l'objet. On peut également pétrir de la terre glaise avec du chanvre et de l'huile.

Si un diamant est tombé au fond du trou, on devra non seulement reconnaître sa position, mais encore repêcher ce diamant en employant une cloche telle que celle représentée par la figure 99. En garnissant d'un mélange de suif, de résine et de cire le centre de cette cloche, on arrive à empâter suffisamment le diamant pour pouvoir le retirer. Dans le cas d'une carotte brisée, on emploie une cloche analogue et de forme peu différente.

Si l'objet tombé est assez petit, clavette ou débris d'acier quelconque, on pourra bourrer de l'argile au fond du trou pour empâter l'objet, puis on essaie de remonter le tout à l'état de carotte au moyen de la tarière.

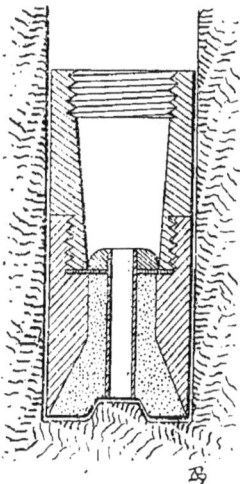

FIG. 99.
Cloche à empreinte.

Pour des objets plus volumineux, on se sert des accrocheurs à griffes (*fig.* 100) ou à pinces, suivant que l'objet doit être saisi au fond du trou même ou à une certaine distance au-dessus du fond de ce trou.

Il arrive parfois qu'on ait essayé successivement tous ces moyens de sauvetage sans être parvenu à remonter l'objet. On tente alors de le dissoudre avec de l'acide concentré, s'il est de faible volume. On le pulvérise aussi avec une cartouche de dynamite. On l'écrase encore avec le trépan, bien que l'on puisse s'exposer à user beaucoup de lames de trépans et à augmenter même le nombre des débris au fond du trou en cassant à nouveau les joues du trépan. Si l'on ne peut écraser l'objet, on cherche du moins à le refouler vers les parois du trou, afin qu'il ne gêne plus l'avancement du sondage.

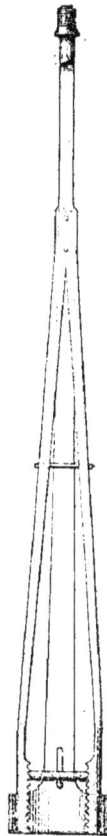

FIG. 100.
Accrocheur à griffes.

Coincement ou rupture d'un tube. — Quelles que soient les
précautions que l'on prenne pour descendre un tubage, il

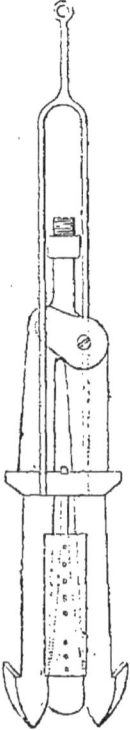

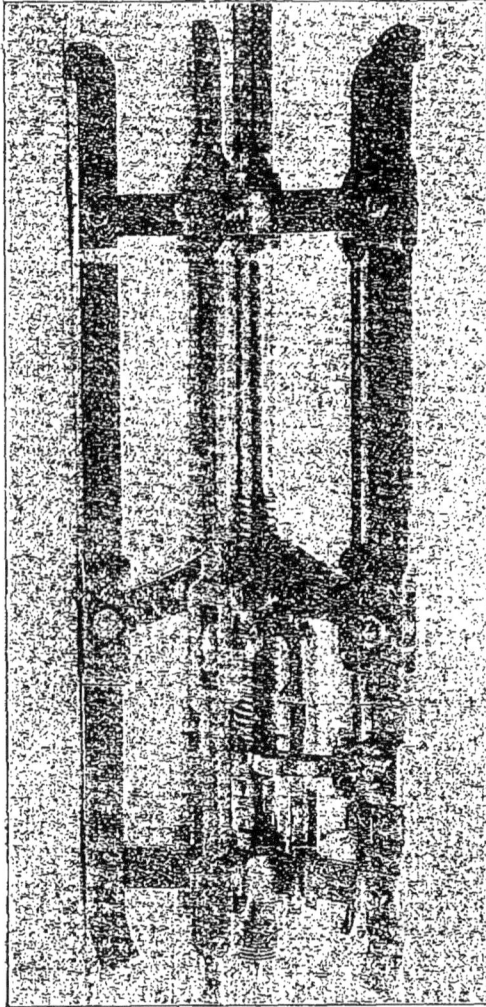

Fig. 101. — Arrache-tubes.   Fig. 102. — Arrache-tubes Arrault (1re position).

pourra arriver que, par suite d'un gonflement inattendu du
terrain, un tube se coince, ou qu'en raison d'une pression trop
brusque de l'appareil de descente une partie du tube se

brise. Il faut pouvoir remonter le tube ou bien le couper au-
dessous d'une brisure, s'il est partiellement en place.

FIG. 103. — Arrache-tubes Arrault (2ᵉ position).   FIG. 104.—Coupe-tubes.

On a imaginé divers appareils dits arrache-tubes pour
remonter tout ou partie d'un tubage. Ces appareils viendront
se placer sous le dernier tube comme dans la figure 101 ou

bien ils agissent par coincement en s'appuyant à l'intérieur des tubes. M. Arrault a réalisé un type robuste qui a l'avantage de pouvoir saisir par tâtonnements successifs la colonne de tubes, sans qu'il soit nécessaire de remonter chaque fois l'outil.

L'appareil est conçu de telle manière qu'en tournant à gauche une série de dents, disposées suivant un pentagone, puissent sortir de leurs alvéoles. Si les dents ne font pas prise, on peut renouveler l'expérience plus bas. A cet effet, la partie supérieure de l'outil reposant sur le tubage, on fait descendre l'appareil d'une certaine quantité et, en tournant à gauche de nouveau, on tente de réaliser une prise. La prise a lieu quand les articulations à genou se trouvent horizontales. La figure 102 représente l'appareil avant le moment de la prise et la figure 103 le montre après ce moment, les dents n'ayant pas pu mordre sur le tubage.

Les coupe-tubes ont un fonctionnement analogue. Ils sont constitués par des burins qui agissent quand on tourne dans un sens et qui s'effacent quand on tourne en sens contraire (*fig.* 104).

Dans le cas du sondage au diamant on préfère souvent, pour enlever un tube, faire usage de tarauds analogues à ceux qui sont employés pour le sauvetage des tiges.

Accidents spéciaux. — Il serait long d'énumérer tous les cas spéciaux d'accident. Il serait aussi impossible de les prévoir. Le sondage est une opération bien difficile souvent, où il faut lutter contre de nombreuses difficultés, où par l'ouïe, par le toucher, par l'observation des chocs il faut deviner ce que devient un outil au fond d'un trou très profond.

Des appareils de genre assez différent ont été imaginés pour le sauvetage. Dans des circonstances diverses ces appareils peuvent rendre des services; ils seront essayés avec avantage dans le cas où ni la caracole, ni le cône taraudé n'auront pu avoir gain de cause.

Réparations. — Tous les accidents qui viennent d'être passés en revue nécessitent des réparations fréquentes et, dans une région placée à grande distance d'un centre industriel, il sera bon de prévoir à côté de la baraque du sondage l'installation d'un petit atelier d'ajustage.

Outre les accidents, ruptures de tiges ou d'outils quelconques de sondage, il faut encore envisager l'usure des organes qui parfois est très rapide. Les filetages des tiges sont soumis à de grands efforts et disparaissent rapidement ou se brisent tout d'un coup. L'usure des trépans dans certains terrains est considérable. Il en est de même des couronnes d'acier avec ou sans diamants.

Il en résulte que, si le sondage doit descendre à grande profondeur, on sera amené à des réparations nombreuses, car on épuise vite la provision de pièces de rechange, quelque considérable qu'elle ait pu être au début. Il faudra effectuer différentes soudures.

La première chose à créer, celle qui est prévue dans tous les sondages, sera l'installation d'une forge. Cette forge doit surtout servir à la réparation et à la trempe des trépans. Pour cela un petit foyer serait suffisant. Mais il faut aussi souder de grandes pièces. La forge sera donc munie d'un grand foyer. Il serait bon aussi d'avoir un petit marteau-pilon. Ce sera surtout nécessaire pour la réparation des pièces dans les sondages à grand diamètre. Aussi faut-il éviter, autant que possible, dans des pays lointains sans ressources industrielles, d'adopter pour un trou de sonde un très grand diamètre, dût-on descendre à grande profondeur, car, sans une forge bien outillée, on ne pourrait pas procéder aux réparations.

Outre la forge, on aura une machine à percer pour préparer les trous de clavettes par exemple et un tour capable de refaire les filetages usés des tiges. On ne saurait trop recommander d'installer ces machines assez simples d'un atelier d'ajustage à proximité du trou de sonde ; on n'imagine pas les pertes de temps qu'on économisera de la sorte.

Ce qui vient d'être dit des réparations concerne surtout les sondages avec tiges en fer, ceux au trépan avec circulation d'eau ou ceux au diamant. Le sondage à la corde n'exige, en général, que la réfection des trépans. Il en est de même du sondage à la main. Pour ce dernier une petite forge volante sera seule suffisante.

CHAPITRE XII

DONNÉES ÉCONOMIQUES SUR LE SONDAGE

Mode d'exécution d'un sondage. — Prix d'entreprise d'un sondage. — Location du matériel de sondage. — Prix de revient. — Influence de la nature des terrains sur le prix de revient. — Influence de la vitesse de perforation sur le prix de revient. — Choix d'un système de sondage.

Nous essaierons de fournir dans ce chapitre quelques données économiques sur les sondages, bien que ces données ne puissent pas toujours être établies d'une manière certaine. On manque parfois d'exemples assez nombreux d'un même mode de sondage, et, quand ces exemples sont nombreux, les circonstances ont tellement varié qu'une comparaison est difficile à faire.

Le prix de revient d'un sondage varie avec la nature des terrains. Il varie avec la profondeur. Il varie avec l'appareil employé. Il varie avec la plus ou moins grande rapidité d'avancement qui sera fonction du nombre et de la nature des accidents. Il varie enfin avec les conditions dans lesquelles on traite le sondage.

Mode d'exécution d'un sondage. — Ces conditions sont de trois natures en dehors du cas où l'on exécutera soi-même un sondage avec un appareil acheté. Elles comprennent:

1° Le travail à l'entreprise ;

2° Le travail en régie;

3° La location des appareils de sondage.

Il est évident qu'il est toujours préférable pour une société de recherches d'entreprendre elle-même un sondage, car elle sera toujours plus sûre de contrôler les résultats. Elle s'exposera moins à ce qu'on lui cache des couches de houille ou de minerai soit par intérêt, soit par négligence, faute d'avoir pris avec assez de soin les échantillons de terrain.

En revanche, si une société travaille par elle-même et s'il n'y a qu'un ou que peu de sondages à faire, le prix de revient en sera accru d'autant, car l'amortissement du prix d'achat d'un appareil sera un lourd facteur de ce prix de revient. On s'exposera aussi à sortir moins facilement victorieux des accidents qui peuvent se produire. Aussi préfère-t-on traiter avec un entrepreneur expérimenté de sondage à l'une des trois conditions qui viennent d'être énumérées.

Prix d'entreprise d'un sondage. — Les prix à forfait varient avec la nature des appareils de sondage employés.

Pour un *sondage avec tiges en fer*, qu'il soit fait à la main ou au moteur, on peut adopter les prix suivants que donne M. l'ingénieur en chef des Mines Fèvre dans son *Traité de l'exploitation des mines :*

					Francs.	
De	0 à	20	mètres de profondeur.		30	par mètre
	20 à	40	—	—	40	—
	40 à	60	—	—	50	—
	60 à	80	—	—	60	—
	80 à	100	—	—	70	—
	100 à	120	—	—	80	—
	120 à	140	—	—	90	—
	140 à	160	—	—	100	—

Si le sondage doit être poussé à plus grande profondeur,

à 600 mètres par exemple, on traitera sur les bases suivantes :

	Francs.	
De 0 à 100 mètres de profondeur.	60	le mètre
100 à 200 — —	90	—
200 à 300 — —	120	—
300 à 400 — —	150	—
400 à 500 — —	180	—
500 à 600 — —	210	—

Dans le cas d'un *sondage à la corde* les prix alloués sont moins élevés. On demande en Amérique 7 à 10 francs par mètre dans certains districts, et 25 à 30 francs par mètre dans d'autres, les prix variant avec la nature des terrains. Pour des sondages plus importants ou nécessitant un tubage on pratiquera les prix suivants :

	Francs.	
De 0 à 90 mètres de profondeur.	80 à 112	le mètre
80 à 120 — —	88 à 120	—
120 à 150 — —	96 à 128	—
150 à 180 — —	104 à 136	—
180 à 210 — —	112 à 144	—

A ces prix s'ajoutent diverses dépenses assez complexes telles que l'installation et l'achat du chevalement, de la baraque, de la machine, du tubage, du réservoir à pétrole, quand on doit rechercher ce minéral. Il y a souvent majoration du double du prix forfaitaire.

Les *sondages canadiens* se faisant surtout pour la recherche du pétrole, on a l'habitude d'intéresser les entrepreneurs sur la quantité d'huile qui jaillira pendant la première année. Pour un sondage de 300 mètres de profondeur on peut admettre les prix suivants qu'indique M. l'ingénieur en chef des Mines Fèvre dans son *Traité de l'exploitation des mines :*

Francs.

100	du mètre avec	0 %	en pétrole trouvé	
60	—	10	—	
50	—	20	—	
40	—	30	—	
30	—	50	—	

Les prix demandés pour les *sondages au trépan avec circulation d'eau* se rapprochent en général de ceux qui sont pratiqués pour les sondages avec tiges en fer. Toutefois, ils seront parfois supérieurs, car ces sondages devront être tubés. D'ailleurs, si les sondages du système Fauvelle ont des prix bien déterminés en raison des nombreuses applications qu'ils trouvent en Allemagne jusqu'à 300 mètres de profondeur, on ne peut pas en dire autant du système Raky qui n'a pas encore fait toutes ses preuves, et dont les prix sont maintenus élevés jusqu'ici par les exploitants du brevet.

Le *sondage au diamant* est aussi assez élevé comme prix d'entreprise. Il est vrai qu'il est, en général, traité pour descendre à grande profondeur. Lors des premières applications de ce sondage en Europe on demandait[1] :

	Francs.	
Jusqu'à 400 mètres.........	250	par mètre
De 400 à 500 mètres.......	525	—
500 à 600 —	630	—
600 à 700 —	735	—
700 à 800 —	840	—

Depuis lors, ces prix ont diminué. On a traité en Allemagne 225 francs jusqu'à 700 mètres et 312 francs au-dessous de cette profondeur. On a fait un sondage en Autriche jusqu'à 327 mètres au prix de 220 francs le mètre. On a demandé 100 francs pour traverser les dièves et le tourtia dans le

1. Kuss et Fèvre, *Traité de l'exploitation des mines.*

Pas-de-Calais, puis 150 francs jusqu'à 500 mètres. En Amérique on traite à raison de 60 francs jusqu'à 300 mètres et de 75 francs jusqu'à 500 mètres ; mais on ne doit pas faire le tubage. On se rapprocherait du prix des autres sondages·

Tous ces prix sont des prix moyens pour les diverses méthodes de sondage. Ils peuvent varier avec la nature des terrains. On fera un contrat pour les terrains durs ou grès et un autre contrat pour les terrains tendres ou schistes, bien que le contrôle du passage d'un terrain dur à un terrain tendre ne soit pas toujours facile à établir, si l'on n'exerce pas une surveillance très active.

Dans ces prix on ne comprend pas toujours le tubage ni certaines installations, comme c'est le cas pour le sondage à la corde. Aussi vaut-il mieux parfois ne pas se lier par un marché à l'entreprise et louer le matériel en travaillant ou non en régie, de manière à mieux surveiller le travail, ainsi que nous le disions précédemment.

Location du matériel de sondage. — Comme exemple de location, nous donnerons celui de la maison Lippmann pour des appareils avec tiges en fer.

Pour des sondages de recherche commençant à un diamètre supérieur à 10 centimètres et inférieur à 35 centimètres, on paie :

Francs.

5	par jour jusqu'à	10	mètres de profondeur	
6	—	30	—	—
10	—	100	—	—
15	—	200	—	—
18	—	300	—	—
20	—	400	—	—
22	—	500	—	—

La chèvre jointe au matériel se paie en sus, à raison de 1 franc par jour pour un sondage de moins de 100 mètres, et 1 fr. 50 pour un sondage de plus de 100 mètres.

Si le sondage emprunte la force d'un moteur et qu'on ne possède pas ce moteur, on donne 8 francs par jour pour un moteur de 2 à 3 chevaux capable de descendre à 100 mètres, 12 francs pour un moteur de 4 à 6 chevaux allant à 300 mètres, 15 francs par jour pour un moteur de 6 à 10 chevaux nécessaire pour 500 mètres.

Le matériel de curage par câble se paie également. Ce matériel se compose d'une cuiller à soupape, d'une poulie de câble, d'un cabestan et se loue 1 fr. 50 par jour, les câbles et les courroies de transmission devant être achetés par les intéressés.

Si l'on travaille à deux postes, on donne 10 0/0 en sus pour chaque heure supplémentaire dépassant dix heures de travail.

On peut s'affranchir des frais de réparation et d'entretien des appareils en augmentant de 30 0/0 le prix journalier de location. Toutefois, les pièces manquantes ou mises hors de service doivent toujours être payées par la société d'études.

Moyennant une indemnité journalière de 8 francs pour dix heures de travail, on s'assurera un chef sondeur.

Enfin, si l'on désire être exonéré des frais de main-d'œuvre, il faudra payer pour un trou de 10 à 35 centimètres

Francs.

22	par jour jusqu'à	10	mètres de profondeur
35	—	30	— —
40	—	60	— —
44	—	100	— —
48	—	150	— —
52	—	200	— —

l'accroissement étant de 4 francs par 50 mètres d'approfondissement. L'assurance du personnel n'est pas comprise dans ces prix.

Le tubage se paie aussi à part.

Pour les autres appareils de sondage, on pourra faire des contrats analogues. On aura avantage à louer une sondeuse au diamant. Cela se pratique beaucoup en Amérique et le prix de revient d'un sondage de recherche de 200 ou 300 mètres ne dépasse pas 30 à 40 francs le mètre. D'ailleurs, même en prenant en location à l'entrepreneur son matériel et son personnel de sondage, on pourra l'intéresser par une prime variable sur l'avancement et par une prime fixe qui sera donnée en fin de travail, si les recherches ont été satisfaisantes. Cela se fera surtout quand on loue la main-d'œuvre.

Comme dans le cas des prix à l'entreprise, on pourra prévoir une échelle mobile de primes suivant que l'on traverse des terrains tendres ou des terrains durs.

Prix de revient. — Quel que soit le mode de paiement adopté, des moyennes ont été faites dans le but d'établir le prix de revient des divers sondages et ces moyennes ont donné les résultats suivants.

Pour les *sondages avec tiges en fer* on obtient, d'après M. l'ingénieur en chef des Mines Fèvre, les prix de revient suivants dans le Nord de la France :

		Francs.	
Jusqu'à 100 mètres de profondeur......		60	le mètre
— 200 — —		75	—
— 300 — —		90	—
— 400 — —		105	—
— 500 — —		120	—
— 600 — —		135	—

Ces résultats s'appliquent à des terrains suffisamment réguliers. Si les roches sont ébouleuses, et qu'il faille tuber, on dépensera 200 francs et 306 francs du mètre, pour des profondeurs allant à 800 mètres et 1.100 mètres. On admet, en général, 200 et 300 francs du mètre pour des trous de sonde de 600 mètres à travers des terrains durs bouleversés par des failles. Un sondage fait en régie dans le Gard a coûté 400 francs du mètre pour une profondeur qui ne dépassait pas 246 mètres.

En revanche, dans l'Est, on a recherché du minerai de fer jusqu'à 240 mètres de profondeur, sans que le prix de revient dépassât 70 francs du mètre.

Dans d'autres pays, en Hongrie, par exemple, on est descendu à plus de 900 mètres pour 500 francs le mètre courant, et en Bohême on a atteint 1.200 et 1.300 mètres à raison de 175 francs et 290 francs par mètre. Les prix sont donc assez variables.

Dans des *sondages à la corde*, on avait autrefois un prix de revient de 80 et de 100 francs pour des profondeurs de 400 mètres. Aujourd'hui on atteindrait, en Amérique, 250 mètres à raison de 28 fr. 40 et même de 15 fr. 40 par mètre· Il est vrai qu'en Europe un sondage à la corde fait avec un appareil américain a coûté 75 francs le mètre.

Le *sondage canadien* revient à un prix minime, 7 francs par mètre, s'il descend à faible profondeur. Il faut compter en sus le tubage qui coûte 35 francs le mètre courant. Il faut faire intervenir aussi quelques dépenses d'amortissement du prix d'achat du matériel. A 300 mètres de profondeur, la moyenne générale sera 100 à 135 francs par mètre.

Les *sondages au trépan avec circulation d'eau* sont peu coûteux, quand il s'agit de sondages Fauvelle à faible profondeur. S'il n'y a que des dépenses de main-d'œuvre, le mètre linéaire reviendra à 12 ou 18 francs. Lorsqu'on doit tuber, on dépense 38 francs jusqu'à 120 mètres et 45 francs jusqu'à 250 mètres. Toutefois, ces prix sont assez variables comme pour les autres appareils de sonde, tant à cause de la vitesse d'avancement que de la nature changeante des terrains. On a pu faire jusqu'à 370 mètres un sondage qui n'a coûté que 12 fr. 50 du mètre, tandis qu'un autre sondage poussé à 303 mètres seulement est revenu à 117 francs le mètre. On peut dire que les prix oscilleront entre ces deux extrêmes.

En ce qui concerne l'appareil Raky, l'achat du matériel est beaucoup plus onéreux et, si la rapidité d'avancement est très considérable, il ne paraît pas certain que la sonde puisse descendre sans mécompte à de grandes profondeurs, de sorte que l'amortissement du prix du matériel ne devient avantageux que dans le cas de très nombreux sondages.

Le *sondage au diamant* est de toutes les méthodes celle qui est la plus rapide. Ce devrait être par conséquent la moins coûteuse. Mais on s'expose fréquemment à des pertes de diamant et de ce chef le prix de revient du mètre est notablement augmenté. En Australie, pour une profondeur de 10 kilomètres de sondage, la dépense de renouvellement des diamants s'est élevée à 15 francs par mètre. Elle peut, il est vrai, ne pas être supérieure à 1 fr. 25 par mètre. Elle peut aussi atteindre 40, 50 et même 71 francs par mètre, comme cela s'est produit en Bohême en raison du grand diamètre de la couronne. Le diamètre de cette couronne comme la perte des diamants peut majorer dans de fortes proportions le coût de l'avancement. Les forages américains sont moins onéreux que ceux pratiqués en Allemagne et en Angleterre.

Le prix de revient d'un sondage au diamant varie ainsi dans de larges mesures. Le prix d'une série de sondages faits en Allemagne a oscillé entre 40 et 190 francs, quelques-uns de ces sondages atteignant et dépassant même 1.000 mètres. Dans des terrains de dureté moyenne et à une profondeur ordinaire on peut admettre une dépense de 125 francs comme chiffre moyen.

Influence de la nature des terrains sur le prix de revient. — Ainsi qu'on l'a vu, la nature des terrains contribue, pour une large part dans les variations du prix de revient.

Selon qu'il se trouve dans un terrain dur ou dans un terrain tendre, le *sondage avec tiges en fer* peut voir son avance-

ment réduit de plus d'un tiers. Il y a vingt-cinq ans Callon
donnait les chiffres suivants comme moyenne d'avancement
dans les divers terrains pour deux postes, l'un de jour,
l'autre de nuit :

1° Terrains tertiaires et crétacés assez ébouleux
    (forages poussés aux environs de 100 mètres). $1^m,05$

2° Terrains crétacés (forages de 200 à 300 mètres)
    avec peu de silex........................ $1^m,33$
    Très siliceux........................... $0^m,85$

3° Terrains durs et siliceux (grès bigarrés et grès
    des Vosges) (forages de 150 à 200 mètres).. $1^m,16$
    — (forages de 650 mètres)............... $0^m,86$

4° Terrain houiller facile (sondages à profondeur
    faible)................................. $1^m,78$

Ces résultats sont parfois meilleurs aujourd'hui, grâce aux
perfectionnements apportés aux appareils ; mais, si les avancements sont très rapides dans les terrains tendres, ils sont
toujours restés pénibles dans les terrains extra-durs. Dans
les alluvions ou dans les sables, on descendra de 20, de
25, de 30 mètres par jour et le retard apporté à l'avancement proviendra uniquement de la nécessité du tubage ou
de la nature ébouleuse des terrains. MM. de Hulster ont fait
24 mètres par jour, dans la craie de Quiévrechain. Dans des
schistes assez durs on fore aisément $1^m,50$ et 2 mètres par
jour jusqu'à la profondeur de 300 mètres. C'est la nécessité
du curage qui est une cause de retard à cette profondeur, car
on produit une grande quantité de déblais. Dans des grès très
durs on n'avancera que de $0^m,50$ et même de $0^m,30$. Dans des
granites et dans des terrains éruptifs on fait $0^m,10$ ou $0^m,20$.

Des sondages entrepris il y a cinq ou six ans dans le Pas-
de-Calais pour des recherches de houille, sondages où les
terrains traversés étaient en général les mêmes et se compo-
saient de tertiaire, de crétacé et de jurassique, puis de
terrains anciens (silurien, dévonien ou houiller), ont donné,
à des profondeurs variables, les avancements moyens suivants

avec des appareils munis d'outils à chute libre à réaction. Ces avancements sont assez caractéristiques :

PROFONDEUR DU SONDAGE.	AVANCEMENT MOYEN.
440 mètres	1^m,46
387	1^m,93
373	1^m,62
313^m,20	2^m,74
443^m,10	1^m,69
385	1^m,56
455^m,50	1^m,75
240^m,25	1^m,83
458^m,60	2^m,02
193^m,25	1^m,79

Trois sondages faits dans la même région du Pas-de-Calais et ayant traversé le terrain crétacé pendant près de 200 mètres sans discontinuer ont donné respectivement les résultats suivants :

PROFONDEUR DU SONDAGE.	AVANCEMENT MOYEN.
243^m,15	5^m,65
188^m,70	5^m,24
203^m,15	4^m,61

Certains terrains retardent la vitesse d'avancement; ce sont ceux qui se gonflent après le passage de la sonde. Le trépan se coince, comme nous l'avons dit au chapitre XI, et le sauvetage de l'appareil de sonde peut être préjudiciable à la vitesse d'avancement.

Le *sondage à la corde* craint moins la présence des terrains durs. Il s'applique surtout dans des terrains de moyenne dureté qui ne risqueront pas d'empâter le trépan. En Pensylvanie, où on le pratique fréquemment, il traverse des assises dévoniennes ou carbonifères avec un avancement journalier de 8 à 10 mètres.

Dans des calcaires durs on a obtenu 7 mètres. Près

de New-York un sondage de 150 mètres a été fait dans le granite à raison de $7^m,90$ par jour. Près de Louisville un sondage de même profondeur dans les quartzites a foré $3^m,57$ par jour. Un porphyre fissuré a pu être traversé en Bohême à raison de $4^m,50$, tandis qu'une roche extra-dure a ramené l'avancement à $0^m,30$ seulement.

Le *sondage canadien* souffre des changements de terrain dans le même rapport que le sondage avec tiges en fer dont. il n'est d'ailleurs qu'une modification.

Quant au *sondage au trépan avec circulation d'eau* il profite comme les autres sondages des majorations de vitesse qu'on peut obtenir dans les terrains tendres ; il présente même dans ces terrains un avantage sur les autres systèmes en raison de l'injection d'eau. Le trépan, en effet, n'aura qu'à affouiller les terrains meubles, et les particules de ces terrains seront enlevées à mesure par le courant d'eau. On peut obtenir ainsi des avancements journaliers de 50 et 60 mètres. En revanche dans les mêmes terrains meubles un inconvénient se produira, inconvénient dont nous avons déjà parlé. On risquera de passer à côté de couches de substances utiles sans en remonter les échantillons et sans reconnaître leur présence.

On peut définir de la manière suivante les différences d'avancement avec les changements de terrain. On passe de $2^m,96$ par jour pour un sondage de 300 mètres à travers le jurassique à des avancements journaliers de 46 mètres pendant 140 mètres à travers des sables et des argiles avec lignite et de 24 mètres pendant 370 mètres dans les mêmes terrains.

Dans les terrains durs les sondages à circulation d'eau éprouvent des retards, quel que soit le nombre des coups à la minute. L'appareil Raky peut toutefois forer, à 120 milli- mètres de diamètre, dans des grès durs, $0^m,80$ par jour, là où un sondage du système Arrault ne ferait que $0^m,20$ avec un diamètre de 200 millimètres.

Le *sondage au diamant* n'est pas fait pour les changements de terrain. Quand il y a de brusques et fréquentes variations dans la dureté, on s'expose à perdre les diamants qui se brisent et qui s'écrasent sous l'effet des chocs. Si les terrains se maintiennent parfaitement constants et ne présentent pas de cassures, on obtiendra les avancements suivants dans les roches énumérées ci-dessous :

Quartz............	2,5	à	3	centimètres par minute
Granite..........	5	à	8	— —
Dolomie..........	8	à	10	— —
Grès dur.........	8	à	10	—. —
Grès tendre.......	10	à	11,2	— —

Ces chiffres sont plutôt des maxima. Une meilleure moyenne est celle qui est donnée par le sondage de Mörbach. Dans un grès dur qui a persisté pendant 300 mètres on a pu descendre de 15 mètres par jour.

On peut citer encore les avancements moyens par heure qui sont indiqués ci-dessous pour des terrains de nature diverse.

Diorite.	$0^m,212$		par heure.
Gneiss..............	$0^m,145$		—
Quartzites..........	$0^m,56$		—
Calcaire.	$0^m,21$	à $0^m,88$	—
Poudingues.........	$0^m,52$		—
Grès...............	$0^m,33$	à $0^m,76$	—
Grès bigarré.........	$0^m,40$		—
Schistes argileux.....	$0^m,38$		—
Terrain houiller......	$0^m,23$	à $0^m,80$	—
Terrain permien.	$0^m,74$		—
Terrain triasique.....	$0^m,59$		—
Sel gemme..........	$2^m,30$		—
Marne salifère........	$0^m,78$		—
Minerai de fer........	$1^m,60$		—

On voit par ce tableau combien la compacité, et non point la dureté des terrains, influe sur l'avancement. C'est ainsi que des schistes argileux sont moins rapides à forer que des schistes durs ; des marnes salifères seront traversées moins vite que des couches compactes de sel gemme. Enfin les terrains très fissurés amènent des pertes fréquentes de diamants. Les conglomérats sont surtout de nature à gêner un sondage au diamant.

Influence de la vitesse de perforation sur le prix de revient. — L'élément qui décidera surtout du prix de revient, c'est la vitesse de perforation du trou de sonde. Cette vitesse varie avec le système de sondage adopté.

La méthode avec tiges en fer ne donne jamais des vitesses très considérables. On pourrait espérer augmenter cette vitesse en diminuant le diamètre du trou de sonde, mais l'avantage n'est pas aussi immédiat qu'on le croirait. On n'a d'ailleurs intérêt à diminuer le diamètre qu'à une certaine profondeur, et à cette profondeur la vitesse d'avancement est réduite d'une manière très sensible par la lenteur des manœuvres.

L'influence que peut avoir la profondeur pour réduire l'avancement journalier, est visible sur le tableau suivant qui donne une moyenne de plusieurs sondages effectués dans le Nord de la France :

De 150 à 200 mètres (moyenne de 4 sondages)					$3^m,24$
200 à 300	—	–	6	—	$2^m,11$
300 à 400	—	—	4	—	$1^m,85$
400 à 500	—	—	4	—	$1^m,71$
500 à 600	—	—	2	—	$1^m,37$

En général, un sondage avec tiges en fer peut atteindre, comme vitesse moyenne, $1^m,81$ jusqu'à 600 mètres et $0^m,87$ jusqu'à 1.200 mètres dans des terrains d'une dureté moyenne.

La méthode canadienne est plus rapide. Il est vrai qu'elle descend à des profondeurs moindres. L'avancement moyen est de 3 à 4 mètres par jour. On compte en général un avancement de 60 mètres par mois dans les grès. On peut en trois mois terminer un sondage de 300 mètres. Il faut, bien entendu, qu'aucun accident ne survienne.

Le sondage à la corde est plus rapide encore. On cite des moyennes exceptionnelles de 36 mètres et de 27 mètres par 24 heures. Les moyennes courantes sont 8 et 10 mètres. Près de Washington on a conduit des sondages jusqu'à la profondeur de 800 mètres à raison de 8 mètres par jour. Un sondage de 1.000 mètres a été fait avec un avancement journalier de 6^m, 87. Un autre sondage poussé à 1.400 mètres a bénéficié de 5^m,60 comme vitesse moyenne.

Le sondage Fauvelle peut donner des vitesses de perforation analogues. On a obtenu des avancements de 30 mètres par jour, surtout quand il s'agissait de sondages peu profonds. Une série de sept sondages dans l'Aveyron a donné :

3^m,80 par jour jusqu'à   40 mètres
3^m,05　　　—　　　100　—
2^m,63　　　—　　　150　—
1^m,80　　　—　　　175　—

soit une moyenne de 2^m,17.

Quoique le procédé Raky présente des variations considérables dans l'avancement, on peut estimer que la vitesse moyenne est de 5 à 6 mètres par jour jusqu'à une profondeur de 400 ou 500 mètres. En Russie, un sondage de 359 mètres de profondeur s'est fait en quarante-cinq jours à raison de 6^m,50 par jour. Dans les parties schisteuses, on descendait de 10 mètres et dans les parties gréseuses de 2 mètres.

Le sondage au diamant réalise, en général, 12 mètres par vingt-quatre heures. On peut tomber à des vitesses de 5 mètres et atteindre, en revanche, 24 mètres et même 50 mètres. Mais ces résultats ne sont possibles qu'avec des appareils américains d'un petit diamètre. En Allemagne où, après un sondage Fauvelle, on emploie une couronne à diamants d'un diamètre forcément assez élevé, les avancements dépassent rarement 7 mètres par jour. On obtient plus souvent 3 ou 5 mètres, et l'on tombe même parfois à $1^m,40$ ou à $0^m,54$.

L'influence de la réduction du diamètre est donc plus tangible avec les sondeuses au diamant qu'avec les appareils à tiges en fer.

Toutes ces différences dans les avancements suivant les divers modes de sondages expliquent nettement pourquoi les fluctuations sont si grandes dans les prix de revient.

Choix d'un système de sondage. — Peut-on, après tout ce qui a été dit, se prononcer pour l'adoption de tel ou tel mode de sondage ? Evidemment non. La profondeur à laquelle sera poussé le sondage, la rapidité avec laquelle il sera conduit, la substance qu'il devra rechercher, les terrains qu'il sera susceptible de rencontrer sont autant de facteurs qui feront hésiter sur le choix d'un appareil.

Pour un sondage à grande profondeur on fera usage du diamant. Celui-ci peut descendre à 2.000 mètres. Le maximum qu'on ait atteint est $2.003^m,54$ au sondage de Paruschowitz. Il est vrai qu'on poussera rarement jusque-là une recherche de mines. Avec le sondage au diamant, la recherche sera bien faite au point de vue de la coupe géologique des terrains, car les carottes remontées seront de bons échantillons pour établir cette coupe géologique. Toutefois il ne faudra pas que les carottes se cassent, comme cela arrive dans les terrains tendres. Dans ce cas particulier le sondage au diamant doit plutôt être écarté.

Si l'on veut faire très rapidement des recherches de mines à de faibles profondeurs, on emploiera le sondage Fauvelle ou Raky. Avant de s'y résoudre, il faut bien examiner, toutefois, si l'on a assez d'eau dans le voisinage et si cette eau n'est pas exposée à geler en raison des conditions climatériques de la région.

Pour chercher le pétrole, on emploiera le sondage à la corde ou le sondage canadien. On songe parfois au sondage Raky, mais l'injection d'eau peut masquer la venue pétrolifère.

Si l'on cherche de l'eau, ce sera le sondage à la corde ou le sondage avec tiges en fer que l'on choisira. Le sondage à la corde, inapplicable dans le cas des couches verticales ou fissurées, se pratique d'autant mieux alors, car il faut traverser des couches horizontales.

Le sondage avec tiges en fer est le plus lent, mais c'est aussi le plus sûr. Avec lui il y a moins d'aléa, moins d'accidents. Il traversera également les terrains tendres et les terrains durs, les couches horizontales comme les couches verticales.

Ces quelques renseignements seront une première indication pour le choix d'un système de sondage. Mais ce ne sont que des indications et bien des cas particuliers se produiront où tel appareil pourra être préféré à tel autre.

TROISIÈME PARTIE

ÉTUDE ÉCONOMIQUE D'UN GITE

CHAPITRE XIII

TRAVAUX TOPOGRAPHIQUES DE PROSPECTION

Boussole et baromètre. — Méthode photographique. — Définitions. —
Formule fondamentale. — Photothéodolite Laussedat. — Réglage
de l'appareil. — Opérations sur le terrain. — Rapport des plans.
— Calcul des cotes d'altitude. — Considérations générales sur les
levés topographiques. — Photothéodolites divers. — Phototachéomètre Vallot. — Appareil simple de prospection.

Boussole et baromètre. — Tout ingénieur, quand il va
reconnaître une mine, emporte avec lui une boussole pour
mesurer les directions et un baromètre pour effectuer des
nivellements rapides.

La boussole est une boussole portative qu'il tiendra à la
main sans la poser sur un pied. Elle sera munie en général
d'un déclimètre pour mesurer sur les affleurements les incli-
naisons moyennes des couches. Cette petite boussole porte
deux halidades à pinules et permettra de faire quelques
levés de terrain rapides par cheminement à condition que
les points visés ne soient pas trop éloignés. Les polygones
déterminés se ferment parfois sans trop d'erreur.

Le baromètre est employé en pays de montagne pour

calculer la différence d'altitude entre deux points très éloignés et placés à des niveaux de plusieurs centaines de mètres. Il faut alors opérer des corrections de température résultant du fait que l'on a fait les observations à des heures différentes de la journée ou que le thermomètre a varié avec le changement d'altitude. Il faut aussi tenir compte des variations diverses de la pression pendant la journée. Enfin les conditions hygrométriques ne sont plus les mêmes.

En général, on peut estimer qu'on calculera les hauteurs d'altitude entre deux points très éloignés et placés à des cotes très différentes avec une erreur de 10 à 15 mètres. La formule de correction est d'ailleurs la formule bien connue de Laplace,

$$\mathbf{D} = 18.393 \text{ mètres } (1 + 0,002.837 \cos 2\lambda)\left(1 + \frac{t + t'}{500}\right)\log\frac{h}{h'},$$

t et *t'* étant les températures des stations où ont été observées les hauteurs barométriques *h* et *h'* sous la latitude moyenne λ.

Quand on mesure la différence d'altitude entre deux points rapprochés, on peut le faire avec une certaine exactitude, à condition de choisir ses heures et ses jours d'opération. La formule de Laplace suppose en effet l'atmosphère au repos et la pression atmosphérique égale exactement au poids de l'air. Si l'on fait les corrections à l'aide de cetteformule, comme ses coefficients numériques, établis théoriquement et modifiés légèrement par l'expérience, donnent lieu à des calculs assez longs, nous conseillons plutôt de prendre les résultats dans l'*Annuaire du bureau des longitudes* où ils sont calculés chaque année à l'avance.

Il faudra, par la suite, opérer un nivellement avec un appareil autre qu'un baromètre. Il faudra faire aussi un levé au tachéomètre et non plus seulement à la boussole. Toutefois, pour suppléer parfois à ces levés complets qui sont trop longs pour reconnaître rapidement une région minière très étendue, on peut faire usage avec avantage de la photographie[1].

Méthode photographique. — La méthode dont le principe a été posé, vers 1850, par M. le colonel Laussedat n'a été appliquée d'une façon sérieuse que depuis quelques années seulement. Elle repose tout entière sur le fait qu'une image photographique peut être considérée comme étant une perspective exacte. Etant données les formes d'un objet, la géométrie descriptive nous fournit les moyens de déterminer sa perspective, et réciproquement, connaissant la perspective d'un objet, de procéder à la restitution de cet objet.

Définitions. — Un plan vertical tel que TT sur lequel se dessine notre perspective porte le nom de *plan du tableau.* Le point P duquel l'observateur voit la perspective s'appelle *point de vue.* Soit M un point dans l'espace ; l'intersection *m* de la ligne MP avec le plan du tableau est la perspective

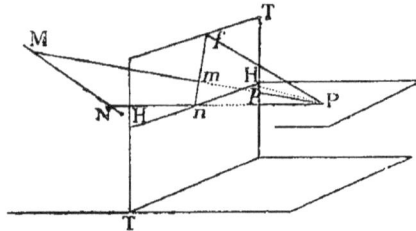

Fig. 105. — Point de vue, point de fuite, ligne d'horizon.

du point M; *mn* est la perspective de la droite M N (*fig.* 105). Si l'on mène P*f* parallèle à la droite MN, l'intersection *f* de cette droite avec la perspective *mn* est le *point de fuite* de la droite.

Le plan PHH est le *plan d'horizon;* l'intersection HH du plan d'horizon avec le plan du tableau s'appelle la *ligne d'horizon;* le pied *p* de la perpendiculaire P*p* abaissée du point de vue sur la ligne d'horizon porte le nom de *point principal;* enfin la distance P*p* = *d* s'appelle *distance principale.*

Formule fondamentale. — Soient K un plan de front et **T** le plan du tableau. Soient également P le point de vue, P*p*K le rayon principal. Une figure ABC du plan de front K a

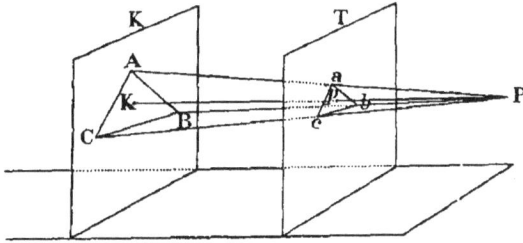

FIG. 106. — Plan de front et sa perspective.

pour perspective une figure semblable *abc* (*fig.* 106), et l'on a évidemment :

$$\frac{ab}{AB} = \frac{bc}{BC} = \frac{ca}{CA} = \frac{Pp}{PK} = \frac{d}{D} \qquad (1)$$

en désignant par D la distance PK.

Donc, toutes les lignes situées dans un plan de front ont pour perspectives des lignes parallèles, semblablement placées, et réduites dans un rapport constant $\frac{D}{d}$ · Ce rapport constant prend le nom d'*échelle de réduction* du plan de front défini par la distance D.

Si H est la longueur d'une ligne du plan de front, et h celle de sa perspective, on déduit de (1) :

$$\frac{h}{H} = \frac{d}{D}$$

d'où les quatre combinaisons :

$$h = H \cdot \frac{d}{D}$$
$$D = d \cdot \frac{H}{h}$$
$$H = h \cdot \frac{D}{d}$$
$$d = D \cdot \frac{h}{H}$$

qui définissent séparément chacune des quantités d, D, H et h en fonction des trois autres.

Une photographie n'est autre chose qu'une perspective géométrique dont le plan du tableau a été successivement la glace dépolie de la chambre noire, la plaque sensible et enfin l'épreuve photographique. Dans cette perspective, la distance principale est la longueur focale de l'objectif.

Nous supposons connus et marqués sur la photographie :

1° La ligne d'horizon HH ;

2° Le point principal p ;

3° La longueur focale de l'objectif.

Soit M un point de l'espace, m sa photographie prise du point P (*fig.* 107). Si nous rabattons le plan du tableau sur le plan d'horizon, la perspective m du point M va se placer sur une perpendiculaire à la ligne d'horizon élevée du point m' et à une hauteur égale à mm'. Le point M aura été observé dans la direction Pm'. Ce rabattement nous fournit l'analogue de la photographie (*fig.* 108). Dans cette photographie nous connaissons :

$mm' = h$ que nous pouvons mesurer directement sur l'épreuve;

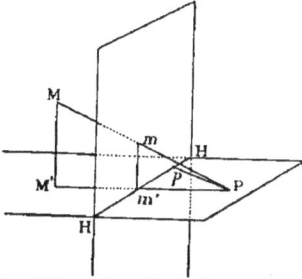

FIG. 107. — Représentation géométrique d'une opération photographique.

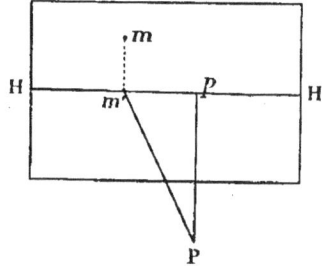

FIG. 108. — Rabattement de la photographie.

Et $P p = d$, que nous supposons connue par hypothèse.
Or la formule fondamentale

$$\frac{h}{H} = \frac{d}{D}$$

contient encore deux inconnues H et D; il y aurait donc indé-

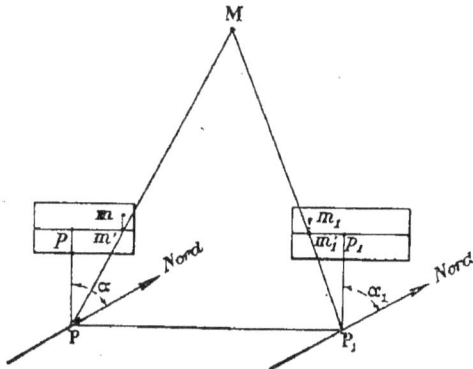

FIG. 109. — Photographie double tendant à déterminer la position d'un point de l'espace.

termination du problème. L'indétermination se lève de la façon suivante.

Supposons (*fig.* 109) deux photographies d'un même point mm_1 prises respectivement des extrémités P et P_1 d'une base connue et rapportée à l'échelle du plan. De P le point a été vu dans la direction Pm', et de P_1 le même point a été vu dans la direction $P_1m'_1$. L'intersection de ces deux directions nous donnera donc en M la position du point sur le plan, et la solution du problème de planimétrie.

La distance PM relevée directement sur le plan à l'échelle du rapport n'est autre chose que la distance D.

La formule fondamentale ne contient plus alors qu'une seule inconnue H, hauteur du point au-dessus du plan d'horizon. L'expression

$$H = h \cdot \frac{D}{d}$$

nous fournit pour le point considéré la solution du problème de nivellement.

Photothéodolite Laussedat. — Les différentes données permettant de dresser un plan par la méthode dont nous venons d'exposer les principes, peuvent être recueillies sur le terrain à l'aide du photothéodolite imaginé par le colonel Laussedat. Cet instrument n'est autre chose qu'une chambre noire fixée sur le cercle horizontal d'un théodolite et à laquelle sont accolés lunette, cercle vertical, en un mot tous les organes du théodolite.

L'objectif, fixé sur un cône en aluminium, est aplanétique et à grand angle d'ouverture; sa distance focale est fixe. Cet objectif peut être élevé ou abaissé de quantités convenables permettant de relever la zone la plus intéressante du terrain. Ces déplacements qui, en réalité, correspondent à un égal déplacement de la ligne d'horizon, sont évalués à l'aide d'une échelle fixe placée sur le devant de la chambre noire.

La lunette de l'appareil est une lunette stadia, ce qui fait que l'ensemble peut également être utilisé comme tachéomètre. D'ailleurs, les réglages à faire subir à l'instrument sont absolument les mêmes que pour le tachéomètre.

Avant de commencer les opérations, il est absolument indispensable de pouvoir résoudre les cinq problèmes suivants :

1° Rendre verticale la glace dépolie de la chambre noire ;

2° Tracer la ligne d'horizon sur le cliché ;

3° Indiquer le point principal ;

4° Déterminer la distance focale d ;

5° Orienter les photographies.

Examinons successivement chacun de ces problèmes.

Réglage de l'appareil. — En premier lieu, pour rendre la glace dépolie verticale, on le fait, comme dans les autres instruments topographiques, à l'aide d'une bulle qui permet de rendre vertical le pivot de l'instrument et par conséquent de rendre également verticale la glace dépolie de la chambre noire.

La détermination de la ligne d'horizon et du point principal s'opère ainsi. De construction l'axe optique de la lunette doit être parallèle à l'axe principal de l'objectif, et à la même hauteur que celui-ci, lorsque cet objectif est au zéro de l'échelle servant à évaluer ses déplacements verticaux. La ligne d'horizon se déterminera à l'aide de points qui peuvent se fixer à demeure au-devant de la plaque sensible à impressionner.

La position de ces points sera fixée de la façon suivante. L'instrument étant en station et l'axe de la lunette étant rendu horizontal, on vise avec cette lunette un point éloigné M et, en faisant tourner tout l'instrument dans un plan horizontal, on remarque la position des images A et B données successivement sur les bords verticaux de la glace par le point M. Il suffit alors d'amener les deux points a et b, en coïncidence avec ces images. La ligne *ab* n'est autre chose que la ligne d'horizon (*fig.* 110). Il est bien entendu que la position des repères *a* et *b* se vérifiera de temps à autre.

Voyons maintenant comment l'on détermine la position du point principal.

L'axe optique de la lunette et l'axe principal de l'objectif se trouvant dans des plans verticaux très rapprochés, on peut considérer un point très éloigné appartenant au premier comme appartenant aussi au second. Ceci posé, on vise au moyen de la lunette deux points C, D très

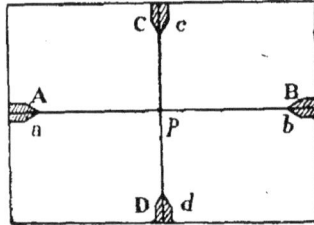

FIG. 110. — Détermination du point principal.

éloignés et donnant des images sur les bords horizontaux de la glace dépolie. Si l'on amène les deux points *c* et *d* en coïncidence avec les images données par les points C et D, l'intersection de la ligne *cd* et de la ligne d'horizon *ad* nous fournira la position du point principal *p*.

Remarquons, en passant, que, la ligne *cd* restant fixe, si l'on abaisse et si l'on élève l'objectif par rapport à la ligne d'horizon, le point principal se trouvera abaissé ou élevé d'autant par rapport à la ligne d'horizon déterminée primitivement.

Pour déterminer la longueur focale de l'objectif ou de la distance principale *d*, le procédé consiste à photographier une mire tenue verticalement et à évaluer directement par un chaînage la distance D de la mire à l'instrument.

Dans l'expression

$$d = D \cdot \frac{h}{H},$$

nous connaissons H longueur de la mire, D mesuré directement sur le terrain, et *h* qui est pris sur la photographie, également par une mesure directe. La valeur de d s'obtient donc très facilement. Il est bien évident que l'on pourrait remplacer la mire par n'importe quel objet de longueur connue.

Quant à l'orientation de photographies, elle s'obtiendra d'une façon extrêmement simple, si l'instrument est muni d'un déclinatoire. Il suffira d'orienter le cercle horizontal et de relever l'angle fait par la direction de l'axe principal de l'objectif avec la ligne nord-sud.

Opérations sur le terrain. — Nous allons admettre, tout d'abord, que le terrain est complètement découvert et que toutes les parties de la concession sont à la fois visibles de deux points quelconques choisis d'une façon absolument arbitraire. Soient S_1, S_2, ces points. Supposons déterminées, la distance $S_1 S_2$ et l'orientation de cette ligne. L'instrument sera mis en station en S_1 et, suivant la valeur de l'angle de champ de l'objectif, on prendra un plus ou moins grand nombre de clichés du terrain, de façon à effectuer un tour d'horizon complet. Ce nombre de clichés sera au minimum

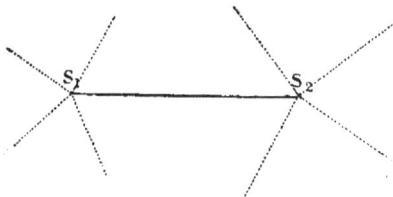

Fig. 111. — Visées successives de deux points sur le terrain.

de quatre (*fig.* 111) et au maximum de neuf, la valeur de l'angle de champ variant de 45 à 100°. Théoriquement huit clichés au maximum seraient suffisants avec un objectif ayant un angle de champ de 45°; mais, étant donné que les parties communes des clichés sont seules utilisables, il ne faudra pas craindre d'augmenter le nombre des opérations de chaque station afin d'éviter toute surprise au moment du travail de bureau.

La détermination de la distance $S_1 S_2$ peut se faire soit par un chaînage régulier, soit en se servant de la lunette stadia de l'instrument. L'emploi d'une mire deviendra alors nécessaire.

Si deux stationnements ne sont pas suffisants pour reconnaître l'ensemble de la concession, ce qui aura lieu, lorsque les surfaces à relever présenteront de grandes étendues, on pourra procéder par cheminement. Les stations successives seront alors déterminées comme dans les opérations tachéo-métriques. Il sera bon dans ce cas, afin d'obtenir une plus grande exactitude, de procéder à une triangulation préa-lable. Quelques opérateurs préfèrent souvent choisir leurs bases en dehors des limites du levé, ainsi que l'indique la figure 112. A notre avis, cette manière de faire, **fort**

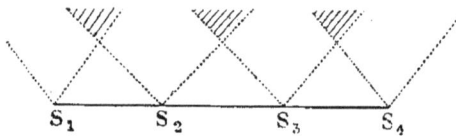

FIG. 112. — Levé photographique par cheminement.

commode lorsqu'il s'agit de parties inaccessibles, est le plus souvent défectueuse, car on réduit dans une proportion con-sidérable la valeur des parties communes, les seules utili-sables, et l'on néglige, en outre, le nivellement de la base, le seul qui dans l'espèce présente quelque garantie d'exacti-tude.

Rapport des plans. — Les clichés obtenus sur le terrain sont généralement développés en rentrant au bureau, et, les épreuves obtenues, on procède au rapport du plan. On commence par tracer la ligne de base des opérations, à l'échelle que l'on se propose d'obtenir. Le rapport devra être effectué par la méthode des coordonnées rectangulaires après compensation des différentes épreuves photogra-phiques relevées de chaque station. Cette mise en place qui permettra d'effectuer le rapport des points intéressants, s'obtient de la façon suivante.

Soit P la station considérée (*se reporter à la fig.* 109); on commence par indiquer d'un léger trait de crayon la direction nord passant par le point P et l'on oriente la photographie suivant l'angle α qu'elle fait avec la direction nord.

La direction P*p* est la direction de l'axe principal de l'objectif; si donc nous prenons sur cette direction P*p* = *d*, *p* sera la position du point principal, et il ne restera plus alors qu'à mettre le point principal déterminé sur l'épreuve, en coïncidence avec le point *p* et à coller cette épreuve de telle façon que la ligne d'horizon HH soit perpendiculaire à la direction P*p*.

Les différentes épreuves étant pour chaque station mises en place par le procédé que nous venons d'indiquer, il ne restera plus qu'à rechercher les points communs figurant sur ces différentes épreuves, les projeter sur la ligne d'horizon, et joindre ces projections aux stations correspondantes pour obtenir par intersection la position en plan des points considérés.

Calcul des cotes d'altitude. — Nous avons vu précédemment de quelle façon le problème du nivellement pouvait être résolu par la méthode photographique et que l'expression

$$H = h \cdot \frac{D}{d}$$

nous fournissait pour un point quelconque la distance verticale de ce point à la ligne d'horizon. Suivant que le point sera situé au-dessus ou au-dessous de la ligne d'horizon, il conviendra d'attribuer le signe + ou le signe — à la valeur obtenue pour H.

Examinons maintenant de quelle façon nous pourrons procéder d'une façon simple au calcul des cotes d'altitude.

Pour les stations successives sur lesquelles s'appuiera tout l'ensemble du nivellement des points de détail, il conviendra toujours, pour augmenter l'exactitude des opérations, de procéder à leur nivellement par observations réciproques comme dans les levés tachéométriques.

Soit S la cote d'une station quelconque, a la hauteur de l'instrument en station, cette hauteur étant comptée depuis la tête du piquet jusqu'au centre de l'objectif, la cote du plan d'horizon et, par conséquent, de la ligne d'horizon sera :

$$S' = S + a$$

de sorte que la cote d'un point quelconque caractérisé par une distance verticale H de la ligne d'horizon sera :

$$S_1 = S + a \pm H = S' \pm H,$$

selon que H sera au-dessus ou au-dessous de la ligne d'horizon.

La valeur de S' sera calculée pour les différentes stations, puis h sera mesuré sur les différentes épreuves et H calculé dans chaque cas particulier, enfin S_1 calculé également pour chaque cas. La cote définitive adoptée sera la moyenne des différentes valeurs obtenues.

Considérations générales sur les levés photographiques. — Tout ce que nous venons d'exposer précédemment est exact à la condition, toutefois, que l'image obtenue dans la chambre noire soit une perspective parfaite sans déformation appréciable. Pour arriver à ce résultat, il sera préférable d'employer des objectifs composés formés de lentilles non accolées, objectifs qui, suffisamment diaphragmés, corrigent mieux les perturbations subies par l'image. Nous ne pourrions, sans sortir du plan de cet ouvrage, nous étendre longuement sur cet important sujet; nous signalerons seulement un certain nombre de faits qui permettront à l'opérateur de faire un choix judicieux de l'objectif à employer.

Les perturbations les plus graves qui se produisent dans la formation des images, et qui amènent leur déformation sont les suivantes :

1° L'aberration de sphéricité ;

2° L'aberration de réfrangibilité ;

3° La distorsion.

L'aberration de sphéricité est le phénomène par lequel les rayons lumineux ne concourent plus mathématiquement au foyer de l'objectif, mais coupent l'axe optique en des points différents, en formant une surface dite *caustique*. On obvie à cet inconvénient en resserrant l'ouverture au moyen de diaphragmes. Un objectif dans lequel ce défaut n'existe pas est dit *aplanétique*. Le défaut pourrait encore être corrigé en employant non plus des lentilles à courbure sphérique, mais des lentilles à courbure parabolique. La taille des lentilles à courbure parabolique étant en général très difficile, on préfère atténuer le défaut en combinant les courbures des surfaces, de façon à obtenir la compensation. La forme qui semblerait le mieux répondre aux conditions du problème, est celle dans laquelle les rayons de courbure de la lentille sont dans le rapport de 1 à 6.

L'aberration de réfrangibilité est le phénomène par lequel les rayons de lumière blanche se décomposent et donnent des images colorées. On corrige habituellement ce défaut en formant l'objectif de lentilles en cristal de nature différente, généralement flint et crown.

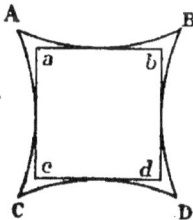

Fig. 113.— Distorsion dans le cas d'un objectif divergent.

L'objectif est alors dit *achromatique*.

Le phénomène qui produit les perturbations les plus graves est celui de la distorsion. On reconnaît qu'il y a distorsion en photographiant un papier quadrillé. Si l'objectif est

divergent, on obtient une déformation indiquée par la
figure 113. L'image formée est ABCD au lieu d'être *abcd*,
et la distorsion est dite en *croissant*.

Si, au contraire, l'objectif est convergent, la distorsion
se produit de façon inverse, l'image est alors
ABCD au lieu d'être *abcd*. La distorsion est
alors dite en *barillet* (*fig.* 114).

Il faut également que l'image formée reste
invariable tant sur le négatif que sur les
épreuves positives qui devront servir au rapport du plan. Nous ne conseillerons jamais
l'emploi des pellicules, malgré leur faible poids
qui permettrait de réduire considérablement

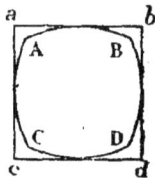

Fig. 114. — Dis-
torsion dans le
cas d'un objec-
tif convergent.

la charge de bagages d'un opérateur. Elles sont en effet susceptibles de se déchirer, et elles se déforment presque toujours
dans les bains du développement ou du fixage de l'image.

On trouve actuellement dans le commerce des plaques
toutes préparées qui présentent toutes les garanties nécessaires contre les déformations d'images. Parmi ces plaques
nous conseillerons celles au gélatino-bromure pour lesquelles
le temps de pose varie de 5 à 30 secondes et qui peuvent
être impressionnées matin et soir, ou par un temps couvert,
lorsque l'éclairement laisse quelque peu à désirer.

On emploie des châssis doubles très légers qui permettent
d'emporter le matin une provision de plaques suffisante pour
le travail de la journée. Le soir, les plaques sont changées au
gîte ; celles qui sont impressionnées sont empaquetées soigneusement, pour être développées à la fin des opérations.

Le papier pour le tirage des positifs se trouve également
tout préparé dans le commerce; il ne doit pas non plus subir
de déformations par suite de son immersion dans les différents bains. Les papiers aristotypes au citrate d'argent
satisfont pleinement à cette condition; ils ont, en outre, l'avantage de ne pas se rouler après le séchage et de présenter une
résistance suffisante pour ne pas nécessiter un collage sur

carton avant leur mise en place pour le rapport du plan.

Il y aura toujours avantage à charger un spécialiste du développement des négatifs et du tirage des positifs. On obtiendra de cette façon un travail mieux fait, plus rapidement exécuté en même temps qu'un prix de revient moins élevé.

Photothéodolites divers. — Dès que la méthode photographique du colonel Laussedat fut connue et que les résultats fournis par elle purent être convenablement appréciés, de nombreux instruments, dérivant pour la plupart du photothéodolite Laussedat, furent proposés aux opérateurs. Citons, entre autres, le photothéodolite Pollack, les photogrammètres du capitaine baron Hübl de l'Institut militaire de Vienne, de Lechner de Vienne, de Werner, le photothéodolite du Dr Meydenbauer, les appareils du Dr Vogel, du Dr Doergens, du Dr Koppe, de l'Ingénieur italien Pio-Paganini, et enfin le phototachéomètre de MM. J. et H. Vallot. Nous nous occuperons seulement de ce dernier.

Phototachéomètre de J. et H. Vallot. — Cet appareil spécialement étudié pour le levé du massif du mont Blanc est à peu près le seul qu'il soit pratiquement possible d'employer, lorsqu'il s'agit de relever un terrain présentant de grandes dénivellations. Il est formé de trois parties principales :

1° Le cercle azimutal ;

2° La chambre noire ;

3° L'éclimètre.

Le cercle azimutal et son déclinatoire sont absolument semblables à ceux des autres appareils géodésiques. Cependant une disposition spéciale permet de diviser automatiquement le panorama photographique en sept secteurs ; six ont une valeur de 60 grades et le dernier une valeur de 40 grades seulement.

La chambre noire est entièrement construite en aluminium ;

elle a la forme d'un prisme droit à base trapézoïdale, la paroi AB correspondant à la glace dépolie, et la paroi CD étant destinée à recevoir l'objectif (*fig.* 115).

Cet objectif peut occuper trois positions situées à des hauteurs différentes et donnant, par conséquent, trois lignes d'horizon parfaitement fixes.

Deux obturateurs permettent de fermer les ouvertures libres lorsque l'objectif est fixé sur la troisième ouverture

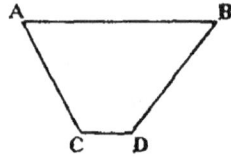

Enfin l'éclimètre qui peut s'adapter sur le cercle azimutal en lieu et place

Fig. 115. — Schéma de la chambre noire du phototachéomètre Vallot.

de la chambre noire, n'est autre chose qu'une alidade holométrique à lunette coudée du colonel Goulier.

Cet appareil offre de nombreux avantages. Outre sa grande plongée, il présente une très grande stabilité et une rigidité parfaite. On évitera ainsi les vibrations sous l'action du vent, et par conséquent on obtiendra des images d'une netteté plus grande. L'appareil est, en outre, très léger [1] et occupe un faible volume, ce qui facilite singulièrement son transport en montagne, surtout dans les parties difficiles où l'on ne peut guère procéder que par escalades.

Appareil simple de prospection. — Les photothéodolites dont nous avons donné la description sont des appareils géodésiques parfaits, mais le prix en est assez élevé. Par un moyen extrêmement simple, on peut, avec une chambre noire ordinaire, réaliser un appareil suffisant pour obtenir l'application judicieuse des méthodes précédemment exposées. Les prospecteurs pourront lever ainsi, rapidement, des surfaces de faible étendue.

Les modifications à faire subir à la chambre noire sont les suivantes.

1. 16 kilogrammes compris mire, trépied et accessoires.

1° Munir le trépied d'un genou à coquille ou, mieux, d'une calotte sphérique qui permettra de placer l'appareil dans une position correspondant à la verticalité de la glace dépolie;

2° Munir la chambre noire d'une bulle sphérique permettant de rendre la glace verticale;

3° Faire graver sur la glace dépolie deux axes rectangulaires et un quadrillage de 0^m,01 de côté;

4° Faire fixer une échelle en millimètres latéralement au châssis porte-objectif, si ce châssis est mobile;

5° Munir la chambre noire d'une boussole qui permettra d'orienter les photographies;

6° Si la chambre est à soufflet, faire placer sur le châssis inférieur une butée qui correspondra à la mise au point à l'infini.

Moyennant ces petites additions et la détermination préalable faite avant le départ des caractéristiques de l'instrument (ligne d'horizon, point principal et distance focale), on obtiendra avec n'importe quelle chambre noire, un appareil satisfaisant aux conditions du problème.

La pratique opératoire devra être modifiée légèrement. Il ne sera plus possible, en effet, de déterminer la base d'opération à l'aide des organes géodésiques de l'instrument, puisque ces organes sont supprimés. On devra préalablement au levé fixer cette base par le tracé d'un alignement, et la position des points les plus favorables pour le stationnement sera déterminée à l'aide d'un chaînage.

Les méthodes exposées et les instruments décrits permettront ainsi au prospecteur d'obtenir, dans le temps minimum, tout en poursuivant ses recherches minéralogiques et ses observations géologiques, des renseignements plus que suffisants pour l'établissement d'un plan coté du gisement qu'il étudie. La photographie lui fera donc rapporter autre chose qu'un croquis grossier et informe, qu'il aurait dû crayonner à la hâte.

CHAPITRE XIV

ÉVALUATION D'UN GISEMENT

Évaluation du tonnage. — Minerai à teneur constante. — Minerai à
teneur variable. — Coefficients de restriction. — Prix de revient. —
Bénéfices.

Les questions qui feront l'objet de ce chapitre sont celles
qui constituent la base du rapport d'un ingénieur expert en
matière de mines. Ce sont souvent les plus délicates, les plus
difficiles à déterminer. Quelque prudent que l'ingénieur
cherche à se montrer, il s'expose à se tromper et à conseiller
comme bonne une affaire qui, pour des raisons difficiles à
prévoir à l'origine, sera exposée par la suite à sombrer.

Évaluation du tonnage. — Ce qu'on demande, avant
tout, à l'ingénieur, c'est l'évaluation du tonnage. Cette évaluation n'est pas toujours possible après une première prospection, mais elle se précise souvent, grâce aux divers
travaux de recherche que nous avons définis et qui sont
toujours utiles à entreprendre.

Selon les cas, le calcul sera plus ou moins facile. Il
faut distinguer à ce point de vue s'il s'agit d'une couche à
teneur constante (houille, minerai de fer, etc.) ou d'un filon
dont la richesse est essentiellement variable. Dans ce dernier cas une évaluation très précise ne pourra pas toujours
être donnée, quel que soit le désir qu'en manifestent les
financiers.

Minerai à teneur constante. — Pour une couche de houille ou de minerai de fer, on procédera de la manière suivante.

On mesurera d'abord la longueur des affleurements. S'ils se trouvent en terrain horizontal, la longueur prise sur le terrain et rapportée sur le plan topographique sera la longueur exacte. En pays de montagne il faudra faire des corrections et ramener à un même plan horizontal moyen les différences de niveau. On y arrivera aisément par des résolutions simples de triangle.

La ligne d'affleurement ayant été déterminée, on calculera la profondeur. Si le gîte forme une cuvette, cette profondeur est limitée et sera indiquée par le point d'intersection des pendages visibles en sens inverse aux affleurements. S'il n'y a pas de cuvette, les couches doivent descendre théoriquement d'une manière indéfinie à l'intérieur du sol. Pratiquement il faut adopter une limite dont le chiffre sera variable : 200, 300 ou 500 mètres. De l'inclinaison de la couche on déduira sa cote de profondeur par une résolution trigonométrique de triangle.

Le troisième élément du cubage de la substance exploitable est la détermination de l'épaisseur de la couche. Cette épaisseur est souvent un facteur assez mal déterminé. On choisira un chiffre moyen en tenant compte des amincissements et des élargissements probables.

Quant aux autres facteurs ils varieront également. Ce sera un cran qui supprimera pendant quelques mètres la couche. Ce sera une faille qui rejettera cette couche en profondeur ou qui la relèvera. Nous avons montré à ce propos au chapitre III comme quoi une faille de fracture ne supprimait la richesse que suivant la hauteur verticale où elle agit sur le gisement, tandis qu'une faille de plissement peut, ou bien supprimer toute richesse, ou doubler en certains points cette richesse (Voir p. 54).

Après avoir tenu compte de tous ces éléments on déterminera le cube de la substance à exploiter et le produit de ce cube par la densité donnera le tonnage probable.

Minerai à teneur variable. — Pour un filon l'évaluation n'est pas aussi simple, car non seulement la teneur en métal peut varier, mais aussi l'épaisseur de l'imprégnation ne sera pas toujours la même.

Il y aura des croiseurs qui par leur intersection avec le filon principal donneront quelquefois un enrichissement. Cet enrichissement sera fonction de la contemporaneité des deux cassures. Si le croiseur est plus récent, il y aura eu réouverture du filon principal et il faudra s'attendre souvent à trouver d'autres substances métalliques.

Un gîte filonien est donc des plus irréguliers. Il est bon de ne pas l'oublier, quand on veut faire une évaluation.

Le coefficient d'épaisseur ne peut guère être déterminé sur les affleurements. Il faut entreprendre des galeries de recherche. Ces galeries donneront la proportion des rétrécissements et des amas. Elles indiqueront aussi des variations dans la composition du minerai, des changements dans l'épaisseur et dans la nature des gangues.

En coordonnant tous les renseignements que donneront les galeries de recherches longitudinales, les recoupes transversales dans les amas, les montages dans les parties riches, on pourra se faire une idée de l'*épaisseur réduite* du filon. Si le filon est complexe, on constituera, autant que possible, une épaisseur réduite pour chacune des substances qu'il peut contenir.

Il faut ensuite déterminer la teneur en métaux de diverse nature. Pour cela il est bon de prélever le long des puits ou des galeries de recherche des échantillons de minerai aussi souvent que possible, comme nous l'avons dit page 41. On prendra comme teneur le chiffre minimum des analyses fournies par les chimistes, auxquels ont été donnés les essais.

Pour certains minerais on pourra aussi prélever un certain nombre de tonnes qu'on enverra au traitement métallurgique, à la fusion dans une usine. On obtiendra ainsi une indication précieuse sur la valeur industrielle future du filon. Cette opération est à recommander toutes les fois qu'elle peut se réaliser.

La teneur et l'épaisseur du gîte étant déterminées aussi exactement que possible, il reste à faire les mêmes calculs que précédemment pour la détermination du tonnage. On mesure la longueur des affleurements. On estime la profondeur où descendra le filon. Pour ce chiffre, il faut se montrer très réservé et ne pas supposer un développement de plusieurs centaines de mètres comme pour des couches régulières. En profondeur un filon change rapidement de composition. Parfois il s'enrichit et augmente d'épaisseur. Le plus souvent aussi, il s'appauvrit ou disparaît complètement.

En somme, l'évaluation du tonnage pour un gîte filonien est délicate, difficile même, sinon impossible parfois. Quand les travaux de recherche ne sont pas très développés, quand il n'existe pas des gisements similaires voisins dont les galeries d'exploitation puissent fournir sur de longues distances de bonnes indications, quand il n'y a pas eu des travaux anciens dont on ait pu conserver des plans exacts, un ingénieur compétent sera fort embarrassé pour donner une évaluation, même approximative, du tonnage aux acheteurs de la mine.

Coefficients de restriction. — Les tonnages trouvés soit dans le cas d'une couche, soit dans le cas d'un filon, doivent être soumis à certaines réductions, quand bien même ils ont été calculés avec la plus extrême prudence.

Pour la houille, par exemple, il est bon de ne pas faire le produit des mètres cubes par la densité. En convertissant directement les mètres cubes en tonnes on suppose qu'un mètre cube de charbon pèse seulement 1.000 kilogrammes au lieu de 1.200 kilogrammes.

Les restrictions porteront surtout sur les épaisseurs des gisements, épaisseurs qu'on estimera à leur minimum. Elles tiendront compte, dans une très large mesure, des parties stériles qui peuvent exister dans la mine.

Il peut arriver, ainsi que nous le disions à la page 48, que le filon disparaisse brusquement au milieu des terrains durs, la fracture qui a donné naissance au filon n'ayant pas pu se propager. Il peut arriver aussi qu'on soit en présence d'amas. L'épaisseur de ces amas pourra parfois être déterminée *a priori*, mais qui pourra dire à quelle distance et avec quelle richesse un autre amas de la même substance a des chances de se reformer ? La prudence commande de faire intervenir des coefficients de restriction.

Enfin on distinguera nettement le tonnage *réel* du tonnage *probable*.

Le tonnage réel comprendra le cube déterminé par une longueur de galeries, un développement de montages ou de descenderies et une épaisseur bien connue d'une couche. Il s'appliquera à un étage partiellement exploité ou à un gisement suffisamment reconnu.

Le tonnage probable se basera, au contraire, sur des évaluations où un doute existe pour l'un des trois facteurs de calcul du tonnage, soit que l'épaisseur d'une couche ne soit pas constante, soit que les galeries qui l'ont recoupée ne se soient pas montrées toujours d'une régularité parfaite, soit enfin qu'on ne puisse pas définir nettement la profondeur à laquelle le gîte doit descendre.

Prix de revient. — Quand l'ingénieur a éclairé sa religion sur le tonnage disponible, il doit se préoccuper de la fixation du prix de revient.

Le premier facteur de ce prix de revient, celui qui en

est le plus important, c'est la main-d'œuvre. Dans les pays
neufs on répète souvent que la main-d'œuvre est à bon
compte et l'on s'empresse de croire que c'est une raison qui
milite en faveur de l'abaissement du prix d'extraction d'une
substance. Il n'en est rien pourtant. Ce sont, au contraire,
des pays à main-d'œuvre très coûteuse comme l'Amérique
où certains prix de revient sont moins élevés.

Un mineur russe qui sera payé moitié moins qu'un mineur
français ne produira pas la moitié du tonnage donné par
celui-ci. Il n'organisera pas aussi bien son travail.

Il est préférable en tout point d'organiser une affaire
minière dans un pays où existent déjà des exploitations, où
les gens savent ce que c'est que de tenir un pic. Dans un
pays exclusivement agricole, on éprouvera de grosses difficultés à dresser un personnel; cela exigera une longue
somme de temps.

Enfin, dans un pays neuf où les indigènes consentent à travailler pour une faible somme d'argent, les prix augmentent bien vite, dès qu'une industrie de quelque importance a pu se créer.

Pour l'évaluation du prix de revient, il faut se préoccuper
avant tout du *rendement* fourni par l'ouvrier. La chose sera
facile, si d'autres mines existent déjà dans la région. Dans un
pays totalement neuf les calculs ne seront pas aussi aisés,
et l'ingénieur devra posséder un certain esprit de divination.

Un autre facteur non moins important pour l'établissement du prix de revient est le prix des fournitures. Le
combustible coûtera parfois très cher. Il ne sera pas toujours
commode de se procurer de la poudre ou de la dynamite.
Enfin le bois est un gros objet de consommation. Certaines
régions sont très boisées. Mais il en est d'autres où les
arbres font entièrement défaut. Si ces régions n'ont pas
des routes accessibles, le bois reviendra très cher à amener
à pied d'œuvre.

Il faut aussi prévoir l'entretien de tous les objets mécaniques. Même pour les outils de mineur on n'aura pas toujours un forgeron capable de bien les appointer. A plus forte raison, pour la réparation des machines, disposerat-on rarement d'un bon ajusteur.

Enfin, dans des pays très éloignés, il faut nourrir et loger le personnel. L'ingénieur doit prévoir ces approvisionnements. Il devra escompter surtout la construction des maisons qui est souvent très coûteuse, même quand elles sont établies sommairement avec les matériaux dont on dispose dans la région. Certains gouvernements imposent aux Sociétés étrangères établies chez eux la construction d'hôpitaux, d'églises, d'écoles, dont leurs ingénieurs réglementent les dimensions sans s'inquiéter, bien entendu, des augmentations de dépenses que peuvent entraîner les plans qu'ils imposent.

Un troisième facteur qui pèsera d'un grand poids dans la balance du prix de revient est la question du transport. L'emplacement de la mine par rapport à une ligne ferrée, une voie fluviale ou un port d'embarquement doit être examiné avec le plus grand soin. Quand la mine est en pays de montagne, il faut reconnaître si un raccordement par câble aérien est possible, ce qui n'est pas toujours vrai *a priori*.

Quand la mine est voisine de la mer, il faudra prévoir une estacade d'embarquement. Il faudra choisir un lieu abrité pour effectuer le chargement. Il est bon aussi de se renseigner sur les vents qui peuvent prédominer dans la région, afin que ces vents, soufflant en tempête, ne viennent pas détruire un havre établi pour le chargement des minerais. En somme, pour la plupart des mines, le coefficient transport est aussi nécessaire à déterminer que les coefficients teneur et tonnage disponible.

Tels seront les facteurs principaux du prix de revient.

Il est bon, d'ailleurs, d'étudier ces différentes questions dans

leurs grandes lignes et de ne s'arrêter aux détails que pour
en faire une synthèse. On s'expose en effet, quand on décom-
pose article par article le prix de revient futur d'une mine,
à présenter un devis qui ne sera pas d'accord avec la réalité,
faute d'avoir prévu certains détails de moindre importance
qu'on ne pouvait guère soupçonner de prime abord..

Bénéfices. — L'ingénieur devra envisager le prix de vente
pour déterminer la somme des bénéfices.

Pour certains métaux, la variation des cours est très grande.
Il faut songer à cette fluctuation, quand on fait l'évaluation
d'une mine et prendre comme base un prix de vente moyen
ou plutôt même choisir le prix de vente minimum.

C'est pour le cuivre surtout que les fluctuations ont été
nombreuses dans ces dernières années. Comme ces fluctuations se répartissent sur une assez longue période, on peut
estimer que la courbe qu'on tracera de ces fluctuations a des
chances de se reproduire avec des ventres plus ou moins
prononcés. En admettant une courbe moyenne, on pourra
sans trop d'erreur estimer la valeur des bénéfices pendant
plusieurs années [1].

Pour d'autres métaux dont le marché est plus limité encore
que celui du cuivre, il faudra craindre qu'à une augmentation brusque de la production ne corresponde une baisse
rapide de valeur sur le marché et une disparition forcée de
la mine, dès que les hauts cours auront cessé. Il faut envisager, pour chaque minerai, la possibilité de l'extension de
ses débouchés.

Même pour des substances telles que la houille ou le fer qui
ont un marché étendu, mais une faible valeur, il faut escompter

---

1. Voir, à ce point de vue, les indications données par M. George
Moreau, ingénieur civil des Mines, dans son *Étude industrielle des
gîtes métallifères*, et par M. Burthe, ingénieur civil des Mines, dans le
*Bulletin de l'Association amicale des élèves de l'École nationale supé-
rieure des Mines*.

des fluctuations dans les prix, et, comme le calcul des bénéfices se fait le plus souvent sur des gros tonnages et dans le
but de rémunérer de forts capitaux avec un faible écart par
tonne entre le prix de revient et le prix de vente, on s'expose
à de graves erreurs d'appréciation. On peut conclure parfois
à une faible rémunération du capital qui se traduira par un
gros déficit, si les cours viennent brusquement à changer.

En somme, toutes ces questions d'évaluation d'un gisement
qui engagent parfois de la manière la plus grave la réputa-
tion d'un ingénieur sont très complexes et nécessitent un
tact extrême ainsi qu'une grande prudence dans les conclusions. Nous ne conseillons pas un certain pessimisme, mais
nous mettrons en garde contre un trop grand optimisme.

CHAPITRE XV

DÉFINITION ET TENEUR INDUSTRIELLE DES MINÉRAUX
LES PLUS USUELS

Minerais d'or. — Minerais de platine. — Minerais d'argent. — Minerais de mercure. — Minerais de cuivre. — Minerais de nickel et de cobalt. — Minerais d'étain. — Minerais d'antimoine et d'arsenic. — Minerais de plomb. — Minerais de zinc. — Minerais de manganèse. — Minerais de fer. — Minerais divers. — Combustibles. — Matériaux de construction. — Substances chimiques. — Pierres précieuses.

Le gisement, de quelque nature qu'il soit, a été défini par les travaux de recherche. On connaît la quantité de minerai dont on dispose. Il reste à dire à quoi peut servir ce minerai. Nous n'entrerons pas dans la description des opérations métallurgiques, ce qui sortirait du cadre de cet ouvrage. Mais nous définirons les espèces minéralogiques les plus usuelles en indiquant la teneur industrielle à laquelle elles sont exploitables et les prix auxquels elles seront acceptées sur le marché métallurgique.

Minerais d'or. — L'or existe à l'état libre, soit dans des filons de quartz et des conglomérats, soit dans des alluvions. Il existe aussi à l'état de sulfure, de sulfo-antimoniure, de tellurure.

Le *quartz aurifère*, pour être exploitable, ne doit pas contenir moins de 10 grammes à la tonne, et, si, près des affleurements, la teneur n'est pas plus élevée, il faut hésiter à créer une exploitation, car en profondeur on constatera parfois un certain appauvrissement. Certains minerais contiennent 100 et 200 grammes à la tonne. Le quartz, après avoir été finement broyé dans des bocards, est amalgamé pendant ou après un lavage qui a pour but de concentrer le minerai.

Le *conglomérat aurifère* dont les gisements se trouvent surtout au Transvaal est un agrégat siliceux et ferrugineux où l'or est disséminé soit à l'état libre, soit à l'état de pyrite aurifère. La teneur est souvent plus régulière que dans les autres minerais. En revanche, elle n'atteint pas des chiffres très élevés.

Les *alluvions* contiennent aussi l'or à l'état natif, et de ce fait leur traitement industriel est simple et facile. Il est même plus facile que pour les quartz ou que pour les conglomérats, car il consiste en simples lavages. Les alluvions les plus riches sont de couleur bleue et se trouvent, en général, à la base de la formation. Toutefois, il y aura différentes couches riches superposées, et l'or sera disséminé au milieu des galets qui occupent la partie médiane de l'alluvion. A 1 ou 2 grammes d'or à la tonne les alluvions sont encore exploitables.

Les teneurs ne sont souvent pas plus élevées avec certains *sulfo-antimoniures* ou certains *tellurures* d'or. Et pourtant le raitement en est plus difficile. Quelques-uns de ces minerais sont même classés comme réfractaires. Ni la chloruration ni la cyanuration ne peuvent parfois en avoir raison. L'arsenic et l'antimoine en se volatilisant lors du grillage emportent toujours une certaine quantité d'or. Cette perte se produit même pour des cuivres gris aurifères.

Minerais de platine. — Le platine se trouve surtout à l'état *natif* au milieu d'alluvions. Ces alluvions sont le produit de la désagrégation de roches anciennes, de granites en général, ou de filons de quartz. La teneur est de 6 à 8 grammes. Il y a toujours de l'or mélangé en quantité assez considérable.

Minerais d'argent. — Les minerais d'argent sont nombreux. Leur composition chimique est assez variable : argent pur, chlorure, bromure ou iodure d'argent, sulfures, arséniures, antimoniures d'argent, sulfo-arséniures et sulfo-antimoniures d'argent. Quelques-uns d'entre eux sont très complexes et contiennent avec l'argent beaucoup d'autres métaux.

L'*argent natif* est le meilleur minerai, puisqu'il renferme théoriquement 90 à 100 0/0 de métal. On le trouve dans l'Amérique du Sud, au Pérou et en Bolivie.

L'*argent rouge* est le nom commun de la proustite et de l'argyrthrose, minerais qui sont souvent associés et qui sont soit des sulfo-arséniures, soit des sulfo-antimoniures. Ces minerais contiennent 60 à 65 0/0 d'argent, quand ils sont purs. Les teneurs sont franchement moindres dans les gisements, bien que les gisements restent encore exploitables.

L'*argent noir* (polybasite ou psaturose) est de composition plus variable encore. Il contient aussi du cuivre. La teneur en métal précieux atteint 64 à 68 0/0 pour des échantillons minéralogiques purs. En pratique, on exploite le plus souvent des *cuivres gris* argentifères, minerais qui contiendront 400 ou 500 grammes d'argent à la tonne et qui sont pourtant considérés dans certaines régions comme minerais d'argent, notamment en Hongrie.

De même la *galène* ou sulfure de plomb a longtemps été classée comme minerai d'argent plus encore que comme minerai de plomb. Depuis la baisse du prix de l'argent elle est moins recherchée au point de vue argent. Et pourtant elle peut contenir 1.500 et 2.000 grammes de ce métal par tonne. A 200 grammes elle n'est plus intéressante que pour le plomb.

Minerais de mercure. — Le seul minerai de mercure est le cinabre ou sulfure de mercure. Parfois dans des cavités, dans des géodes se trouve associé du mercure natif.

Le *cinabre* existe soit dans des schistes, soit dans des grès.

Le facies des grès est favorable souvent à une plus grande teneur. Les gisements riches et réguliers de cinabre sont d'ailleurs assez rares. On trouve des imprégnations locales qui ne se continuent pas toujours sur de longs espaces. Il y aura concentration accidentelle du métal, et l'on atteindra des teneurs de 60 0/0 qui disparaîtront tout d'un coup. Il vaut mieux, comme dans les gisements d'Idria et d'Almaden qui régissent le marché du mercure et qui sont exploités depuis longtemps déjà, ne rencontrer que 8 à 10 0/0 de métal, cette teneur se maintenant d'une façon régulière.

Minerais de cuivre. — Les principaux minerais de cuivre sont le cuivre natif, les mélanges d'oxyde et de carbonate, la chalcosine ou sulfure de cuivre, le chalcopyrite ou sulfure double de cuivre ou de fer, les cuivres gris ou sulfo-arséniures et sulfo-antimoniures de cuivre, de plomb et de fer.

Le *cuivre natif* se trouve en amas plus ou moins réguliers au milieu de roches volcaniques ou dans des grès de l'époque permienne. La teneur en métal peut descendre à 2 ou 5 0/0. L'exploitation étant facile, ainsi que le traitement métallurgique du minerai, la faiblesse de la teneur n'est pas prohibitive.

Les mélanges d'oxyde et de carbonate, tels que *atacamite*, *boléite*, s'exploitent aussi avec des teneurs faibles, car ils forment des amas importants. La teneur industrielle est en général de 5 à 11 0/0.

La *chalcosine* donne des teneurs de 30 et 35 0/0. Pure, elle correspond à 79,8 0/0 de métal. On la trouve en filons et, par suite, elle est susceptible d'une certaine irrégularité aussi bien comme épaisseur de minerai que comme teneur industrielle.

La *chalcopyrite* doit s'exploiter avec 12 ou 15 0/0 de métal en moyenne. Au-dessous de 7 0/0 l'exploitation n'est plus rémunératrice pour des filons. Il n'en est pas de même pour des amas, et l'on travaille depuis longtemps avec de gros bénéfices les gisements de Rio Tinto où le cuivre se trouve disséminé au milieu de la pyrite de fer avec une teneur de 2 à 5 0/0 seulement.

Les *cuivres gris* doivent avoir également 10 à 12 0/0 comme teneur industrielle en cuivre. On pourra en extraire l'argent et l'or. A ce point de vue, les procédés électrolytiques sont ceux qui paraissent être actuellement le plus en vogue.

Pour établir le prix de vente d'un minerai de cuivre il faut partir de la valeur du cuivre métal. Or cette valeur, comme nous l'avons dit, est sujette à de grandes fluctuations. Le *best selected* a varié de 75 livres à 45 livres la tonne dans ces dernières années avec des minima de 39 livres et des maxima de 100 livres. On choisira donc un prix moyen. Puis on déduira 200 francs par tonne de cuivre pour les frais de traitement d'un minerai sulfuré de teneur moyenne et relativement pur. On peut retrancher aussi une somme fixe par unité de cuivre, cette somme variant avec la teneur. A 45 0/0 on déduit 12 centimes par unité. A 12 0/0 on retranche 1 fr. 25 par unité avec une diminution de 12 fr. 50 par 1.000 kilogrammes. L'affinage revient à 30 francs. Enfin, pour les minerais sulfurés, on compte parfois un boni de 25 centimes par unité de soufre. Pour les cuivres gris argentifères ou aurifères, il faut déduire les frais de désargentation ou faire bénéficier le vendeur de la richesse en or.

Minerais de nickel et de cobalt. — Le seul minerai de nickel est la *garniérite*, silicate hydraté qui existe en Nouvelle-Calédonie et qui contient 10 à 12 0/0 de métal. On peut aussi exploiter des pyrites nickélifères, mais la teneur industrielle de ces minerais ne dépasse pas 3 à 4 0/0, ce qui est peu. Les frais de traitement, déduits lors de la vente du minerai, varient de 120 à 180 francs par tonne.

Le cobalt se trouve associé au nickel dans les minerais de la Nouvelle-Calédonie. La smaltine et la cobaltine sont plutôt des échantillons minéralogiques. Elles ne forment pas en général des gisements réguliers et exploitables. On trouve 2 à 3 0/0 de cobalt dans les garniérites.

Minerai d'étain. — *Le seul minerai d'étain est la cassitérite,* c'est-à-dire l'oxyde.

Cette *cassitérite* se trouve en filons dans les roches anciennes. Les filons sont souvent d'une faible épaisseur et il vaudra mieux exploiter les *alluvions* qui proviennent de la désagrégation des filons, car, sous l'action de l'eau, il peut y avoir eu enrichissement en métal. C'est ce qu'on fait dans la presqu'île de Malacca. La teneur industrielle varie de 1 à 6 0/0. Dans les filons, au contraire, on peut avoir une richesse de 20 0/0 et trouver même des minerais à peu près purs à 50 et 60 0/0 de métal. Toutefois une faible teneur sera exploitable même pour les filons à cause du prix de l'étain et à cause de la densité de la cassitérite qui se prête à un enrichissement peu coûteux par lavage.

La cassitérite se paie au prix de l'étain, l'analyse du minerai étant faite par voie sèche, et une déduction étant opérée sur les résultats d'analyse selon la teneur d'abord, en vue des frais de traitement ensuite, comme l'indique le tableau suivant.

TENEUR	UNITÉS A DÉDUIRE	FRAIS DE TRAITEMENT
55 à 60 0/0........	15	75
60 à 65 »	12	72
65 à 67,5 »	10	70
67,5 à 70 »	8	68
70 et au delà »	6	65

Minerais d'antimoine et d'arsenic. — Le minerai d'antimoine est la *stibine*, c'est-à-dire le sulfure. Les filons de ce minerai se trouvent surtout dans les terrains primitifs, la gangue étant le quartz. On les exploite avec une teneur assez variable. Cette teneur peut tomber à 15 0/0. Elle peut s'élever à 50 0/0. Au-dessous de 15 0/0 il vaut mieux ne pas exploiter, si la puissance filonienne n'est pas considérable. Les prix de vente varient comme il suit. Suivant la teneur on paie :

Jusqu'à 15 0/0 de métal... $3^{fr},50$ par unité.
—   20 —   — ... $4^{fr},00$ —
—   40 —   — ... $4^{fr},75$ —
—   50 — et au-dessus. $5^{fr},00$ —

l'analyse étant faite par voie sèche. Si l'analyse est faite par voie humide, on déduit 4 unités sur la teneur.

Le minerai d'arsenic est le *mispickel*. C'est un arsenio-sulfure de fer. Les mispickels se trouvent bien souvent au même horizon géologique que les stibines. Leurs gisements sont d'ailleurs peu abondants. La teneur industrielle est de 40 à 45 0/0.

Minerais de plomb. — Il n'y a vraiment qu'un minerai de plomb. C'est la galène ou sulfure. Pourtant on trouve quelques gisements de cérusite, c'est-à-dire de carbonate. Il arrive, d'ailleurs, bien souvent que cette cérusite se transforme en galène, quand les filons descendent en profondeur.

Une bonne *galène* doit contenir 60 à 75 0/0 de plomb. Elle tient, en général, de l'argent, comme nous l'avons dit. En outre, elle sera mélangée de pyrite de fer et de blende ou sulfure de zinc. On achète le minerai en déduisant 6 à 8 unités sur le pourcentage en plomb, afin de compenser les pertes au traitement métallurgique. On compte 50 à 70 francs par tonne pour les frais de fusion et 60 francs pour les frais de désargentation, les galènes étant presque toutes argentifères. On peut sur ces bases, en tenant compte des cours variables du plomb ou de l'argent, estimer si un minerai de teneur donnée sera exploitable avec un bénéfice rémunérateur.

La galène est assez répandue, et c'est une question de teneur et de régularité des gisements qui fixera sur son exploitabilité.

Minerais de zinc. — Les deux minerais industriels de zinc sont la calamine et la blende.

La *calamine*, par définition minéralogique, est un silicate hydraté à 54,1 0/0 de zinc. Pratiquement, c'est un mélange de silicate et de carbonate ou smithsonite. On y rencontre aussi des oxydes hydratés ou non hydratés. La calamine est d'ailleurs plutôt un minerai de surface. Bien souvent, en profondeur, elle se transforme en blende. Elle remplira des géodes plus ou moins riches au milieu des calcaires. Quand le gîte se présente ainsi à l'état de poches, il ne se prolonge pas toujours en profondeur, même en se transformant partiellement en blende. Les gîtes calaminaires sont toujours très irréguliers.

Une formule d'achat de la calamine sera la suivante :

$$V = \frac{t - 1}{105} \, p - 90,$$

où t est la teneur, et p le prix de la tonne de zinc.

On compte dans cette formule une perte de 4 0/0 due à la calcination.

Les mines de Laurium font usage d'une autre formule qui est la suivante :

$$V = 0,95 \, p \, (0,8 \, t - 1) - 65$$

où p est toujours le prix du zinc, et t la teneur. On compte ainsi dans cette formule 5 0/0 de boni pour le fondeur et 20 0/0 de perte moyenne au traitement.

Une bonne calamine doit avoir 40 à 50 0/0 de zinc.

La *blende* se présente en filons. Elle est alliée presque toujours à la galène, et souvent un gisement de blende qui est

riche à la surface se transforme en gisement de plomb en profondeur. La blende doit être grillée soit sur les mines, soit à
l'usine. On impose de ce fait une certaine réduction au prix de
vente.

Les formules d'achat sont très variables. Nous citerons
la suivante :

$$V = \left[T - \left(\frac{T}{5} + 1 \right) \right] (P \times 10) - F$$

où T est la teneur, P le cours moyen de la tonne de zinc
soit au Havre, soit à Londres, et F les frais de fusion.

On peut aussi transformer ainsi une des formules d'achat
des calamines

$$V = 0,95 \, p \, (0,8 \, t - 1) - F,$$

F étant les frais de transport à l'usine et de traitement. Les
frais de traitement sont de 60 francs environ.

Une bonne blende tiendra de 35 à 55 0/0 de zinc.

Minerais de manganèse. — Les deux principaux minerais
de manganèse sont la *pyrolusite* ou bioxyde de manganèse,
et l'*acerdèse* ou sesquioxyde hydraté. Le premier sera surtout employé dans la chimie. L'autre est moins riche à cause
de l'eau de constitution et trouve plutôt son emploi dans la
métallurgie. En profondeur, le minerai se transformera souvent en carbonate. Il faut alors le griller pour le ramener à
l'état marchand d'oxyde.

Un bon minerai de manganèse contiendra 45 à 50 0/0 de
métal. Les minerais du Caucase renferment 52 à 53 0/0. Pour
de hautes teneurs on peut arriver à payer 1 fr. 50 l'unité de
métal. En général, il faut compter qu'un minerai à 50 0/0 de
teneur vaudra, à raison de 1 fr. 20 l'unité, 60 francs la tonne
en arrivant à l'usine. On paie parfois 1 fr. 25 et plus.

La quantité de phosphore ne doit pas être considérable et
ne doit pas dépasser 0,10 0/0. Il en est de même pour le

soufre. Une gangue calcaire sera préférable à une gangue siliceuse. Il est bon que le minerai possède de la chaux et de l'alumine, car ces corps tiendront lieu de fondants. Enfin la silice ne doit pas exister en trop grande quantité, car elle déprécie la valeur du minerai. On tolère 9 0/0 comme teneur maximum. Au-delà de cette teneur jusqu'à 15 0/0, on déduit 20 centimes par unité de silice. A 15 0/0 le minerai n'est pas marchand.

Minerais de fer. — Les minerais de fer sont nombreux et trouveront chacun un emploi métallurgique spécial suivant leur teneur et suivant le mode de travail dans les usines.

La *magnétite* ou peroxyde de fer magnétique est le minerai le plus riche. Elle contient 70 et même 72 0/0 de fer. On la trouve surtout dans les terrains anciens. On la reconnaît aisément à sa couleur noire, à son système cristallin et à sa propriété magnétique.

L'*oligiste* est moins riche. Elle se trouve soit en filons comme la magnétite dans des terrains assez anciens, soit en couches ou en amas stratifiés dans les sédiments. Théoriquement, elle doit avoir 70 0/0 de fer. En général, sa richesse varie entre 55 et 60 0/0.

La *limonite* contient une certaine quantité d'eau, environ 14 0/0. Ce sera au détriment, bien entendu, du fer. Le minerai forme presque toujours des masses interstratifiées, masses compactes ou terreuses, à aspect oolithique ou pisolithique. Sa teneur industrielle varie de 35 à 40 0/0. Au-dessous de 30 0/0 de métal, il ne faut plus songer à ouvrir une mine à moins que l'exploitation ne soit très facile, qu'elle ne se fasse à ciel ouvert et que les moyens de transport ne soient pas trop coûteux.

La *sidérose* est le carbonate de fer. Théoriquement elle contient moins de fer : 48,3 0/0 seulement, mais par grillage elle peut être enrichie. On la trouve sous forme de filons dans les schistes cristallins. Elle forme aussi des amas dans le terrain houiller et au milieu de divers autres sédiments. En raison de sa teneur plus faible en fer, elle est moins appréciée que les autres minerais, sauf pourtant si sa composition se rapproche de celle de la théorie. En outre, l'opération de la carbonisation nécessite des dépenses supplémentaires.

Les bases sur lesquelles se vend un minerai de fer sont assez variables. On compte en général 30 à 40 centimes par unité de fer, avec faculté de déduire des unités selon la nature des gangues. Par exemple, une hématite se vendra 10 francs la tonne pour 50 0/0 de fer avec majoration ou diminution de 30 centimes par unité en plus ou en moins. Le minerai ne devra pas avoir plus de 0,25 0/0 de soufre ni plus de 0,03 de phosphore. Une sidérose se vendra 11 fr. 50 à 55 0/0 de fer.

Il n'y a pas que le soufre et le phosphore qui déprécient un minerai. L'arsenic, quoiqu'il n'ait pas d'influence au point de vue métallurgique, fera diminuer le prix. Le sulfate de baryte ne doit exister qu'en faible quantité. Quant à la proportion de silice elle ne doit pas dépasser 10 0/0. On déduira une unité de fer par unité de silice au-dessus de cette moyenne. La chaux servira, au contraire, de fondant.

Enfin il y a lieu de tenir compte des conditions d'embarquement du minerai afin de savoir si on recevra à destination du gros ou du fin.

Minerais divers. — Le bismuth est assez rare dans la nature. On le trouve à l'état natif ou à l'état de sulfure. Les sulfures sont mélangés, d'ailleurs, avec d'autres substances, et c'est en exploitant ces autres substances qu'on retire accessoirement le bismuth.

L'aluminium s'extrait presque exclusivement d'un seul minerai la *bauxite*. Pour être exploitable cette bauxite doit contenir 50 à 60 0/0 d'alumine.

Dans les gîtes de métaux divers, nous classerons ceux de substances telles que le chrome, le titane, le tungstène, que les métallurgistes mélangent à l'acier pour lui donner des qualités spéciales. Les minerais se trouvent au milieu de roches éruptives d'un âge ancien et dans des terrains assez analogues à ceux de la magnétite.

Les gisements de chrome sont rares. C'est surtout en Grèce et en Asie Mineure qu'on trouve des fers chromés. On en exploite aussi au Canada et en Océanie. Le minerai contient 50 0/0 d'acide chromique. On paie 4 à 5 francs par unité en plus ou en moins avec une dépréciation notable pour une forte teneur en silice.

Le titane existe surtout en Suède et en Norvège. On le connaît aussi dans l'Amérique du Nord.

Le tungstène se trouve dans les minerais qui ont pour nom *wolfram* et *scheelite*. Le scheelite est plus pure et plus recherchée en général que le wolfram. Une forte teneur en étain déprécie le minerai. Les prix varient d'ailleurs dans une large mesure. On trouve une assez grande quantité de wolfram au Portugal.

Combustibles. — Il s'agit ici des combustibles minéraux. Le bois est donc exclu. Les combustibles minéraux sont la houille, le lignite, la tourbe, le pétrole, le bitume et les schistes bitumineux.

La *houille* et l'*anthracite* sont des combustibles de l'âge primaire. On est convenu de réserver plutôt le nom de lignite aux combustibles de l'âge secondaire. La houille se classe en diverses catégories et plusieurs auteurs ont proposé chacun leur classification spéciale. La meilleure classification est celle qui est basée sur la teneur en matières volatiles.

Le charbon, à 6 0/0 de matières volatiles, est appelé

anthracite par les industriels. Vers 8 ou 10 0/0 de matières
volatiles, on est en présence des houilles maigres ou anthra-
citeuses. Puis viennent les houilles grasses à courte flamme,
propres avant tout à l'alimentation des chaudières, *steam
coal*, disent les Anglais, tandis que la catégorie précédente
convenait plutôt au chauffage des poêles à combustion lente
La proportion de matières volatiles est de 14 0/0. Vers
18 ou 20 0/0 de matières volatiles se place la catégorie des
houilles à coke. On l'appelle aussi catégorie des houilles
grasses. Les houilles maréchales ou charbons de forge contiennent 25 à 28 0/0 de matières volatiles. Entre 30 et 35 0/0
se placent les charbons à gaz. Au dessus ce sont les houilles
sèches dont l'aspect se rapproche de celui des lignites.

A la couleur se reconnaissent ces diverses catégories.
L'anthracite est noir grisâtre ou même gris fer, tandis que
les houilles grasses ont des reflets d'un noir brillant caractéristique. Au contraire les charbons à gaz sont plutôt de
couleur mate.

La cassure n'est pas non plus la même. Les morceaux
d'anthracite ont des faces bien nettes assez comparables aux
clivages des cristaux. La cassure des charbons gras est
lamelleuse, les fragments s'effritant volontiers. Quand on a
de gros blocs, ils sont à aspect conchoïdal. Au contraire, les
charbons à gaz auront une forme lamelleuse et lisse.

L'échelle de dureté est différente aussi avec les catégories
de charbon. L'anthracite est dur, de même que les charbons
maigres, quoique ceux-ci aient tendance à s'effriter à l'air,
surtout quand ils contiennent du grisou. Les charbons gras
sont plus tendres en général; toutefois cela dépend un peu
de leur mode de gisement, suivant qu'ils se rencontrent en
couches compactes ou coupées par des strates schisteuses.
Les charbons à gaz sont durs, au contraire.

Enfin la densité n'est pas la même, et, quoique le poids
spécifique varie de 200 à 300 kilogrammes le mètre cube
d'une extrémité de l'échelle à l'autre, une personne exercée

peut reconnaître aisément, en le soupesant à la main, un anthracite d'un charbon à gaz.

Les prix de vente de la houille varient avec les qualités, avec la nature des produits également, le gros valant plus que le fin, le charbon lavé ou calibré se payant plus cher que le tout venant. On peut estimer que sur le carreau de la mine un prix de 12 à 13 francs sera un prix moyen.

Le *lignite* est de nature variable dans les divers pays et aux différentes assises géologiques. On distingue les lignites gras, les lignites secs, les lignites terreux et les bois fossiles, chacune de ses subdivisions correspondant à une manifestation toujours plus récente du combustible.

Le lignite gras ou bitumineux se rapproche de la houille très chargée en matières volatiles. On le confond quelquefois avec elle. Il donne 55 à 70 0/0 de matières volatiles. Pourtant, à l'aspect, on remarquera des bandes mates à côté de parties brillantes qui sont l'indication du lignite proprement dit.

Le lignite sec est dur, sonore, à cassure unie ou conchoïdale. Quelquefois, au lieu d'être noir ou brun foncé, il est brun jaune. Il contient 50 à 60 0/0 de matières volatiles. La caractéristique de sa composition est l'eau qui y est toujours combinée dans la proportion de 15 à 20 0/0. C'est un combustible qui dégage une longue fumée très désagréable.

Le lignite terreux tombe en poussière, quand il est sec. C'est une tourbe tertiaire et, pas plus que la tourbe, il ne devient un bon combustible.

Le bois fossile, comme son nom l'indique, a été constitué par des troncs d'arbres qui ont été soumis à une forte compression entre les sédiments. On le reconnaît aisément à sa structure ligneuse. Après dessiccation il peut contenir 60 0/0 de carbone.

La *tourbe* est un combustible de formation moderne, formation qui s'opère, comme chacun sait, par la décomposition dans l'eau à une température assez basse de mousses d'une espèce particulière et d'une reproduction rapide. La tourbe après séchage à 110 degrés présente la composition suivante :

Carbone.....................	58	à 63 0/0
Hydrogène.	5,5	à 6 —
Oxygène et azote...........	31,5	à 36 —

La tourbe est un produit de dernière catégorie. Pourtant, en l'agglomérant ou en la carbonisant légèrement, on peut avoir un meilleur combustible.

Le *pétrole* se trouve en nappes souterraines à des âges géologiques différents et jaillit à la surface ou est remonté par des pompes dans des sondages qu'on pratique pour le rechercher. Il se diversifie de la houille par sa teneur très élevée en hydrogène, 12 à 15 0/0. Le pétrole a besoin d'être épuré puis raffiné, car il est mélangé d'eau et d'une série d'impuretés.

Le *bitume* est solide, alors que le pétrole était liquide. On admet que ce phénomène résulte d'une oxydation partielle. Quand cette solidification est complète, on a l'*ambre* et l'*ozokérite*. Cette ozokérite forme de véritables filons en Autriche, mais de tels gisements sont plutôt rares. Ce qu'on trouve plus fréquemment, ce sont les schistes bitumineux. Ces schistes par distillation donnent des huiles de goudron ou des huiles légères comme le pétrole. Ils peuvent aussi devenir directement des combustibles, quand ils se présentent sous la forme de *bog head* ou de *cannel coal*, c'est-à-dire de substances noires très chargées en goudron, qui ont, avec une cassure conchoïdale, l'aspect d'une houille extra-riche. Ce seront, bien entendu, des combustibles très riches en matières volatiles.

Matériaux de construction. — Nous classerons sous ce titre, qui est des plus vastes, des substances telles que le sable, la meulière, les argiles, les calcaires et les marbres, les pierres à chaux, les pierres à ciment, les pierres à plâtre, les castines et les dolomies, enfin les matériaux d'enrochement.

Le *sable* est avant tout siliceux. S'il est fin et s'il ne contient que de la silice sans traces de fer, pas plus de 0,03 0/0, il est recherché pour la fabrication du verre. Il doit avoir au moins 98 0/0 de sable et ne renfermer que peu d'alumine ou très peu de chaux. Les sables plus impurs et fins servent à la fabrication du verre à bouteille. Les sables de grain un peu gros, à condition qu'ils ne soient pas trop argileux, sont employés dans la construction pour la fabrication des mortiers. Enfin, quand ils sont agglomérés à l'état de pavés, ils servent à la construction des routes. Ils peuvent même devenir à cet état de grès de bonnes pierres de construction.

La substance siliceuse qui jouit à cet égard de la plus grande faveur est la *meulière*. C'est un aggrégat silico-calcaire qu'on trouve, surtout aux environs de Paris, et dont les cavités se prêtent à une bonne pénétration du mortier. Quand la meulière est compacte, on l'appelle *caillasse* et on l'emploie à l'empierrement des routes. Parfois, quoique compacte, elle est d'un grain très fin. Elle convient alors à la fabrication des meules pour broyer la farine, bien qu'on tende de plus en plus aujourd'hui à employer des cylindres broyeurs en acier. La meulière propre à la construction se paie 5 francs à la carrière, prix maximum.

L'*argile* sert surtout à la fabrication des briques. Elle est moulée à l'état humide, puis séchée et enfin cuite dans un four. Toute argile n'est pas bonne pour faire des briques ou des tuiles. Elle ne doit pas être trop sèche. Elle doit contenir une certaine quantité de sable. Certaines argiles dites *réfractaires* serviront soit à la verrerie, soit à la métallurgie.

Ces argiles se classent en *terres maigres* et *terres grasses*. La classification s'établit suivant la teneur en alumine et la quantité de sable libre. A 22 et 24 0/0 d'alumine les terres sont maigres. De 22 à 30 0/0 elles sont demi-maigres. Au-dessus de 30 0/0 les terres sont dites grasses. Les terres maigres conviennent surtout à la glacerie. La verrerie emploie des terres plus grasses et la cristallerie les terres les plus grasses. Celles-ci ne doivent pas contenir de sable libre.

En métallurgie on emploie des terres très alumineuses, très grasses par conséquent. On emploie aussi des argiles où l'alumine est remplacée par de la magnésie.

Dans les terrains anciens les argiles sont agglomérées à l'état de schistes, dont la fissilité et la nature de grain varient énormément. Si la fissilité est très grande et le grain très fin, on est en présence de l'*ardoise* dont l'emploi est général pour les couvertures dans les constructions.

Le *calcaire* ou carbonate de chaux plus ou moins pur est la pierre de construction par excellence. Il passe par toutes les séries de qualités depuis le calcaire grossier de l'époque tertiaire jusqu'au calcaire carbonifère de l'époque primaire et jusqu'au marbre, dont la venue est plus ancienne encore. Certains calcaires contiennent 98 à 99 0/0 de carbonate de chaux. Ils seront recherchés en raison de cette pureté. Les marbres et les autres pierres de construction ne présentent pas la même pureté. C'est même l'inclusion de substances étrangères qui donne à certains marbres ces teintes si appréciées, comme celle du marbre vert, du rouge antique, du marbre noir. On leur demande, d'ailleurs, autre chose qu'une grande pureté chimique. Ce qu'on apprécie pour les marbres, c'est la résistance à l'écrasement. Les meilleurs échantillons résistent à 750 et 1.000 kilogrammes par centimètre carré.

La *pierre à chaux* est aussi un calcaire. Elle donnera par calcination de la chaux grasse, si elle contient très peu d'argile. Les pierres de cette catégorie sont les meilleures. A 5 ou 12 0/0 d'argile la chaux est maigre. Toutefois, si la proportion augmente et varie de 12 à 20 0/0, on obtient des chaux hydrauliques qui sont estimées pour certains travaux à exécuter sous l'eau.

La *pierre à ciment* est encore un calcaire. La proportion d'argile va constamment en croissant. A 20 ou 25 0/0, on obtient par cuisson les ciments Portland à prise lente. De 25 à 30 0/0, on réalise les *pouzzolanes* ou ciments romains à prise rapide. Au-delà de 40 0/0 le produit obtenu par cuisson ne donne plus prise avec l'eau et est inutilisable.

Le *gypse*, ou pierre à plâtre, est un sulfate de chaux

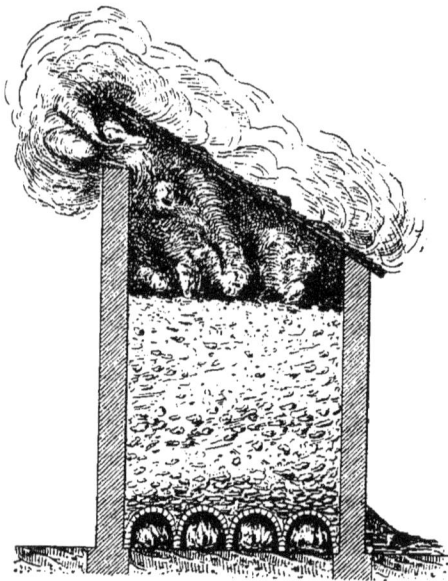

FIG. 116. — Four à plâtre.

hydraté. Par cuisson à faible température, dans des fours que représente notre figure 116, on chasse l'eau et l'on obtient à l'état de poudre le plâtre qui, gâché avec l'eau, servira dans les constructions. Les qualités de gypse les plus appréciées sont celles qui fournissent de gros morceaux à l'abatage. Ces gros morceaux donnent en effet un déchet moindre lors du transport.

La *castine* est un calcaire. Elle est employée comme fondant dans les hauts-fourneaux. Elle contiendra en général 56 0/0 de chaux.

. A côté de la castine se place aussi comme produit métallurgique la *dolomie*, qui servira à opérer certains revêtements réfractaires notamment ceux du four Martin. Une bonne dolomie doit avoir la composition suivante : 45 à 46 0/0 de chaux et de magnésie.

Enfin certaines roches serviront aux entrepreneurs de travaux publics comme matériaux d'enrochement pour les travaux dans les ports. Il faut choisir des matières compactes non schisteuses, sur lesquelles l'action de la mer sera sans effet. Le granite est excellent pour cela. On recherche aussi beaucoup le basalte ainsi que certains tufs volcaniques. Toutes ces substances sont décrites avec détails dans les traités de Géologie. Il en est de même du mica qui est employé à l'état de plaques soit dans la construction, soit dans l'industrie.

Substances chimiques. — D'autres minerais ont surtout un intérêt et un emploi chimiques. Nous nous contenterons d'en parler succintement sans empiéter sur le domaine de la chimie industrielle.

Le *soufre*, d'abord, existe à l'état natif. Il se dégage de solfatares actuels. Il est aussi mélangé à certains sulfures, notamment au cinabre. Enfin on l'extrait de la pyrite de fer, afin de fabriquer l'acide sulfurique. Une bonne pyrite doit contenir 48 à 50 0/0 de soufre, et les prix d'achat sont basés sur le nombre des unités de soufre.

Le *sel gemme* ou chlorure de sodium, peut se classer parmi les substances de prix, car il est, en général, soumis à l'impôt des Gouvernements et devient pour ces Gouvernements une source de gros revenus. La Turquie possède de nombreuses salines en Asie Mineure. La Roumanie est riche en gisements de sel. En Chine on voit souvent accumulés des immenses dépôts de sel, base de la fortune de hauts mandarins.

Ce sel peut être produit par évaporation d'eaux salées à l'air libre, eaux des mers actuelles ou d'anciens bassins lacustres. Il provient aussi de gîtes souterrains, gîtes qui caractérisent surtout l'époque de l'étage triasique, comme nous l'avons dit antérieurement.

Une substance aussi recherchée que le sel en raison de ses nombreux emplois est le *phosphate*, à qui l'agriculture est redevable de nombreuses améliorations pour la mise en valeur des terrains. Ce phosphate se trouve soit à l'état sédimentaire, soit dans des roches éruptives. Les gîtes sédimentaires appartiennent surtout à l'époque du gault dans l'étage crétacé. Le phosphate est souvent voisin de minerais de fer. Il accompagne aussi des manifestations de manganèse dans les Pyrénées, ainsi que l'a démontré M. Levat, ingénieur civil des Mines. Un phosphate doit contenir 50 à 60 0/0 en phosphate tribasique. Rien n'est plus variable en général que cette teneur.

Un phosphate de 60 à 65 0/0 se vend à raison de 60 centimes l'unité. Au-dessus de 70 0/0, il se vend 80 centimes l'unité. Il est à remarquer que cette unité est de 10 kilogrammes pour les phosphates.

Un autre minerai susceptible d'un certain emploi dans l'industrie est le *caolin*. C'est une argile pure. Cette argile se trouve, en général, dans des roches éruptives. Elle provient de la décomposition des feldspaths, des granites. La composition est celle d'un feldspath pur et se rapproche de la formule théorique $Al^2O^3Si^2O$. Le caolin doit cuire blanc; des traces de matières étrangères, de fer et surtout de titane déprécient le prix de vente. Le caolin doit être infusible. A cet égard, la présence du mica est préjudiciable.

Il existe une série d'autres substances qui ont leur emploi dans la chimie, telles que le natron, la glaubérite, le nitrate de soude. Toutes ces substances ne se trouveront, comme le caolin d'ailleurs, que dans certains pays et il est aisé de se reporter pour apprendre à les connaître aux monographies de leurs gisements spéciaux.

Pierres précieuses. — Les pierres précieuses se rencontrent en général dans les terrains éruptifs granitiques ou porphyriques. Mais, le plus souvent, il faut les rechercher au milieu des sables détritiques de ces terrains anciens, dans des alluvions.

Les principales pierres précieuses sont le *diamant* ou carbone cristallisé, le *corindon*, le *rubis* et le *saphir* qui sont des alumines cristallisées, le premier étant incolore, le second étant coloré en rouge par du chrome, l'*émeraude* ou silico-aluminate de glucine, la *turquoise*, phosphate d'alumine hydraté, la *topaze*, silicate d'alumine fluoré, le *grenat*, silicate de sesquioxydes d'alumine, de fer, de chaux, de magnésie, de chrome, le *cristal de roche*, l'*améthyste*, l'*opale*, le *jaspe*, qui sont des variétés de quartz.

Les pierres précieuses sont caractérisées par leur dureté. Elles ont un poids spécifique moyen de 3.

Le meilleur mode de reconnaissance consiste à observer la propriété dichroïque de l'échantillon qu'on a entre les mains. Le cristal de roche, le diamant, le rubis et le grenat ne sont pas dichroïques, mais on les reconnaît aisément à leur cou-

leur ou à leur système cristallographique. Le saphir donne
un carré bleu et un carré clair au dichroïscope. L'améthyste
donne deux nuances pourpre. L'émeraude présente deux
nuances de vert, dont l'une tire sur le bleu.

Telle est la liste des principaux minerais utiles, dont les
gisements pourront donner lieu, le cas échéant, à une expertise. Telle est, en général, la valeur industrielle et marchande
de ces minerais, valeur qui, si elle n'est pas atteinte, pourra
rendre impossible l'exploitation de certaines mines.

CHAPITRE XVI

BASES D'ESTIMATION D'UNE MINE

Eléments principaux d'un rapport d'expertise. — Données financières.
— Données économiques.

Nous venons de parler des deux facteurs qui sont la base de l'estimation d'une mine dans un rapport d'ingénieur. Nous avons dit comment s'évaluait le tonnage disponible. Nous avons défini la valeur industrielle au-dessous de laquelle les minerais ne pourront plus être exploités. Ces deux conditions sont nécessaires à étudier en premier lieu. Elles ne sont pas toujours suffisantes. D'autres points de vue doivent être examinés.

Éléments principaux d'un rapport d'expertise. — Il est inutile de revenir sur les questions : prix de revient et bénéfices à prévoir que nous avons examinées au chapitre xiv.

Pour certains minerais métalliques, ainsi qu'il a été dit, le prix de revient se complique de traitements métallurgiques et de préparations mécaniques, dont il est assez difficile de prévoir à l'avance non seulement le prix mais aussi les conditions favorables d'installation. Pour les minerais d'or, on devra étudier le système hydrologique de la contrée et estimer le coût des barrages, choisir l'emplacement de ces barrages. Le régime des eaux pourra être intéressant aussi à étduier pour des exploitations autres que celles d'or, car il sera parfois intéressant de créer une force électrique.

Pour d'autres minerais, on ne supputera les frais de fusion que dans le cas où ils seront complètement nécessaires. Une mine aura souvent avantage à expédier ses minerais dans une usine pour y être traités, quelque élevés que soient les frais de transport par chemin de fer. Il faudra aussi se mettre en garde contre le coût de certaines installations de préparation mécanique. Pour certains minerais complexes, le lavage est même parfois impossible.

Dans le chapitre des bénéfices, il sera bon de tenir compte de ce que peut devenir une installation nouvelle, quelle qu'elle soit au bout d'un certain temps, au bout de onze ans par exemple. Les machines auront perdu de leur valeur; peut-être ne seront-elles plus en état de fonctionner. Une majoration de ce fait sera donc nécessaire à introduire dans le capital prévu pour l'installation.

Ce qu'il est bon de dire et de prévoir dans un rapport, c'est le temps qui s'écoulera avant que la mine ne soit en parfaite exploitation. Pour un charbonnage, les travaux d'aménagement dureront deux ans, souvent trois ans. Il est non seulement sage mais encore nécessaire d'exécuter ces travaux avant d'extraire un seul morceau de houille. Pour une mine métallique, il est bon également d'effectuer de nombreux traçages. On sera mieux renseigné sur la composition moyenne du minerai et on ne s'exposera pas, ce qui est arrivé souvent et ce qui a été la mort de plus d'une affaire, à créer de toutes pièces un atelier de préparation mécanique ou une usine de traitement métallurgique qui seront jugés inutiles au bout de quelques années et qui devront être refaits moyennant de grosses dépenses, parce qu'ils auront été jugés inutilisables dès que la mine sera mieux connue.

Une série de points de vue très spéciaux doit ainsi attirer l'attention de l'ingénieur lors de la rédaction de son rapport. Il doit aussi entrer dans des considérations financières et économiques.

Données financières. — Un gisement recueillera toutes les conditions d'une exploitabilité parfaite. Il sera régulier ; le minerai sera riche et en grande abondance. Et pourtant, l'affaire n'est pas appelée à vivre. Quelle en sera la raison ? Le capital d'achat aura été majoré ou bien le capital de mise en exploitation sera trop considérable.

L'ingénieur doit s'occuper de la question financière, et, pour de grosses affaires, il devra exiger que son programme financier soit rigoureusement suivi ou qu'on lui accorde une confiance analogue à celle qui est prêtée à son esti-mation du tonnage ou de la teneur du minerai.

L'estimation du prix d'achat peut se baser sur la quantité de minerai reconnue. En admettant un fortage de quelques centimes à la tonne pour des substances telles que la houille ou le fer, en majorant ce fortage pour des minerais de haute valeur conformément au prix moyen de vente, on évaluera assez approximativement la somme à attribuer au proprié-taire de la mine.

Quant au capital de constitution de l'affaire il devra diffé-rer le moins possible de ce que l'on appelle en Angleterre le *working capital*. Ce working capital, l'ingénieur l'a éva-lué dans son rapport en alignant les dépenses de premier établissement, en le déduisant surtout des bénéfices que peut réserver l'écart entre le prix de vente et le prix de revient. Si le capital est majoré par de trop nombreux apports, la rémunération qu'il avait admise sera non seule-ment atténuée, mais encore impossible. L'affaire sombrera au bout de peu de temps.

Données économiques. — Les données économiques va-rient plus qu'on ne saurait le croire avec les différents pays.

Nous avons déjà dit combien dans un pays neuf il était difficile de prévoir ce que deviendra ultérieurement une affaire. La main-d'œuvre notamment subira des fluctuations de prix qui peuvent modifier rapidement les conclusions d'un rapport. Certaines affaires se développeront avec facilité. D'autres, au contraire, resteront longtemps dans l'enfance. L'ingénieur ne saura pas toujours laquelle, de l'une ou l'autre de ces hypothèses, doit se réaliser.

Les conditions climatériques retardent le plus souvent la création des affaires industrielles. Dans les pays tropicaux, pendant la saison des pluies, certains travaux seront forcément interrompus ou paralysés pendant plusieurs mois. Avec la chaleur, en outre, on travaille moins. Le froid, à son tour, contrarie certaines opérations à la surface. La neige interrompt les moyens de communication.

Enfin, ce qu'il faut encore prévoir, ce sont les frais de douane dans certains pays étrangers. Non seulement des impôts très lourds grèveront certaines fabrications, mais des droits d'importation exagérés augmenteront dans une large mesure le prix de revient de l'exploitation.

Il faut évaluer le fret de transport. Il faut surtout se préoccuper des conditions de débarquement dans des ports d'une installation sommaire et primitive, afin de ne pas s'exposer à jeter les machines à la mer, sous prétexte qu'on ne peut pas les amener jusqu'au rivage, comme cela s'est produit malheureusement quelquefois pour de grosses affaires coloniales.

En somme, dans les pays neufs la détermination des conditions industrielles n'est pas toujours facile et doit absorber les préoccupations de l'ingénieur.

Dans les pays autres que les pays neufs, ces conditions seront quelquefois plus aisées à déterminer. On disposera de plus de renseignements. Il y aura des exploitations voisines. Toutefois, en ce qui concerne notamment la reprise d'anciennes mines, quels ne seront pas les doutes qui assailleront l'esprit de l'ingénieur !

Il s'agit de définir les raisons pour lesquelles les travaux ont été abandonnés autrefois. Le gîte était-il trop pauvre ? ou bien avait-il été épuisé ?

Certains gîtes qui ne pouvaient être exploités autrefois, le deviennent aujourd'hui avec les progrès de l'industrie métallurgique. Bien plus même, les conditions d'exploitabilité changent avec les moyens de transport, et telles mines qui jetaient à l'état de déchet sur leurs haldes des minerais trop pauvres, arrivent à vendre ces minerais pauvres, dès qu'une voie de transport a pu s'établir à proximité.

La question d'épuisement de la mine est délicate à trancher. L'accès n'est plus toujours possible dans les travaux des anciens. On ne peut pas se fier d'autre part à la véracité des plans. Et pourtant on cite des exploitations qui ont été reprises avec succès après les Romains. On a même exploité avec avantage de vieilles haldes, ces haldes étant devenues exploitables, comme nous venons de le faire remarquer, en raison de la modification introduite dans les moyens de transport.

En général, l'ingénieur se défiera d'anciens travaux à reprendre. Il craindra que la mine n'ait été épuisée, que le filon ne se soit appauvri en profondeur.

Toutefois un cas fréquent de l'abandon des anciennes mines a souvent été celui des inondations. Autrefois les moyens d'épuisement étaient rudimentaires. Aujourd'hui ils sont beaucoup plus puissants. Les pompes électriques ou à air comprimé s'installent aisément. Le prix de revient de l'exploitation s'en trouve majoré, mais l'ingénieur le calculera avec soin et pourra ne pas le trouver prohibitif.

En second lieu, faute d'aérage, des mines auront été abandonnées. Nous disposons actuellement de moyens mécaniques qui pourront permettre la reprise de ces mines.

Enfin ce seront des guerres ou des émigrations de peuplades en grande masse pour cause d'épidémie qui auront motivé l'abandon des mines. Ces mines, quoique prospères, se seront éboulées et personne n'aura jamais osé y rentrer, si bien que peu à peu on les aura considérées comme inexploitables.

En somme, quelques anciennes mines peuvent être reprises.

De même, dans un pays neuf, des minerais riches seront exploitables.

Mais l'une comme l'autre de ces estimations exige de l'ingénieur un certain esprit de divination.

Les questions sont des plus complexes, des plus difficiles parfois à trancher. Aussi ne faut-il pas incriminer les conclusions pessimistes qu'un ingénieur expérimenté aura pu prendre à tort, ainsi que le démontreront plus tard les circonstances. Il aura toujours agi avec la meilleure foi du monde et avec la plus grande prudence.

BIBLIOGRAPHIE

1762. Physique occulte ou traité de la baguette divinatoire. La Haye.

1821. Berzélius. — Emploi du chalumeau dans les analyses chimiques et les déterminations minéralogiques.

1822. Garnier. — De l'art du fontenier sondeur et des puits artésiens.

1824. Gardien. — De l'exploration des substances minérales et de la recherche des eaux souterraines de la Dordogne.

1829. Héricart de Thury. — De la sonde du fontenier sondeur.

1835. Fromman. — Die Bohr-Methode der Chinesen oder das Seil Bohren. Koblenz.

1842. Kind. — Anleitung zum Abteufen der Bohrlöcher. Luxemburg.

1847-1861. Degousée et Laurent. — Guide du sondeur.

1852. Le Chatelier. — Sur le sondage à la corde.

1854. Laurent. — Sondes d'exploration.

1876. Terreil. — Traité pratique des essais au chalumeau. Paris, Savy.

1877. Thalen. — Sur la recherche des mines de fer à l'aide de mesures magnétiques.

1879. Sondages de mines (*Comptes rendus de la Société de l'industrie minérale* de septembre).

1879. Travaux de forage exécutés par la Continental Diamond Rock Boring Company. Leipzig.

1881. Romain. — Nouveau manuel complet du sondeur, du puisatier et de l'hydroscope. Paris, Roret.

1885. Fauck. — Fortschritte in der Erdbohrtechnik. Leipzig.

1885. Köhler. — Handbuch der Ingenieurwissenschaften. Die Baumaschinen.

1885. Perreau. — L'arte della sonda. Milano, Hœpli.

1886-1890. Tecklenburg. — Handbuch der Tiefbohrkunde. Leipzig.

1888. Syroczinski. — Sondage canadien (*Comptes rendus de la Société de l'industrie minérale*).

1888. Heim et de Margerie. — Les dislocations de l'écorce terrestre. Zurich, Wurster et Cᶦᵉ.

1890. Lippmann. — Entreprise de sondages.

1890. Procédé de sondage Raveaud (*Comptes rendus de la Société de l'industrie minérale*).

1890. R.-H. Stretch. — Prospecting, locating and valuing mines (*The scientific publishing Cᵒ*, New-York).

1890. Arrault. — Outils et procédés de sondage.

1893. Cuningham Wilson Moore. — A practical guide for prospectors, explorers and miners. London.

1894. Fletcher. — Practical instructions in quantitative assaying with the Blowpipe. New-York.

1894. George Moreau. — Étude industrielle des gîtes métallifères. Paris, Baudry.

1895. A.-G. Charleton. — Report Book for Mining Engineers. London.

1896. Drachicenu. — Die Bohrarbeiten für artesische Brunnen in Rumänien. Wien.

1896. De Hulster. — Sur les appareils de sondage.

1900. Bel. — Prospections de mines et travaux de recherches en différents pays (*Comptes rendus de la Société de l'industrie minérale* de septembre-octobre).

1900. Kuss et Fèvre. — Traité de l'exploitation des mines. Paris, Fanchon.

1901. Anderson. — Manuel du prospecteur, traduit de l'anglais par J. Rosset. Paris, Bernard Tignol.

1901. Lippmann. — Manuel pratique de sondages. Paris, Bernard Tignol.

PUBLICATIONS PÉRIODIQUES

Pérard. — Emploi de l'aiguille aimantée pour la recherche des minerais magnétiques (*Revue universelle des mines*, 2ᵉ, XII).

Shegan. — Indicateur électrique de mines (*Lumière électrique*, XXII, 231).

Habets. — Sondages (*Revue universelle des mines*, 2ᵒ, VIII).

Lecacheux. — Appareil de sondage de Commentry (*Bulletin de la Société de l'industrie minérale*, 2ᵒ, IX).

Sarran. — Sondages du Gard (*Bulletin de la Société de l'industrie minérale*, 2ᵉ, IX).

Nordenström. — Le sondage au diamant dans les mines de Suède (*Revue universelle des mines*, 3ᵉ, X).

Sondage de Schladebach (*Comptes rendus de l'Académie des Sciences*, CI).

Baure. — Sondage de Villefranche d'Allier (*Bulletin de la Société de l'industrie minérale*, 2ᵉ, XIV).

Schiff. — Estimation de la valeur d'une mine d'or (*Génie civil*, XXVII, 313).

Colomer. — Les mines d'or. — Les gisements repris à la suite des anciens (*Génie civil*, XXVII, 238).

ANNEXES

ANNEXE I

MESURES DE LONGUEUR ET DE CAPACITÉ DES DIVERS PAYS

Anciennes mesures françaises

Toise..........	1ᵐ,949	Arpent de Paris...	3.418ᵐᑫ,87
Pied..........	0ᵐ,325	Grain.	0ᵍʳ,053
Pouce.........	0ᵐ,02707	Gros.	3ᵍʳ,82
Ligne.........	0ᵐ,002256	Once............	30ᵍʳ,59
Perche........	51ᵐᑫ,07	150 carats = 489	
Arpent........	5.107ᵐᑫ,00	grains........	31ᵍʳ,080
Perche de Paris	34ᵐᑫ,19	Livre............	489ᵍʳ,51

Mesures anglaises

3 Barley corns.... = 1 inch (pouce)........	0ᵐ,0254
9 inches......... = 1 span..............	0ᵐ,2286
12 inches......... = 1 foot (pied).........	0ᵐ,3048
3 feet. .... = 1 yard..............	0ᵐ,91438
2 yards.......... = 1 fathom...........	1ᵐ,82876
5,5 yards.......... = 1 rod, pole ou perch..	5ᵐ,029
4 poles ou 100 links = 1 chain.............	20ᵐ,1168
10 chains......... = 1 furlong.	201ᵐ,1636
8 furlongs....... = 1 mile..............	1.609ᵐ,3088
3 miles.......... = 1 league.	4.818ᵐ,93
10 square chains... = 1 acre (4.840 square yards).	40ᵃʳᵉˢ,467

Mesures anglaises (*suite*)

1	grain.......... = 1 grain...............	0^{gr},065
24	grains;......... = 1 pennyweight.......	1^{gr},555
20	pennyweight.... = 1 ounce (480 grains)..	31^{gr},103
12	ounces......... = 1 pound.............	373^{gr},242
1	dram.......... = 1 dram (avoir du pois)	1^{gr},772
16	drams......... = 1 ounce (avoir du pois, 437,5 grains).......	28^{gr},350
16	ounces......... = 1 pound (avoir du pois, 7.000 grains)..	453^{gr},593
14	pounds......... = 1 stone..............	6.350^{gr},297
2	stones.......... = 1 quarter...........	12.700^{gr},594
4	quarters....... = 1 hundredweight (112 livres)............	50^{ks},802
20	hundredweights. = 1 ton (2.240 livres)...	1.016^{ks},000
1	gill............ = 1 gill...............	0^{lit},1420
4	gills............ = 1 pint..............	0^{lit},5679
2	pints.......... = 1 quart..............	1^{lit},1359
4	quarts......... = 1 gallon.............	4^{lit},5435
2	gallons......... = 1 peck..............	9^{lit},0869
8	gallons......... = 1 bushel.............	36^{lit},3477
3	bushels......... = 1 sack..............	199^{lit},0430
8	bushels......... = 1 quarter...........	290^{lit},7813
12	sacks.......... = 1 chaldron..........	1.308^{lit},5160

Anciennes mesures espagnoles

12	puntos......... = 1 linea..............	0^{m},00195
12	lineas......... = 1 pulgada...........	0^{m},0234
6	pulgadas....... = 1 sesma.............	0^{m},1404
2	sesmas........ = 1 pie..............	0^{m},282
3	pies........... = 1 vara..............	0^{m},847
4	varas.......... = 1 estadal............	3^{m},39
1	legua.......... = 8.000 varas..........	6.780^{m},00
12	granos......... = 1 tomin.............	0^{gr},5958
3	tomines........ = 1 adarme...........	1^{gr},78
2	adarmes....... = 1 ochava ou dracma...	3^{gr},6
8	ochavas........ = 1 onza..............	28^{gr},86
8	onzas.......... = 1 marco.............	229^{gr},949
2	marcos... ..... = 1 libra..............	459^{gr},899

Mesures russes

1	pied............	= 1 pied...............	0^m,304
4	verchok.......	= 1 tchetvert..........	0^m,177
1	verchok........	= 1 verchok............	0^m,044
4	tchetverti......	= 1 archine............	0^m,711
3	archines........	= 1 sagène............	2^m,133
500	sagènes.........	= 1 verste.............	1.067^m,00
1	déciatine........	= 1 déciatine..........	109^{ar},25
1	vedro..........	= 1 vedro.............	12^{lit},229
1	poud.	= 1 poud.............	16^{ks},381
1	livre............	= 1 livre.............	409^{gr},52

ANNEXE II

DENSITÉ DES MINERAIS

Platine...............................	16	à 21
Or....................................	15	à 19,5
Argent...............................	10,1	à 11,1
Cuivre...............................	8,5	à 8,9
Fer...................................	7,3	à 7,78
Stibine (minerai d'antimoine)................	4,5	à 4,7
Argyrose (minerai d'argent).................	7,2	à 7,4
Proustite — —	5,5	à 5,6
Kérargyrite — —	5,5	à 5,6
Bismuthine (minerai de bismuth)............	6,4	à 6,6
Smaltine (minerai de cobalt)................	6,5	à 7,2
Cuivre oxydulé (minerai de cuivre)...........	5,7	à 6,15
Cuivre gris — —	5,5	à 5,8
Chalcopyrite — —	4,1	à 4,3
Cassitérite (minerai d'étain)................	6,4	à 7,6
Hématite (minerai de fer)...................	4,5	à 5,3
Magnétite — —	4,9	à 5,9
Limonite — —	3,6	à 4,0
Sidérose — —	3,7	à 3,9
Pyrite — —	4,8	à 5,3
Pyrolusite (minerai de manganèse)...........	4,7	à 5,0
Cinabre (minerai de mercure).	8,0	à 8,99
Nickéline (minerai de nickel)...............	7,3	à 7,5
Galène (minerai de plomb)................	7,2	à 7,7
Cérusite — —	6,4	à 6,6
Smithsonite (minerai de zinc)...............	4,0	à 4,5
Blende — —	3,7	à 4,2

DENSITÉ DES PIERRES PRÉCIEUSES

Diamant.	3,5		
Corindon	3,9	à	4,2
Topaze.	3,53		
Spinelle (rubis)	3,8		
Emeraude	2,7		
Améthyste	2,66		
Turquoise.	2,6	à	3
Grenat.	3,5	à	4,2
Saphir.	2,63		
Opale.	2	à	2,3

DENSITÉ DE QUELQUES ROCHES

Quartz.	2,5	à	2,8
Fluorine.	3,0	à	3,3
Calcite.	2,5	à	2,8
Barytine.	4,3	à	4,8
Granite.	2,4	à	2,7
Micaschiste.	2,6	à	2,9
Syénite.	2,7	à	3,0
Basalte.	2,6	à	3,1
Porphyre.	2,3	à	2,7
Calcaire.	2,5	à	2,9
Grès.	1,9	à	2,7

TABLES donnant l'altitude approchée correspondant aux différentes hauteurs barométriques, en supposant que le baromètre marque 762 millimètres au niveau de la mer, que la température soit de 0° et la latitude de 40°.

HAUTEUR DU BAROMÈTRE en millimètres	HAUTEUR AU-DESSUS DE LA MER en mètres	DIFFÉRENCES	HAUTEUR DU BAROMÈTRE en millimètres	HAUTEUR AU-DESSUS DE LA MER en mètres	DIFFÉRENCES	HAUTEUR DU BAROMÈTRE en millimètres	HAUTEUR AU-DESSUS DE LA MER en mètres	DIFFÉRENCES
591	2029.4	—13.5	621	1633.9	—12.9	651	1257.1	—12.3
592	2015.9	—13.5	622	1621.0	—12.8	652	1244.8	—12.2
593	2002.4	—13.4	623	1608.2	—12.8	653	1232.6	—12.2
594	1989.0	—13.5	624	1595.4	—12.8	654	1220.4	—12.2
595	1975.5	—13.4	625	1582.6	—12.8	655	1208.2	—12.2
596	1962.1	—13.4	626	1569.8	—12.7	656	1196.0	—12.2
597	1948.7	—13.3	627	1557.1	—12.7	657	1183.8	—12.1
598	1935.4	—13.4	628	1544.4	—12.7	658	1171.7	—12.2
599	1922.0	—13.3	629	1531.7	—12.7	659	1159.5	—12.1
600	1908.7	—13.3	630	1519.0	—12.7	660	1147.4	—12.1
601	1895.4	—13.3	631	1506.3	—12.6	661	1135.3	—12.0
602	1882.1	—13.3	632	1493.7	—12.7	662	1123.3	—12.0
603	1868.8	—13.2	633	1481.0	—12.6	663	1111.3	—12.1
604	1855.6	—13.2	634	1468.4	—12.6	664	1099.2	—12.0
605	1842.4	—13.2	635	1455.8	—12.5	665	1087.2	—12.0
606	1829.2	—13.2	636	1443.3	—12.6	666	1075.2	—12.0
607	1816.0	—13.1	637	1430.7	—12.5	667	1063.2	—12.0
608	1802.9	—13.1	638	1418.2	—12.5	668	1051.2	—11.9
609	1789.8	—13.1	639	1405.7	—12.5	669	1039.3	—12.0
610	1776.7	—13.1	640	1393.2	—12.5	670	1027.3	—11.9
611	1763.6	—13.1	641	1380.7	—12.4	671	1015.4	—11.9
612	1750.5	—13.0	642	1368.3	—12.5	672	1003.5	—11.8
613	1737.5	—13.1	643	1355.8	—12.4	673	991.7	—11.9
614	1724.4	—13.0	644	1343.4	—12.4	674	979.8	—11.8
615	1711.4	—12.9	645	1331.0	—12.3	675	968.0	—11.9
616	1698.5	—13.0	646	1318.7	—12.4	676	956.1	—11.8
617	1685.5	—12.9	647	1306.3	—12.3	677	944.3	—11.7
618	1672.6	—12.9	648	1294.0	—12.3	678	932.6	—11.8
619	1659.7	—12.9	649	1281.7	—12.3	679	920.8	—11.8
620	1646.8	—12.9	650	1269.4	—12.3	680	909.0	—11.7

HAUTEUR DU BAROMÈTRE en millimètres	HAUTEUR AU-DESSUS DE LA MER en mètres	DIFFÉRENCES	HAUTEUR DU BAROMÈTRE en millimètres	HAUTEUR AU-DESSUS DE LA MER en mètres	DIFFÉRENCES	HAUTEUR DU BAROMÈTRE en millimètres	HAUTEUR AU-DESSUS DE LA MER en mètres	DIFFÉRENCES
681	897.3	—11.7	711	553.1	—11.3	741	223.1	—10.8
682	885.6	—11.7	712	541.8	—11.2	742	212.3	—10.7
683	873.9	—11.7	713	530.6	—11.1	743	201.6	—10.8
684	862.2	—11.7	714	519.5	—11.2	744	190.8	—10.7
685	850.5	—11.6	715	508.3	—11.2	745	180.1	—10.7
686	838.9	—11.6	716	497.1	—11.1	746	169.4	—10.7
687	827.3	—11.7	717	486.0	—11.2	747	158.7	—10.7
688	815.6	—11.6	718	474.8	—11.1	748	148.0	—10.6
689	804.0	—11.5	719	463.7	—11.1	749	137.4	—10.7
690	792.5	—11.6	720	452.6	—11.0	750	126.7	—10.6
691	780.9	—11.6	721	441.6	—11.1	751	116.1	—10.6
692	769.3	—11.5	722	430.5	—11.1	752	105.5	—10.6
693	757.8	—11.5	723	419.4	—11.0	753	94.9	—10.6
694	746.3	—11.5	724	408.4	—11.0	754	84.3	—10.6
695	734.8	—11.5	725	397.4	—11.0	755	73.7	—10.6
696	723.3	—11.4	726	386.4	—11.0	756	63.1	—10.5
697	711.9	—11.5	727	375.4	—11.0	757	52.6	—10.6
698	700.4	—11.4	728	364.4	—10.9	758	42.0	—10.5
699	689.0	—11.4	729	353.5	—11.0	759	31.5	—10.5
700	677.6	—11.4	730	342.5	—10.9	760	21.0	—10.5
701	666.2	—11.4	731	331.6	—10.9	761	10.5	—10.5
702	654.8	—11.4	732	320.7	—10.9	762	0.0	—10.5
703	643.4	—11.3	733	309.8	—10.9	763	—10.5	—10.4
704	632.1	—11.4	734	298.9	—10.9	764	—20.9	—10.5
705	620.7	—11.3	735	288.0	—10.8	765	—31.4	—10.4
706	609.4	—11.3	736	277.2	—10.9	766	—41.8	—10.4
707	598.1	—11.3	737	266.3	—10.8	767	—52.2	—10.4
708	586.8	—11.2	738	255.5	—10.8	768	—62.6	—10.4
709	575.6	—11.3	739	244.7	—10.8	769	—73.0	—10.4
710	564.3	—11.2	740	233.9	—10.8	770	—83.4	—10.4

ANNEXE IV

TRANSFORMATION EN PENTES PAR MÈTRE DES INCLINAISONS EN DEGRÉS

degrés	minutes	secondes	PENTE CORRESPONDANTE par mètre	degrés	minutes	secondes	PENTE CORRESPONDANTE par mètre
			mètre				mètre
0	15	»	0,00436	5	42	30	0,100
	17	10	0,005		59	30	0,105
	30	»	0,00873	6	»	»	0,10510
	35	»	0,010		16	30	0,110
	45	»	0,01309		33	40	0,115
	51	30	0,015		50	30	0,120
1	»	»	0,01746	7	»	»	0,12278
	8	40	0,020		7	30	0,125
	26	»	0,025		24	20	0,130
	30	»	0,02618		41	20	0,135
	43	1	0,030		58	10	0,140
2	»	»	0,03492	8	»	»	0,14054
	»	20	0,035		15	5	0,145
	17	30	0,040		31	50	0,150
	30	»	0,04366	9	»	»	0,15838
	34	40	0,045	10	»	»	0,17633
	51	40	0,050	12	»	»	0,21256
3	»	»	0,05241	14	»	»	0,24933
	8	50	0,055	16	»	»	0,28675
	26	»	0,060	18	»	»	0,32492
	30	»	0,06116	20	»	»	0,36397
	43	10	0,065	22	»	»	0,40403
4	»	»	0,06993	24	»	»	0,44523
	»	20	0,070	26	»	»	0,48773
	17	20	0,075	28	»	»	0,53171
	30	»	0,07870	30	»	»	0,57735
	34	30	0,080	32	»	»	0,62487
	51	30	0,085	34	»	»	0,67451
5	»	»	0,08749	36	»	»	0,72654
	8	30	0,090	38	»	»	0,78129
	25	30	0,095	40	»	»	0,83910

TABLE DES MATIÈRES

CHAPITRE III

Travaux de recherche à la surface

DEUXIÈME PARTIE

SONDAGES DE RECHERCHE

CHAPITRE IV

Généralités sur les sondages de recherche

CHAPITRE V

Sondages à la main

CHAPITRE VI

Sondages simples avec moteur

CHAPITRE VII

Sondage mécanique avec tiges en fer

CHAPITRE VIII

Sondage au trépan avec circulation d'eau

CHAPITRE IX

Sondage au diamant

CHAPITRE X

Particularités de certains sondages

CHAPITRE XI

Accidents et réparations dans les sondages

CHAPITRE XII

Données économiques sur le sondage

TROISIÈME PARTIE

ÉTUDE ÉCONOMIQUE D'UN GITE

CHAPITRE XIII

Travaux topographiques de prospection

CHAPITRE XIV

Évaluation d'un gisement

CHAPITRE XV

Définition et teneur industrielle des minéraux les plus usuels

CHAPITRE XVI

Bases d'estimation d'une mine

BIBLIOGRAPHIE

ANNEXES

SUPPLÉMENT

CHAPITRE I, PAGE 7

Données pratiques pour une reconnaissance géologique rapide des terrains. — Il existe une différence très marquée entre les terrains d'origine ancienne ou d'origine moderne.

Les sédiments des époques primaires se trouvent en couches massives et compactes, donnant des affleurements très épais. Les schistes siluriens et dévoniens s'étendent sans discontinuité sur de grands espaces avec un faciès, une structure feuilletée qui sont toujours semblables.

Les terrains modernes auront au contraire un aspect beaucoup plus varié. Dans ces formations, ce qui couvre les plus grands espaces, ce sont les grès, mais ces grès sont entremêlés souvent de marnes et de calcaires, ou bien cèdent le pas à ces marnes et à ces calcaires. On trouve non plus les schistes et les grès par assises indéfinies, mais par assises successives et intercalées.

La raison d'être de ce fait est que les mers de dépôts sédimentaires modernes étaient moins profondes que les mers anciennes, et que le régime des eaux y changeait fréquemment, de manière à permettre tantôt le dépôt de marnes, tantôt le dépôt de grès, tantôt enfin le dépôt de calcaires.

D'autre part, les données spécifiques sur les terrains des divers âges géologiques sont les suivantes :

Les formations les plus anciennes ont l'aspect d'une roche compacte, dure même pour les schistes et d'apparence sou-

vent calcinée ou oxydée ; les bancs sont ondulés et tourmen-
tés. Les dépôts schisteux sont luisants, savonneux, pleins de
talc et de mica. Les calcaires sont compacts et moins vacuo-
laires que dans les sédiments jeunes. Les grès sont
jaunâtres et contiennent une plus forte proportion de mica.
Le mica règne d'ailleurs en maître aussi bien dans les
schistes que dans les grès.

Les formations d'âge moyen sont sensiblement les mêmes
dans les divers pays. Elles débutent par les grès rouges du
trias qui donnent au paysage un aspect assez pittoresque.
Puis viennent des marnes irisées ou bariolées, auxquelles
succèdent les assises de calcaires gris ou bleuâtres de
l'époque jurassique. Enfin ce sont des couches de grès
verdâtres et de craie blanche, correspondant à des terrains
d'âge crétacé.

Dans les formations modernes les bancs sont moins épais,
moins compacts, mais plus réguliers et presque pas bouleversés. Les terrains sont peu agglutinés, souvent meubles
et décomposés par les agents atmosphériques en raison de
la jeunesse de leur âge.

En dehors de toute considération d'époque géologique,
certains terrains donnent à la région où on les rencontre
des aspects tout à fait caractéristiques.

C'est ainsi que les roches porphyriques présentent toujours des escarpements caractéristiques. On voit, suivant des
alignements parfaitement rectilignes, des pointements de
roches foncées, verdâtres ou noirâtres, selon la nature
même du porphyre.

Les basaltes et les trachytes ont des formes plus arrondies. Les affleurements auront parfois l'aspect de cônes
volcaniques. Les escarpements de ces affleurements sont
moins abrupts que dans le cas des porphyres.

Les granites et les schistes cristallins présentent une couleur
rosée ou rougeâtre ; leurs crêtes sont arrondies comme celle

des trachytes. On observe aussi des roches isolées de granite qui ont échappé à des phénomènes d'érosion. Ces roches émergent davantage du sol que les blocs similaires de grès dans les formations sablonneuses avec lesquels un œil inexpérimenté pourrait les confondre de prime abord.

Les terrains reconnaissables entre tous à première vue sont les calcaires. Les arêtes de leurs bancs sédimentaires sont bien dessinées et jalonnent des crêtes régulières de collines. Dans la plaine, les terrains se présentent sous la forme de gradins successifs et suffisamment marqués. La végétation tout autour est luxuriante, car, dans les calcaires, se trouvent toujours des sources en très grande abondance. Ce sont les sédiments qui donnent le plus d'eau.

Les grès se montrent en boules et en rognons. Les pentes des vallées sont douces. La végétation est aussi assez luxuriante. Les tons des roches sont moins vifs et moins caractérisés qu'avec les calcaires.

Les régions argileuses affectent des pentes plus douces qu'avec tout autre des sédiments précédemment décrits. On trouvera souvent même des marécages et des étangs, étant donnée la difficulté qu'ont les eaux non seulement à circuler, mais encore à s'imprégner dans le sol.

Enfin la végétation elle-même peut mettre sur la voie de la reconnaissance d'une roche ou d'un gîte en profondeur.

Dans les sables siliceux provenant de la désagrégation des granites croissent de préférence le châtaignier, le chêne liège, le pin maritime, et certaines essences comme le genêt à balai, l'ajonc, la bruyère, le myrtillier, l'arnica de montagne.

Dans les terrains calcaires on trouve comme arbre le buis, l'olivier, le chêne ordinaire, le pin d'Alep, et comme plantes le chardon, la gentiane, l'ellébore fétide, le pied d'alouette.

Près des serpentines, ces bons véhicules de gîtes métallifères, on rencontre l'*asplenium adulterinum* et l'*asple iium serpentine*, deux fougères caractéristiques.

Sur les terrains à calamines qui sont souvent très difficiles à caractériser, se trouve parfois la *viola calaminaria*, variété à petites coroles et à longues tiges de la violette jaune dite *viola lutea*.

A proximité des gîtes de plomb dans les terrains calcaires, on peut observer l'*amorpha canescens*.

Le *convolvulus althæoides* ou liseron à fleurs roses peut être un indice de la présence de la phosphorite dans des schistes siluriens ou dans des dolomies dévoniennes.

Enfin on cherchera le cuivre là où croît la *polycarpea spirostylis*.

Classification des roches. — M. Sacco, professeur de géologie à l'École des ingénieurs de Turin, a proposé une classification des roches basée sur leur nature chimique.

NATURE CHIMIQUE		ROCHES	
		ANCIENNES	RÉCENTES
Siliceuses		Quartzites, Pthanites, Jaspes	
Silicatées — Alumineuses	Acides.....	Gneiss. Micaschistes. Phyllades. Granites. Orthofelsites Syénites. Orthophyres	Liparites Trachytes. Phonolithes
	Neutres....	Diorites. Porphyrites. Diabases. Mélaphyres.	Andésites. Téphrites Basaltes. Leucitites
	Basiques ...	Euphotides. Norites.	Néphélinites
Silicatées — Magnésiennes..		Péridotites. Pyroxénites. Amphibolites. Serpentines.	Augitites
Carbonatées..........		Calcaires.	Dolomies

D'autres classifications, basées sur la nature chimique des roches, ont été proposées en Allemagne et en Amérique. Elles

ont leurs qualités et leurs défauts. Mieux vaut s'en rapporter à la composition minéralogique et à la texture de
la roche, qui sont beaucoup plus faciles et plus rapides à
observer en temps de prospection.

Une classification de cette nature est celle du tableau suivant qui est adoptée en France et qui est due à MM. Fouqué
et Michel Lévy.

ROCHES A FELDSPATHS
sans Feldspathoïdes

	Feldspaths alcalins		Feldspaths calcosodiques
	avec quartz	sans quartz	Groupe des Gabbros
	Groupe des Granites	Groupe des Syénites	sans quartz | avec quartz

TYPES GRENUS

Mica............			Plagioclasites(5)
Amphibole......	Granites (2)....	Syénites (3).....	Diorites (6)....
Pyroxène | monocl. rhomb..			Gabbros (7).... id. quartzifères
Olivine.........			Norites (8).....
			Troctolites (9)..

TYPES MICROGRENUS

id.	Microgranites..	Microsyénites	Microdiorites..
			Microgabbros..
			Micronorites ..

TYPES OPHITIQUES

Pyroxène.......			Dolérites (10).. (Diabases).

TYPES MICROLITIQUES (1)

Mica............			Andésites (11).	Dacites.
Amphibole......	Rhyolites.......	Trachytes (4)	Basaltites (12).	
Pyroxène........			(Labradorites).	
Olivine.........			Basaltes (13)..	

(1) Y compris les types vitreux.

(2) Outre le quartz et le feldspath alcalin, on a : micas (biotite, muscovite), amphibole ou pyroxène, avec ou sans feldspaths calcosodiques.

Les grandes divisions sont

Granites alcalins { à feldspath potassique.
{ à feldspath et autres minéraux sodiques.

Granites normaux à feldspaths potassiques et calcosodiques.

(3) Mica, amphibole ou pyroxène, feldspath alcalin, avec ou sans feldspath calcosodique.

Grandes divisions : *Syénites potassiques* (à orthose); *S. sodiques* (à anorthose); *S. calcosodiques* ou *Monzonites* (à orthose et feldspath calcosodique).

(4) Trois divisions correspondant à celles des syénites : *Trachytes normaux*, *trachytes sodiques*, *trachyandésites*.

(5) Roches formées essentiellement de feldspath calcosodique. Le nom d'anorthosite est à rejeter, car les roches désignées sous ce nom ne contiennent pas d'anorthose.

(6) Feldspath calcosodique, amphibole ou biotite.

(7) Feldspath calcosodique, pyroxène monoclinique, avec ou sans biotite ou olivine. Comprendront une partie des *diabases* (les variétés grenues). On propose la suppression de ce dernier terme comme ayant été employé dans des sens trop différents.

(8) Feldspath calcosodique et pyroxène rhombique, avec ou sans biotite, bornblende, olivine.

(9) Feldspath calcosodique et olivine.

(10) Roches à structure ophitique, formées de feldspath calcosodique et pyroxène, avec ou sans amphibole et olivine. — Ce terme est pro-

ROCHES A FELDPASTHS
et à Feldspathoïdes

	Feldspaths alcalins Groupe des Syénites néphéliniques Néphéline | Leucite.... | Sodalite...			Feldspaths calcosodiques groupe des Gabbros néphéliniques. Néphéline . | Leucite .	
TYPES GRENUS					
Mica.......... Amphibole...... Pyroxène { monocl. rhomb.. Olivine.........	néphéliniques.	Syénites (14) leucitiques	sodalitiques	Gabbros néphéliniques (17)	»
TYPES MICROGRENUS					
id.	néphéliniques.	Microsyénites leucitiques.	sodalitiques	Microgabbros néphéliniques...	»
TYPES OPHILITIQUES					
Pyroxène.......|					
TYPES MICROLITIQUES					
Mica.......... Amphibole...... Pyroxène....... Olivine.........	Phonolites (15)	Leucophonolites (16).	»	Téphrites (18)....	Leucotéphrites (19).

posé pour remplacer celui de diabase (ophitique), mais comme le mot de dolérite a été employé dans des sens aussi différents que celui de diabase, cette substitution ne s'impose nullement.

(11) Microlites de feldspath calcosodique, voisin de l'andésine, avec ou sans mica, amphibole, pyroxène, olivine.

(12) Microlites de feldspath calcosodique voisin du labrador (Labradorites), pyroxène avec ou sans amphibole ou mica.

(13) Labradorites (Basaltites) à olivine.

(14) Feldspath alcalin et néphéline (ou leucite ou sodalite) avec mica ou amphibole ou pyroxène et feldspath calcosodique.

(15) Feldspath alcalin, néphéline, pyroxène, avec ou sans minéraux du groupe haüyne-sodalite.

(16) Feldspath alcalin, leucite, pyroxène, avec ou sans néphéline et minéraux du groupe haüyde-sodalite.

(17) Feldspath calcosodique, néphéline, pyroxène, amphibole, mica, avec ou sans minéraux du groupe haüyne-sodalite.

Les noms de Teschénite et Théralite sont à rejeter, la Teschénite de Teschen ne renfermant pas de néphéline, la Théralite pas de feldspath calcosodique.

(18) Feldspath calcosodique, néphéline, pyroxène, avec ou sans amphibole, mica ou olivine.

(19) Feldspath calcosodique, leucite, pyroxène, avec ou sans amphibole, mica ou olivine.

(20) Feldspathoïde et pyroxène, avec ou sans olivine.

(21) Mélilite et pyroxène, avec ou sans néphéline, leucite et olivine.

(22) Pyroxène et verre sodique, avec ou sans amphibole et mica.

(23) Augitites à olivine.

(24) Olivine et un spinellide, avec ou sans pyroxène, amphibole et mica.

(25) Olivine automorphe, pyroxène ou amphibole, avec ou sans mica.

ROCHES SANS FELDSPATH à Feldspathoïdes ou verre alcalin			
Néphéline.....	Leucite.......	Mélilite......	Verre sodique.
TYPES GRENUS			

	Néphéline	Leucite	Mélilite	Verre sodique
Mica............	»	»	»	»
Amphibole......	»	»	»	»
Pyroxène { monocl. / rhomb..	Ijolites........	Missourites...	»	»
Olivine..........	»	»	»	»

TYPES MICROGRENUS

	Néphéline	Leucite	Mélilite	Verre sodique
id.	»	»	»	»

TYPES OPHITIQUES

	Néphéline	Leucite	Mélilite	Verre sodique
Pyroxène.......	»	»	»	»

TYPES MICROLITIQUES

	Néphéline	Leucite	Mélilite	Verre sodique
Mica............				
Amphibole......	Néphélinites (20)...	Leucites (20)..	Mélilitites (21).	Augitites (22).
Pyroxène.......				Limburgites
Olivine.........				(23)........

ROCHES SANS FELDSPATH et sans éléments blancs Groupe des Péridotites		
Olivine..	Pyroxène..........	Hornblende....
TYPES GRENUS		

	Olivine	Pyroxène	Hornblende
Mica............			
Amphibole......	Péridotites (24).....		
Pyroxène { monocl. / rhomb..		Pyroxénolites......	Hornblendites...
Olivine..........			

TYPES MICROGRENUS

	Olivine	Pyroxène	Hornblende
id.	»	»	»

TYPES OPHITIQUES

	Olivine	Pyroxène	Hornblende
Pyroxène.......	Picrites (25)........	»	»

TYPES MICROLITIQUES

	Olivine	Pyroxène	Hornblende
Mica............			
Amphibole......	»	»	»
Pyroxène.......			
Olivine.........			

Essais mécaniques des minerais. — Les appareils, petit concasseur et petit bac à deux compartiments que nous avons décrits, et qui permettent de réaliser une préparation mécanique au laboratoire, sont trop volumineux et trop

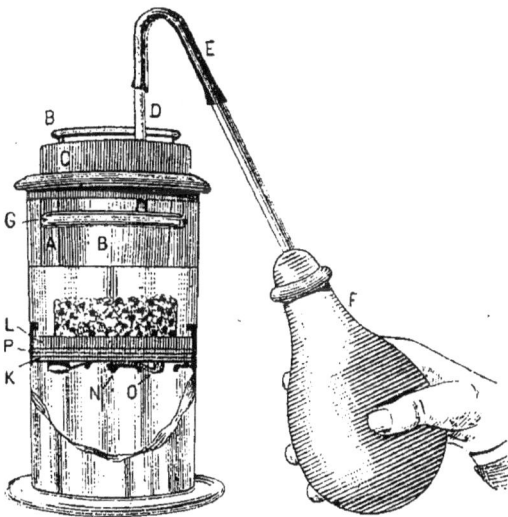

Fig. 117. — Appareil Buttgenbach pour l'essai mécanique des minerais en voyage.

pesants pour pouvoir être emportés en voyage. Il n'en est pas de même de l'appareil représenté par la figure 117.

A est un vase extérieur fermé au fond ; B est un cylindre

intérieur ouvert à la fois en haut et en bas. Entre ces deux vases en verre on assujettit, par frottement, un couvercle étanche C qui s'oppose à l'échappement de l'air. Ce couvercle est traversé par un tube D se terminant par un anneau circulaire G, dans l'espace compris entre les deux vases ; cet anneau circulaire est percé de petits trous. A l'extérieur, le tube D communique avec une poire à air F par un tube en caoutchouc.

La partie inférieure du cylindre intérieur reçoit un fond mobile qui s'applique exactement contre le verre par une bande circulaire en caoutchouc, et qui est solidement fixé par des agrafes à vis sur un rebord que porte ce cylindre de verre. Le fond mobile est composé de deux parties, L et K, entre lesquelles on intercale des toiles métalliques à mailles diverses et qu'on peut changer facilement.

En pratique, on emploie ordinairement des mailles de 4 millimètres, 2 millimètres, 1 millimètre, $0^{mm},5$ et $0^{mm},1$.

L'appareil est rempli d'eau aux trois quarts ; le minerai à traiter, broyé et passé à un tamis correspondant à la maille du fond mobile, est introduit dans le cylindre intérieur. Par l'effet de pressions répétées d'une façon régulière, à la main, sur la poire, l'air est comprimé et chasse l'eau de bas en haut dans le vase intérieur, produisant, en petit, un effet analogue à celui qu'on obtient dans le bac à piston. Sous l'action de ces secousses égales et répétées, la séparation du minerai et de la gangue s'effectue en vertu des différences de poids spécifiques.

L'opération est continuée jusqu'à ce que l'œil puisse apprécier, à travers les parois du verre, que le classement désiré est effectué. Le couvercle étanche est alors enlevé avec le tube E et la poire F, et le vase intérieur B est relevé verticalement, de façon à laisser écouler le liquide qu'il contient. On introduit alors, dans ce vase intérieur, un cylindre en bois qui occupe tout l'espace vide, et qui vient s'appliquer contre la couche des matières traitées ; enfin, le vase intérieur et son tampon cylindrique sont retournés, et le fond grillagé est enlevé; on trouve alors le minerai riche formant un lit suffisamment net qu'on peut enlever avec une lame de couteau, puis peser.

L'approximation de teneur obtenue avec cet appareil est des plus suffisante pour l'ingénieur prospecteur.

Sluice-box mobile François. — Cet appareil (*fig.* 118)

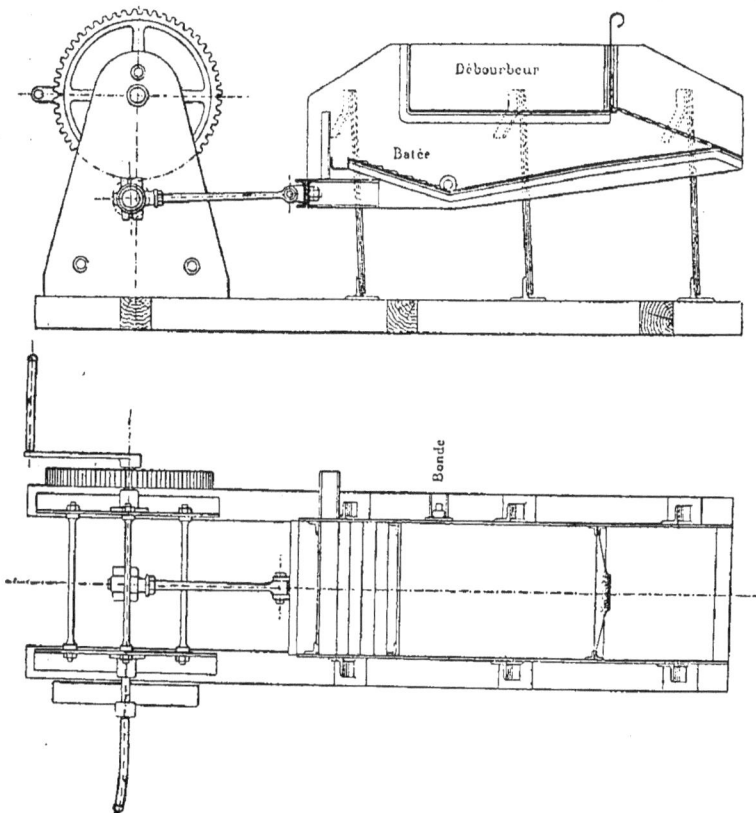

FIG. 118. — Vue en plan et en élévation du sluice-boxmobile François.

se compose essentiellement d'un débourbeur et d'un classeur superposés, montés sur des lames flexibles animées d'un mouvement de va-et-vient par une manivelle à bras.

Le débourbeur est rectangulaire, à fond plat. Il est fermé à l'avant par une porte formée de deux pièces et coulissant dans une glissière. La partie supérieure de la porte est percée de trous. La partie inférieure est faite d'une tôle pleine.

A la suite du débourbeur est une grille inclinée qui élimine les stériles d'une certaine grosseur.

Ce qui passe à travers la grille tombe dans le classeur. C'est une sorte de batée, un auget très ouvert, peu profond, ayant la forme d'un toit renversé. A l'avant sont des redents contre lesquels la matière sableuse peut se classer, l'or étant amené au fond de l'auget du fait des oscillations de l'appareil.

Pour laver, on jette l'alluvion aurifère en petite quantité dans le débourbeur, et on verse en même temps de l'eau, en ayant soin de renouveler peu à peu cette eau.

Après quelques oscillations de l'appareil, quand on juge le débourbage terminé, on soulève la porte de manière à ne l'ouvrir que progressivement pour ne pas emplir trop vite le classeur et pour chasser peu à peu les stériles de grosse dimension.

Enfin, quand on juge le classement effectué, on enlève la bonde placée au fond de l'auget, et on recueille la matière précieuse qui s'est déposée. Pour faire cette récolte, on continue toujours à faire osciller l'appareil, mais avec de l'eau simplement.

Un appareil de prospection de 102 kilogrammes peut traiter 3 à 12 mètres cubes par jour suivant la nature des alluvions, à raison de 210 oscillations à la minute produites par une simple manivelle à bras.

Prises d'essais. — Echantillonnage mécanique des mine-rais. — Au lieu de prélever à la main des échantillons d'analyse pour le chimiste, on peut faire usage d'appareils mécaniques.

Nous citerons tout d'abord l'échantillonneur Krupp Grusonwerk (*fig.* 119).

Il se compose essentiellement de quatre cylindres creux, de dimensions différentes, reposant sur deux chevalets en fonte et munis d'une ouverture transversale réglable.

Le passage de la matière à échantillonner d'un tambour à l'autre est réglé par le nombre de tours et par la grandeur donnée à la fente transversale.

La commande se fait au moyen de chaînes et de roues dentées.

La vitesse des trommels est inégale et est déterminée par le trommel supérieur.

Si, par exemple, celui-ci fait 12 tours par minute, le deuxième en fera 6 pendant le même temps, le troisième 3 et le quatrième 1. Il résulte de ces vitesses que l'ouverture d'un tambour ne coïncide pas à chaque révolution avec celle du tambour inférieur.

Le nombre de tours du trommel et la grandeur de l'ouverture transversale dépendent de l'importance de l'échantillon.

Quand il s'agit d'opérer des prises d'essai sur des quantités importantes, il est recommandé de prévoir au-dessus
de l'appareil un trommel préparatoire supplémentaire, de

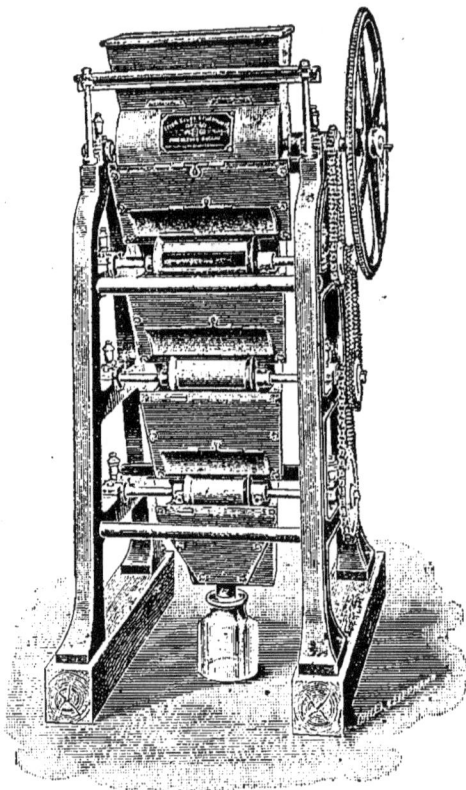

Fig. 119. — Echantillonneur mécanique (Krupp Grusonwerk).

dimensions plus grandes, afin de ne pas envoyer toute la
matière à l'appareil échantillonneur.

On peut citer d'autres appareils d'échantillonnage mécanique des minerais.

En Amérique on emploie la pelle échantillonneuse
Brunton. C'est une grande pelle de 25 à 30 centimètres de
largeur divisée en 3 compartiments; les deux compartiments latéraux sont ouverts à leurs deux extrémités; le

troisième, le compartiment central, forme une boîte ouverte par le bout seulement.

On introduit la pelle dans le tas de minerai pulvérisé à échantillonner, et, en la relevant, on s'arrange pour faire tomber le minerai par les compartiments latéraux. La partie de minerai qui reste dans le compartiment du milieu est mise à part. En renouvelant plusieurs fois l'opération, on finit par constituer un échantillon moyen.

Nous citerons encore les échantillonneurs mécaniques, Bridgeman, Mac Dermott, Constant, qui sont quelquefois employés.

SUPPLÉMENT

CHAPITRE II *bis*

ORGANISATION D'UNE ÉQUIPE DE PROSPECTION

Caractères différents des régions à explorer. — Moyens de transport.— Nourriture. — Logement. — Habillement. — Instruments à emporter. — Personnel.

Dans la majorité des pays neufs où doit se rendre l'ingénieur prospecteur, les approvisionnements manquent. Ce qui manque aussi, ce sont les abris où il sera possible de dormir la nuit. Il faut alors emporter tout un équipement, et c'est à la manière d'organiser d'avance son expédition que l'ingénieur devra de pouvoir travailler au mieux et plus rapidement.

Dans de telles expéditions, il ne faut emporter ni trop ni trop peu. Comme en toute chose, savoir économiser est parfait. Il est bon, si les approvisionnements doivent être considérables, de prévoir un centre de ravitaillement et de rayonner depuis ce centre sans s'embarrasser de bagages trop lourds. Les déplacements sont plus rapides et plus faciles. D'autre part, si un homme de l'escorte est malade, on peut le renvoyer pour se soigner au centre de ravitaillement, où les conditions d'hygiène seront toujours meilleures que dans un camp volant.

Caractères différents des régions à explorer. — L'organisation des équipes de prospection varie avec la nature des pays où doivent se faire les recherches.

Les pays plats sont ceux dont l'accès est le plus facile. Pourtant, si les pluies sont très abondantes, on éprouvera de grandes difficultés à traverser certaines rivières, à régime plus ou moins torrentiel ou ayant tendance à déborder, si leur lit n'est pas suffisamment encaissé. Le prospecteur devra improviser des ponts de bois ou construire des radeaux, si la largeur ou la profondeur de la rivière sont très grandes.

En outre, dans certaines plaines qui s'étendent sur de longs espaces, les vents sont si terribles pendant l'hiver qu'ils accumulent la neige dans les ravins. On croit suivre une route, et tout d'un coup l'expédition peut s'enfouir sous les neiges au fond d'un ravin pour ne plus reparaître.

En général, dans les pays plats, on fait usage de voitures ou de chariots, et de traîneaux pendant l'hiver. Les traîneaux portent aisément de très fortes charges.

Le passage sera plus difficile, si la région est marécageuse. L'expédition risque de se perdre dans des marais bourbeux. Ce qui est plus dangereux encore, c'est lorsque les marais sont remplis d'une herbe touffue qui cache complètement la surface de l'eau. Dans de telles régions, il faut avancer lentement et avec la plus extrême prudence, même si l'on a des guides.

Les pays de montagne seront à pente très abrupte ou bien plutôt douce. Dans le premier cas la pénétration est moins facile que dans le second. Ce qui gêne pour le passage en pays de montagne, ce sont les forêts, les neiges et les glaciers. Ces éléments entravent aussi fortement les travaux de prospection.

Les forêts, si elles ne sont pas très touffues, pourront être traversées avec un convoi de bêtes de somme. Il n'en est plus ainsi, si l'on se trouve en présence d'une accumulation de liane, comme dans la plupart des forêts vierges. On peut citer le lantana, en Nouvelle-Calédonie, qui forme par sa végétation exubérante des barrières presque insurmontables. Certaines forêts de cèdres du lac Supérieur sont difficilement accessibles. Enfin des ouragans peuvent provoquer des éboulis d'arbres qui sont des plus gênants à traverser. En général ces éboulis d'arbres sont très fréquents près des sommets des montagnes, et le passage est d'autant plus difficile pour l'ingénieur prospecteur que la région est plus accidentée.

En forêt il faut toujours compter se frayer la route et par conséquent ne pas espérer pouvoir couvrir plus de 4 à 5 kilomètres par jour.

En forêt, le campement est difficile. Il est toujours mauvais et insalubre, à cause des insectes et des moustiques qui empêchent de dormir et de se reposer la nuit. En pays tropical, le prospecteur fera bien de songer d'avance au lieu de campement, afin de le choisir convenablement, ce qu'il ne pourrait faire, s'il était surpris par le coucher du soleil, car la nuit tombe tout d'un coup sans le moindre crépuscule, et la nuit est d'autant plus noire que la forêt est **plus** touffue.

Dans la forêt vierge, le portage des charges se fera à dos d'homme.

Les neiges gênent fortement la marche d'une équipe de prospection, surtout si elles sont très épaisses. Des bêtes de somme fortement chargées ne peuvent pas traverser la neige, et, même peu chargées, elles ne le font pas d'un pied sûr. Pendant le jour le soleil fait souvent dégeler la surface de la neige. Avec ce commencement de dégel, la marche est plus pénible, et au départ, le matin, les parties dégelées qui ont gelé à nouveau pendant la nuit, sont glissantes et dangereuses.

Les glaciers sont périlleux à traverser, même avec les meilleurs guides. Il n'y a qu'un cas où la glace peut abréger la route, c'est lorsqu'elle remplit les cours d'eau, car on peut suivre en traîneau une route qu'on aurait dû parcourir en bateau. C'est vrai en pays de plaine, mais cela ne l'est plus en pays de montagne accidenté.

Moyens de transport. — On voyagera soit en canot sur

les rivières, soit en voiture sur les routes, soit à cheval, soit enfin à pied.

Les canots doivent être d'autant mieux soignés comme construction qu'ils auront souvent des rapides à monter ou à descendre. Il est bon de munir d'appareils de sauvetage les canots de grande dimension, afin de parer aux accidents de personnes et aux pertes de bagage. Toutefois, en cas de naufrage sur les rapides, on ne peut guère songer à sauver grand'chose. Sur les rapides, il est plus prudent et préférable de décharger en aval pour recharger en amont et de haler le canot à la corde sans personnel ni marchandise à l'intérieur.

Les voitures doivent être appropriées aux pays qu'elles traversent, aux routes où elles passent. Les ressorts doivent être très solides. Ils peuvent être supprimés comme dans certains pays orientaux où les routes n'existent pas, où l'on traverse directement les champs, où l'on emprunte le lit des rivières, quand elles sont à peu près à sec. En prévision d'accident, si l'on doit faire de très longs trajets, il est bon d'emporter quelques outils pour pouvoir opérer sur place des réparations sommaires au véhicule servant au transport.

Les automobiles pourront rendre des services à un prospecteur pour aller vite et transporter de lourdes charges dans des pays où les routes ne sont pas trop défectueuses. On commence déjà à les employer.

Comme bêtes de somme ou de trait, on emploiera les bœufs, les chevaux, les mules, les ânes et les chiens. Le chameau et l'éléphant rendent aussi des services dans certaines contrées. Les mules et les ânes sont les animaux les plus fréquemment employés, parce qu'ils ont l'avantage de passer partout en pays de montagne. Ils sont plus endurants que les bœufs, qu'il faut laisser reposer un jour sur deux. Toutefois, après des étapes de plusieurs jours, il faut accorder aussi un long repos aux mules. Les chiens sont exclusivement employés à tirer les traîneaux sur la glace ou sur la neige.

Ce qu'il faut prévoir pour tous ces animaux, ce sont les moyens de les nourrir. On ne trouve pas toujours sur place la nourriture essentielle. C'est donc une charge de plus à emporter, un autre transport à organiser par l'ingénieur prospecteur.

Le transport des charges se fait aussi à dos d'homme. Ce mode de transport peut être employé dans tous les pays, quelle que soit la diversité de nature du sol ou de profil du terrain. On devra l'adopter aussi souvent qu'on le pourra. Il présente en outre cet avantage de fournir sur place, dans la personne des porteurs, une main-d'œuvre toute trouvée pour les premiers travaux de prospection.

Les Indiens portent, au moyen d'un serre-tête, des charges pouvant atteindre 40 à 45 kilogrammes. Ils portent ces charges, moitié en courant, sur des distances de 80 à 100 kilomètres.

Le Chinois transporte aussi des charges assez lourdes aux deux extrémités de son bambou flexible. Grâce à un léger déhanchement dans la marche, il équilibre ces charges, avance plus vite et se fatigue moins.

D'autres peuplades, les nègres, par exemple, ont l'habitude de tout porter sur leurs têtes. Mais les poids transportés sont moins lourds.

En général, il ne faut pas donner à porter aux hommes plus de 30 à 35 kilogrammes, afin de leur permettre de fournir de plus longues étapes. Il est bon d'ailleurs de prévoir un repos de quelques minutes tous les 5 kilomètres.

Nourriture. — L'ingénieur prospecteur devra apporter tous ses soins au choix de la nourriture, car de cette nourriture dépend la bonne santé de ses hommes et de cette santé découle en partie la bonne marche de sa mission.

La nourriture doit être d'autant plus variée qu'on a moins d'aliments frais. Il faut éviter de manger tous les jours des sardines ou du corned beef. Avec la fatigue de l'estomac, l'arpétit peut s'en aller, et c'est souvent dans les pays tropicaux le prélude d'un état fiévreux.

La diversité des conserves est d'ailleurs des plus grandes. On prépare toute une série de mets qu'on peut manger chauds en plongeant préalablement la boîte de conserves dans l'eau chaude. Les Américains préparent ainsi des soupes pour leur armée.

En dehors des conserves il y aura le gibier qu'on peut tuer dans l'expédition, mais mieux vaut ne pas compter sur l'éventualité de la chose, car on s'expose bien souvent à se trouver sans rien à l'étape.

Aussi souvent qu'on le peut, il faut manger des légumes. Si l'on n'arrive pas à trouver des légumes frais dans la région qu'on traverse ou qu'on prospecte, on se rabattra sur les légumes secs, qui contrebalanceront jusqu'à un certain point l'abus nuisible de la viande. .

Un aliment à recommander est le sucre. C'est un stimulant après une grande fatigue. Il en est de même de l'alcool à très petite dose.

Comme boisson, on prendra du café dans les pays chauds, du thé dans les pays froids ou chauds. Le thé est surtout à recommander pour couper les eaux de mauvaise qualité. Le chocolat n'est pas une boisson, mais c'est un excellent aliment en raison de ses qualités nutritives.

Il est assez difficile d'ailleurs de donner des indications précises sur le choix des provisions. Tout dépend des pays où se fera la prospection, des moyens de transport dont on dispose, des gens qu'il faut nourrir.

Logement. — Les conditions du logement varieront suivant les cas ; elles ne seront pas les mêmes si l'on doit séjourner dans un pays ou bien si l'on doit constamment se déplacer.

Dans le premier cas, il faut construire un abri temporaire ; on le fait le plus souvent avec le bois qu'on trouve sur place. On peut aussi emporter des maisons démontables. Ces maisons seront en bois ou en fer. Elles augmentent les impedimenta de l'expédition.

Dans le second cas, on fait usage de tentes analogues à celles qu'on emploie dans l'armée.

Il est bon d'emporter avec ces tentes des lits pliants, l'important, dans les expéditions de prospection, étant non seulement d'être bien nourri, mais encore d'être bien couché, afin de pouvoir fournir un meilleur et plus grand travail.

Habillement. — Il faut aussi apporter les plus grands soins à la manière de se vêtir, pour ne pas s'exposer à contracter des maladies pernicieuses par l'humidité, le froid ou la chaleur.

Le coton n'est pas à recommander, car il protège mal contre le froid et il est mauvais par temps chaud. Il absorbe peu la transpiration, et ses qualités calorifuges sont insuffisantes. Il vaut mieux employer la laine. On choisira une qualité de laine très légère pour les pays tropicaux.

Dans les pays très pluvieux, il faudra avoir des vêtements imperméables. Le cuir peut rendre des services. Il est surtout à recommander dans les pays froids où il protège bien contre les rigueurs de la température.

Ce qu'on doit soigner avant tout, c'est la chaussure. Celle-ci ne doit être ni trop large ni trop étroite, de manière à ne pas blesser les pieds. Les semelles seront larges et épaisses. Il sera bon de les garnir de clous si l'on doit marcher dans des terrains glissants ou gravir des pentes de montagnes chargées de neige. Les chaussures doivent être en cuir imperméable. On les graisse de temps en temps pour leur redonner quelque souplesse.

Certains explorateurs affectionnent les bottes. C'est une chaussure commode, vite mise. En revanche elle présente l'inconvénient, quand elle a été très mouillée, de ne pouvoir être enlevée qu'avec difficulté. De plus elle ne protège pas toujours très bien du froid, surtout à cheval.

Mieux vaut faire usage de guêtres ou de jambières. On confectionne notamment d'excellentes jambières préservatrices du froid en enroulant plusieurs fois autour de ses jambes des bandes de toile ou de laine, à l'instar des montagnards du Tyrol.

L'ingénieur prospecteur revêtu d'un habillement hygiénique et muni de chaussures confortables doit avoir les mains libres et armées d'un simple bâton ferré, qui lui permettra de gravir les pays montagneux. Il portera ses instruments attachés à une large ceinture autour du corps. Boussole, podomètre, baromètre, jumelle télémétrique, etc., tous ces appareils, contenus dans des pochettes, seront accrochés par des chaînettes à cette ceinture. Un marteau passera dans la ceinture. Enfin un appareil photographique pliant 9×12 peut être suspendu à cette même ceinture, qu'il soit ou non muni d'un pied pliant.

Instruments à emporter. — Nous venons d'indiquer sommairement les instruments que l'ingénieur prospecteur portait sur lui. La boussole est nécessaire avant tout, et plusieurs personnes de la suite du prospecteur peuvent également en être munies. Il en est de même pour le baromètre anéroïde, car il est bon souvent de contrôler les résultats des divers appareils. Si l'on n'avait qu'un seul appareil, on s'exposerait à avoir des chiffres faux eu égard aux déréglages qui sont fréquents.

En dehors de l'appareil photographique que le prospecteur aura sur lui et qui sera un appareil à pellicules, il est bon d'emporter un appareil plus volumineux, comportant des plaques et pouvant donner des résultats plus parfaits.

Il faut emporter parfois des appareils de topographie, quoiqu'une bonne boussole, bien sensible, qu'on installera sur le pied pliant de l'appareil photographique, puisse rendre d'excellents services. Les instruments topographiques devront être les plus simples possible, tout en étant suffisamment exacts. Le tachéomètre, malgré la précision de ses résultats et la rapidité de ses opérations, n'est pas toujours à conseiller, car, dans un voyage pénible et accidenté, il risque d'être détérioré et de ne plus donner des indications précises.

On pourra emporter un sextant pour déterminer la latitude et la longitude dans des pays parfaitement inconnus.

Enfin il sera bon parfois d'avoir un petit laboratoire. Ces petits laboratoires ne sont pas aussi embarrassants qu'on pourrait le croire. On peut réduire leur encombrement au minimum en les munissant d'un petit four de fusion (fig. 120) qui a été imaginé par M. Braly. Ce four a l'avantage de permettre la fusion des minerais aussi bien que la coupellation.

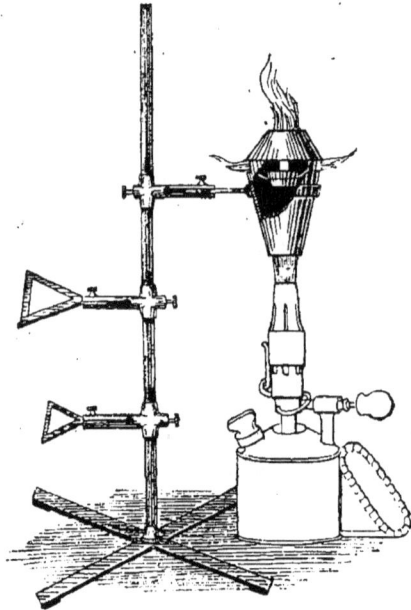

Fig. 120. — Petit four de fusion système Braly.

Le four est tronconique avec couvercle de même forme. Son revêtement extérieur est en tôle ou en nickel. La garniture intérieure est en terre réfractaire et disposée de telle façon qu'en tournant légèrement sur son axe elle peut démasquer les trous d'air nécessaire à la coupellation, trous qui sont masqués dans l'opération de la fusion.

Le four est chauffé par une lampe à pétrole ou à essence minérale, la consommation étant de 100 mètres cubes par demi-heure; un gril permet de tamiser la flamme, ce qui est indispensable dans les grillages de minerai.

Pour les coupellations, afin de réduire la longueur de l'opération, on peut faire usage d'une petite soufflerie. Cette soufflerie (*fig.* 121) se compose :

1° D'une poire soufflante A manœuvrée au pied et munie d'un tuyau de caoutchouc;

2° D'un ballon régulateur B entouré d'un filet protecteur;

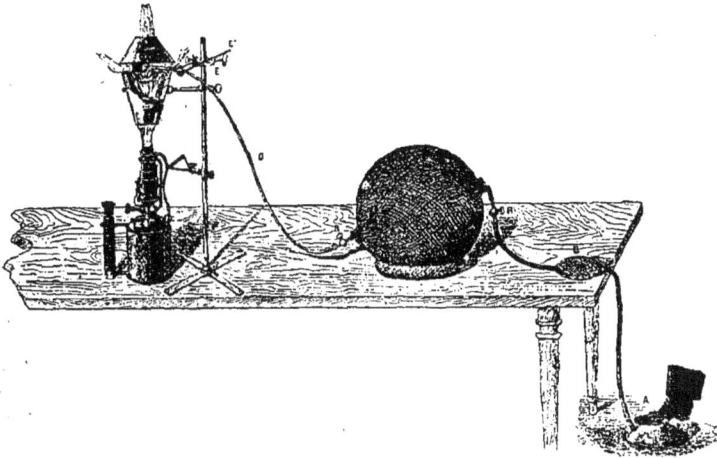

FIG. 121 — Soufflerie du four, système Braly.

3° D'un ballon récepteur C d'une capacité de 10 litres, entouré aussi d'un réseau protecteur et relié au ballon B par un robinet R;

4° D'un tube métallique flexible D communiquant avec le ballon C par un robinet R et terminé en F par un tube recourbé en terre réfractaire;

5° D'une noix à deux vis et d'une pince EE'.

Avec ce petit four on emportera le matériel et les réactifs nécessaires à chaque genre de prospection. Le tout peut être contenu dans deux caisses dont le poids n'excède pas 30 kilogrammes; on constitue de la sorte un laboratoire aisément transportable.

Ce qu'on doit avoir enfin et ce qu'on ne doit pas oublier,

ce sont des accessoires divers, tels que batterie de cuisine (en aluminium, ce sera bon), moustiquaires pour les pays tropicaux, fil, aiguilles, épingles, allumettes, bougies, crayons, papier, etc. Ces menus objets sont ceux qu'on oublie parfois et l'on peut être très gêné, si on ne les a pas.

Une boîte de pharmacie est toujours nécessaire et doit non seulement pouvoir soigner les fièvres, la diarrhée, la constipation, les maladies d'yeux, mais encore apporter les premiers soins aux blessures et aux fractures de tout genre. Pour les médicaments liquides, il faudra craindre parfois qu'ils ne gèlent dans les pays froids. Une trousse médicale pratique est celle qui se compose de médicaments à l'état comprimé. L'encombrement est moindre.

Personnel. — L'ingénieur prospecteur emmènera avec lui des maîtres mineurs, des maîtres sondeurs, des mécaniciens ou des chefs ouvriers, mais il devra recruter autant que possible dans le pays la main-d'œuvre courante. Les frais de l'expédition seront moindres. Les salaires à payer seront moindres également. De plus on a l'avantage d'avoir ainsi des gens connaissant le pays et pouvant au besoin servir de guides. Enfin l'amour-propre des indigènes est moindre que celui des travailleurs importés de la métropole. Ceux-ci, quand ils sont au loin, se gonflent d'importance et ont des exigences telles que l'ingénieur peut éprouver de grosses difficultés à les faire travailler utilement.

Ainsi devra être organisée dans ses grandes lignes une expédition lointaine de prospection ; ces conseils généraux sont susceptibles de quelques petites modifications dans chaque cas particulier, modifications que l'ingénieur appréciera lui-même avec son bon sens ou avec son expérience.

Prospection électrique. — Les méthodes de recherche des minerais dans le sol par l'électricité sont basées sur ce fait que la plupart des minerais métalliques sont bons conducteurs du courant. En enfonçant dans la terre des électrodes assez profondes, on peut donc savoir s'il y a des parties minéralisées; mais la profondeur où l'on doit descendre ces électrodes est assez grande, de sorte que le procédé est plus coûteux et renseigne moins bien qu'un sondage.

Une autre méthode est celle de Daft et Williams. Elle consiste en ceci :

Un poste transmetteur, constitué par une bobine d'induction donnant 30.000 volts au secondaire, envoie dans le sol des ondes à haute tension et de fréquence déterminée. Un poste récepteur, constitué par un résonnateur fixé à un trépied et relié à la terre par deux prises du courant, est relié à un téléphone. Si la transmission des ondes n'est pas influencée par la présence de veines métallifères, le téléphone doit rester silencieux. S'il vibre au contraire, c'est qu'il y a un filon et les vibrations seront d'autant plus fortes que le filon sera plus près de la surface. En déplaçant les prises de courant, on peut ainsi prospecter une certaine étendue de terrain et reconnaître la direction d'un filon, mais sans être renseigné sur son inclinaison ni sur sa minéralisation.

Ces méthodes de prospection étaient curieuses à indiquer.

CHAPITRE IV, PAGE 76

Stratamètres. — Les stratamètres permettent de définir la direction et l'inclinaison des couches. C'est un point capital pour les sondages de recherches minières. On a imaginé divers types de stratamètres dont le principe est celui de l'appareil Arrault précédemment décrit.

Dans le stratamètre Kœbrich, on commence par fraiser le fond du trou de sonde de manière qu'il soit bien horizontal et bien propre également. On descend ensuite un trépan dont la lame est orientée suivant la ligne de foi d'une boussole. L'empreinte faite sur la carotte par le trépan indique la direction de la couche.

Le stratamètre Otto fonctionne de la manière suivante : On interrompt le travail de forage une demi-heure avant que ne fonctionne le déclic du réveil. On déclenche le réveil et on cale en même temps l'aiguille de la boussole. Enfin on laisse tomber un fil à plomb qui donne une empreinte sur une feuille de métal mince à la partie intérieure de l'outil carottier. L'inconvénient de cet appareil est que l'empreinte se fait sur l'outil carottier et non sur la carotte. Or cet outil peut être dévié d'un certain angle par rapport à la position de la carotte dans le terrain.

Le stratamètre Meine est plus simple que les autres. Il n'y a plus de réveil. C'est une tige qui, lors de sa descente, cale l'aiguille de la boussole. Il est surtout pratique pour les sondages à petit diamètre où un réveil ne pourrait pas être placé à l'intérieur du trou de sonde.

SUPPLÉMENT

CHAPITRE XIII, PAGE 197

Appareils simples de topographie. — On peut avoir perdu ou oublié sa boussole dans une prospection. Une simple montre de poche peut alors tenir lieu de boussole. Voici comment :

On place sur le bord du cadran de la montre, au milieu de la distance qui sépare midi de l'heure à laquelle on fait l'opération, une petite tige verticale et on oriente la montre de manière que l'ombre projetée par la tige sous l'action du soleil passe par le centre du cadran. La montre étant placée dans cette position, la ligne midi six heures donne la direction nord-sud.

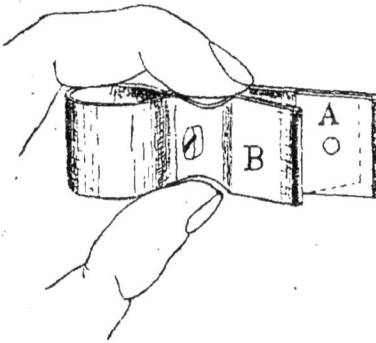

FIG. 122. — Équerre à miroir pour nivellement rapide.

Inversement, si une montre est cassée ou arrêtée, la boussole permet de trouver l'heure en la superposant à la montre dans les mêmes conditions qui viennent d'être indiquées pour trouver la direction nord-sud.

Nous citerons enfin une équerre à miroir essentiellement portative qui permet de faire des nivellements d'une manière assez exacte.

On tient cette équerre (*fig.* 122) à deux ou trois centimètres et à hauteur de l'œil. On place l'équerre de manière que les glaces soient verticales. La glace A doit être en dehors, car c'est dans celle-ci que se produit la réflexion. Mais l'objet, avant d'être distingué dans la glace A, doit se réfléter dans la glace B. Il faut donc tenir l'équerre de manière que la glace B soit tournée vers l'objet.

Ceci étant, pour faire un nivellement, on suspend sous l'équerre avec un morceau de bois quelconque un fil à plomb. Il suffit alors de placer la glace A de manière à y voir le fil à plomb par réflexion dans une position horizontale. En faisant superposer l'image d'une mire manœuvrée par un aide à celle du fil à plomb, et descendue ou remontée d'autant pour obtenir ce résultat, on détermine un angle droit et par suite un nivellement parfaitement horizontal. L'exactitude est parfaite jusqu'à une distance de cent mètres.

Minerais d'or. — Pour les minerais complexes contenant avec le plomb de l'argent et de l'or, on appliquera des formules d'achat variables suivant les teneurs et pouvant être les suivantes.

Dans ces formules :

t est la teneur en plomb.
t' — — argent.
t'' —. — or.
p le cours aux 100 kilogrammes pour le plomb.
p' — au kilogramme pour l'argent.
p'' — au gramme pour l'or.

Nous indiquerons trois formules pour trois cas différents. Supposons d'abord un minerai riche où

$$t = 50, \ t' = 1.000, \ t'' = 3,$$

la formule sera :

$$V = 0{,}09tp + 0{,}75t'p' + (t'' - 2)p'' - [35 + 0{,}9t \times 0{,}60];$$

35 francs sont les frais de fusion. Les frais de désargentation sont comptés à 60 francs.

Supposons un minerai de teneur moyenne où t a une valeur

intermédiaire entre 20 et 30, t' varie de 200 à 400, t'' est inférieur à 2. La formule sera :

$$V = 0,07tp + 0,75t'p' - [16 + 0,7t \times 0,7].$$

Supposons enfin un minerai pauvre où t est inférieur à 10,
où t' varie de 80 à 150 et où t'' est nul. La formule d'achat se
transforme comme il suit :

$$V = 0,065tp + 0,70t'p' - [11 + 0,65t' \times 0,7].$$

Minerais de cuivre. — Une formule de vente des minerais
de cuivre est la suivante.

De la teneur déterminée par analyse électrolytique sur le
minerai desséché à 100 degrés, on retranche 0,70 d'unité.
Puis on paie l'unité trouvée ainsi au cours moyen du *Best
Selected* à **Londres** pendant le mois de la livraison, en déduisant toutefois 2 shillings 6 à 3 shillings par unité. Le soufre
du minerai est payé à partir de 30 à 35 0/0 à raison de
2 pennys l'unité.

Minerai d'étain. — Une formule de vente de la cassitérite
est la suivante.

On déduit 0,2 à 0,5 d'unité pour les impuretés. Pour les
pertes au traitement on déduit :

6 à 12 0/0......	jusqu'à la teneur de 60 0/0		
12,50	—	la teneur de	60 0/0
10,46	—	—	62 0/0
8,42	—	—	65 0/0
3,57	—	—	70 0/0

Quant aux frais de fusion, ils sont de

$6^l,14^{sh},6$	à 60 0/0
$5^l,17^{sh},6$	à 65 0/0
5 livres.........................	à 70 0/0

Minerai d'antimoine. — Une autre formule de vente pour la stibine que celle qui a été indiquée est la suivante.

On déduit du poids net 12 livres par tonne anglaise de 115 kilogrammes pour bon poids. L'antimoine est payé d'après le cours du régule, et l'on compte 18 à 20 livres pour frais de traitement. On diminue de :

11 shillings pour chaque unité entre 50 et 45 0/0
12 —   —   —   45 et 30 0/0
13 —   —   — au-dessous de 30 0/0

Minerais de plomb. — En Espagne, on emploie la formule suivante pour l'achat des minerais de plomb :

$$P = M + \frac{N(t-5)}{100} - D;$$

où M représente la valeur de l'argent au cours actuel, la teneur du minerai en argent étant diminuée d'une once ou de 28 grammes 15. N est la valeur au cours du quintal de plomb (46 kilogrammes); t est la teneur en plomb du minerai. D correspond aux frais de fusion. P sera ainsi le prix en francs du quintal (46 kilogrammes) de minerai.

Minerais de zinc. — On a proposé dernièrement pour l'achat des minerais du zinc la formule suivante, qui peut paraître compliquée :

$$V = 0,09TP - F;$$

en donnant à F la valeur suivante :

$$F = 50 + 3(C' - 16).$$

C étant le cours moyen du zinc à Londres pendant le mois de chargement et de livraison du navire, cours exprimé en

livres par tonne anglaise de 1015 kilogrammes, C′ sera le
même cours avec un escompte de 2 1/2 0/0, de sorte que :

$$C' = 0.975\,C.$$

P est le prix moyen du zinc ramené aux 100 kilogrammes
et exprimé en francs au change fixe de 25 fr. 20 centimes.
La valeur de P en fonction de C est dès lors :

$$P = C \frac{1000}{1015}\, 25,20\, \frac{1}{10} = 2,42C.$$

En substituant à P et F leurs valeurs en fonction de C, on
transforme ainsi qu'il suit la formule :

$$V = C\,(0,2178T - 2,925) - 2.$$

On obtient ainsi la valeur en francs de la tonne (1000 kilogrammes) du minerai sec, avec une déduction de 3 0/0 pour
bon poids, le paiement ayant lieu au port destinataire à
60 jours de la date de mise à disposition.

Cette formule peut s'appliquer à la vente des blendes et
des calamines jusqu'à une teneur minimum de 32 0/0.

SUPPLÉMENT A LA BIBLIOGRAPHIE

1856. Abbé Paramelle. — L'art de découvrir les sources.

1902. De Launay. — Géologie pratique. Paris (Armand Colin).

1903. Lecomte Denis. — La prospection des mines et leur mise en valeur. Paris (Schleicher frères).

1904. Archibald Geikie. — Éléments de géologie sur le terrain, traduit par O. Chemin. Paris (Baudry).

1905. Henry A. Miers. — Manuel pratique de minéralogie, traduit par O. Chemin. Paris (Baudry).

1905. Alfred Harker. — Pétrographie, traduit par O. Chemin. Paris (Baudry.)

A. Renier. — Les procédés modernes de sondage (*Revue universelle des mines*, n°s 1 et 2, tome V).

TABLE DES MATIÈRES DU SUPPLÉMENT

CHAPITRE IV

CHAPITRE XIII

CHAPITRE XV

Tours, imprimerie DESLIS FRÈRES, 6, rue Gambetta.

A LA MÊME LIBRAIRIE

TOURS, IMP. DESLIS FRÈRES